高等流体力学

主编 高学平

·北京·

内 容 提 要

本书是为水利工程一级学科各硕士专业学位课程"高等流体力学"编写的教材,相对于大学本科"水力学"或"流体力学"课程而言,对相关问题进行了更深入的分析,以满足现代水利工程对流体力学的要求。

本书共分为6章:流体力学的基本概念、流体运动的基本方程、势流运动、黏性流体运动、紊流运动、涡旋运动,并在附录中给出了相关的数学基础知识。

本书可作为水利、港口等专业的教学和科研用书,也可供相关专业工程技术人员参考使用。

图书在版编目(CIP)数据

高等流体力学 / 高学平主编. -- 北京 : 中国水利水电出版社, 2023.6
ISBN 978-7-5226-1154-9

Ⅰ. ①高… Ⅱ. ①高… Ⅲ. ①流体力学-研究生-教材 Ⅳ. ①O35

中国版本图书馆CIP数据核字(2022)第243487号

书　　名	**高等流体力学** GAODENG LIUTI LIXUE
作　　者	主编 高学平
出版发行	中国水利水电出版社 (北京市海淀区玉渊潭南路1号D座 100038) 网址:www.waterpub.com.cn E-mail:sales@mwr.gov.cn 电话:(010)68545888(营销中心)
经　　售	北京科水图书销售有限公司 电话:(010)68545874、63202643 全国各地新华书店和相关出版物销售网点
排　　版	中国水利水电出版社微机排版中心
印　　刷	清淞永业(天津)印刷有限公司
规　　格	184mm×260mm 16开本 10.25印张 249千字
版　　次	2023年6月第1版 2023年6月第1次印刷
印　　数	0001—2000册
定　　价	**42.00元**

凡购买我社图书,如有缺页、倒页、脱页的,本社营销中心负责调换

版权所有·侵权必究

前言

气、液、固物态三相,流体(气、液)占了两相,由此可见以气体和液体为研究对象的流体力学涉及范围之广及其在相关的自然科学和工程技术领域中的重要性。流体力学自18世纪成为一门学问,200余年来随着社会和科技的进步,得到了不断的充实和发展,形成了完整的理论体系。对于水利、港口、环境、土木等以水为研究对象的研究生及相关科研、教学人员及工程技术人员,本书有助于其提高理论修养,深入理解现代流体力学的基本内容。

编写教材,既要保持教材理论体系的完整性,又要在内容取舍上兼顾后续专业课程和研究工作的需求,还要考虑教学时数的限制。流体力学内容极为丰富,几乎每一方面的内容都有专著。针对不同的专业,已出版的流体力学教材和专著很多,它们各有特点,不乏经典之作。对于水利工程一级学科各硕士专业"高等流体力学"学位课程,后续课程和研究工作的需求内容相对广泛,但一般教学时数为40左右,相对较少,因此需要一本知识相对系统、内容相对恰当的教材以方便教师授课和学生学习。自2000年开始,编者为讲授"高等流体力学"课程,汲取了已出版的流体力学书籍的精华,逐渐形成了讲稿,至2005年出版了《高等流体力学》,并于2009年第2次印刷,在总结以前书稿优缺点的基础上,重新编写了此书。

全书共6章,第1章流体力学的基本概念介绍了本书用到的基本概念和基本定理;第2章流体运动的基本方程介绍了连续性方程、运动方程和能量方程;第3章势流运动介绍了平面势流的各类解法;第4章黏性流体运动介绍了其解析解和近似解;第5章紊流运动介绍了紊流结构及紊流方程;第6章涡旋运动介绍了涡旋运动学和动力学性质;附录中给出了相关的数学基本知识。张晨教授补充了紊流模型的雷诺平均模拟、大涡模拟、直接模拟方法和附录的张量识别定理。本书在内容编排上力求流体力学理论体系的完整性,理论表述上深入浅出,推理层次分明,物理概念清晰。为方便读者查阅文献和开展研究工作,书中对流体运动的基本方程等内容采用了向量和张量等不同表达方式。在对内容进行理论表述的同时,注重与已学过的水力学或流体力学课程的衔接，便于读者的理解。

在编写过程中参考了有关书籍，汲取了其精华，并引用了部分插图，在此编者向有关作者和出版社表示衷心的感谢。由于编者水平所限，书中不妥之处在所难免，恳切希望广大读者及专家批评、指正。

编者
2022 年 6 月

目录

前言

第1章 流体力学的基本概念 ·· 1
  1.1 连续介质和流体物理量 ······································ 1
  1.2 描述流体运动的两种方法 ···································· 2
  1.3 质点加速度和质点随体导数 ·································· 4
  1.4 体积分的随体导数 ·· 6
  1.5 流体微团运动分析 ·· 7
  1.6 涡量与环量 ··· 10
  1.7 应力张量 ··· 12
  1.8 牛顿流体的本构方程 ······································· 14

第2章 流体运动的基本方程 ······································· 17
  2.1 连续性方程 ··· 17
  2.2 运动方程 ··· 20
  2.3 动量方程 ··· 24
  2.4 能量方程 ··· 25
  2.5 基本方程组的封闭问题 ····································· 30

第3章 势流运动 ··· 31
  3.1 势流运动控制方程 ··· 31
  3.2 平面势流的解析方法 ······································· 32
  3.3 基本平面势流及其叠加 ····································· 37
  3.4 镜像法 ··· 47
  3.5 保角变换法 ··· 49

第4章 黏性流体运动 ··· 59
  4.1 基本方程及求解途径 ······································· 59
  4.2 黏性流体运动的解析解 ····································· 61
  4.3 小雷诺数流动的近似解 ····································· 67
  4.4 大雷诺数流动的边界层理论 ································· 74

第5章 紊流运动 ··· 96
  5.1 紊流的特征及其分类 ······································· 96
  5.2 紊流发生过程及紊流结构 ··································· 98
  5.3 紊流的统计平均法 ·· 103

5.4　紊流的基本方程 ·· 106
　5.5　紊流的能量方程 ·· 108
　5.6　紊流的涡量方程 ·· 111
　5.7　紊流模型 ·· 114

第 6 章　涡旋运动 ··· 122
　6.1　涡旋的运动学性质 ·· 122
　6.2　涡旋动力学 ·· 123
　6.3　涡旋的形成 ·· 129
　6.4　黏性流体中涡旋的扩散 ·· 133

附录 A　张量与场论基础知识 ··· 136

附录 B　流体力学常用公式及方程 ····································· 144

附录 C　专业名词中英文对照 ··· 148

参考文献 ·· 156

第1章 流体力学的基本概念

流体力学是研究流体的运动规律以及流体与物体相互作用机理的专门学科。本章旨在叙述以后章节中经常用到的一些基础知识,对于在本科生学习的《流体力学》或《水力学》中已作介绍的其他基础内容,这里不再叙述。

1.1 连续介质和流体物理量

1.1.1 连续介质

流体和任何物质一样,都是由分子组成的,分子与分子之间是有空隙且不连续的。例如,常温下每立方厘米水中约含有 3×10^{22} 个水分子,相邻分子间距离约为 $3\times10^{-8}\,\mathrm{cm}$。因而,从微观结构上说,流体是有空隙的且不连续的介质。

但是,详细研究分子的微观运动不是流体力学的任务,我们所关心的不是个别分子的微观运动,而是大量分子"集体"所显示的特性,也就是所谓的宏观特性或宏观量,这是因为分子间的孔隙与实际所研究的流体尺度相比是极其微小的。因此,可以设想把所讨论的流体分割成为无数无限小的基元个体,相当于微小的分子集团,称之为流体的"质点"。从而认为,流体就是由这样的一个紧挨着一个的连续的质点所组成的,没有任何空隙的连续体,即所谓的"连续介质"。同时认为,流体的物理力学性质,例如密度、速度、压强、温度和能量等,具有随位置变化而连续变化的特性,即视为空间坐标和时间的连续函数。由此,不再从那些永远运动的分子出发,而是在宏观上从质点出发研究流体的运动规律,从而可以利用连续函数的分析方法。长期的实践和科学实验证明,利用连续介质假定所得出的有关流体运动规律的基本理论与客观实际是符合的。

所谓流体质点,是指微小体积内所有流体分子的总体,而该微小体积是几何尺寸很小(但远大于分子的平均自由行程)但包含足够多分子的特征体积,其宏观特性就是大量分子的统计平均特性,且具有确定性。

1.1.2 流体物理量

根据流体连续介质假定,任一时刻流体所在空间的每一点都被相应的流体质点所占据。流体的物理量是指反映流体宏观特性的物理量,如密度、速度、压强、温度和能量等。对于流体物理量,如流体质点的密度,可以定义为微小特征体积 $\Delta V'$ 内大量分子的统计质量除以该特征体积所得的平均值,即

$$\rho = \lim_{\Delta V \to \Delta V'} \frac{\Delta m}{\Delta V} \tag{1.1}$$

式中：Δm 为体积 ΔV 中所含流体的质量。

按数学的定义，空间一点的流体密度为

$$\rho = \lim_{\Delta V \to 0} \frac{\Delta m}{\Delta V} \tag{1.2}$$

由于特征体积 $\Delta V'$ 很小，按式（1.1）定义的流体质点密度，可以视为流体质点质心（几何点）的流体密度，这样就与式（1.2）定义的空间点的流体密度相一致。为把物理概念与数学概念统一起来，方便利用有关连续函数的数学工具，今后均采用如式（1.2）所表达的流体物理量定义。所谓某一瞬时空间任意一点的物理量，是指该瞬时位于该空间点的流体质点的物理量。在任一瞬时，任一空间点的流体质点的物理量都有确定的值，它们是坐标点 (x, y, z) 和时间 t 的函数。例如，某一瞬时任一空间点的密度是坐标点 (x, y, z) 和时间 t 的函数，即

$$\rho = \rho(x, y, z, t) \tag{1.3}$$

1.2 描述流体运动的两种方法

描述流体运动的方法有拉格朗日（Lagrange）法和欧拉（Euler）法。

1.2.1 拉格朗日法

拉格朗日法是以单个流体运动质点为对象，研究这些指定质点在整个运动过程中的轨迹以及运动要素随时间变化的规律。各个质点运动状况的总和就构成了整个流体的运动。这种方法又称为质点系法。

在笛卡儿坐标系 $Oxyz$ 中，将 $t = t_0$ 时的某流体质点在空间的位置坐标 (a, b, c) 作为该质点的标记。在此后的瞬间 t，该质点 (a, b, c) 运动到空间位置 (x, y, z)。不同的质点在 t_0 时，具有不同的位置坐标，如 (a', b', c')、(a'', b'', c'')……这样就把不同的流体质点区别开来。同一质点在不同瞬时处于不同位置；各个质点在同一瞬时 t 也位于不同的空间位置。因而，任一瞬时 t 质点 (a, b, c) 的空间位置 (x, y, z) 可表示为

$$\left.\begin{array}{l} x = x(a, b, c, t) \\ y = y(a, b, c, t) \\ z = z(a, b, c, t) \end{array}\right\} \tag{1.4a}$$

式中：a、b、c 为拉格朗日变数。

若给定式（1.4a）中的 a、b、c 值，可以得到某一特定质点的轨迹方程。将某质点运动的空间位置的时间历程描绘出来就得到该质点的迹线。

将式（1.4a）对时间 t 取偏导数，可得该流体质点在任一瞬时的速度 u 在 x、y、z 轴向的分量为

$$\left.\begin{array}{l}u_x=\dfrac{\partial x}{\partial t}=u_x(a,b,c,t)\\[4pt]u_y=\dfrac{\partial y}{\partial t}=u_y(a,b,c,t)\\[4pt]u_z=\dfrac{\partial z}{\partial t}=u_z(a,b,c,t)\end{array}\right\} \qquad (1.5\text{a})$$

若用 x_i（$i=1,2,3$，即 x_1、x_2、x_3）代替 x、y、z，用 u_i（即 u_1、u_2、u_3）代替 u_x、u_y、u_z，用 x_{0k}（$k=1,2,3$，即 x_{01}、x_{02}、x_{03}）代替 a、b、c，则式（1.4a）、式（1.5a）可写为

$$x_i = x_i(x_{0k}, t) \qquad (1.4\text{b})$$

$$u_i = \dfrac{\partial x_i}{\partial t} = u_i(x_{0k}, t) \qquad (1.5\text{b})$$

对于某一特定流体质点，给定 a、b、c 值，就可利用式（1.4）、式（1.5）确定不同时刻流体质点的坐标和速度。

1.2.2 欧拉法

欧拉法是以考察不同流体质点通过固定的空间点的运动情况来了解整个流动空间内的流动情况，即着眼于研究各种运动要素的分布场。这种方法又称为流场法。

采用欧拉法，流场中任何一个运动要素都可以表示为空间坐标和时间的函数。在笛卡儿坐标系中，流速是随空间坐标（x，y，z）和时间 t 而变化的。因而，流体质点的流速在各坐标轴上的投影可表示为

$$\left.\begin{array}{l}u_x=u_x(x,y,z,t)\\u_y=u_y(x,y,z,t)\\u_z=u_z(x,y,z,t)\end{array}\right\} \qquad (1.6\text{a})$$

或

$$u_i = u_i(x_k, t) \qquad (1.6\text{b})$$

以矢量表示为

$$\boldsymbol{v} = v(\boldsymbol{x}, t) \qquad (1.6\text{c})$$

式中：x_k（$k=1,2,3$）代表自变量 x、y、z；$\boldsymbol{v}$ 为速度矢量；$\boldsymbol{x}$ 为位置矢量。

若令式（1.6a）中 x、y、z 为常数，t 为变数，即可求得在某一空间点（x，y，z）上，流体质点在不同时刻通过该点的流速变化情况。若令 t 为常数，x、y、z 为变数，则可求得在同一时刻，通过不同空间点上的流体质点的流速分布情况，即流速场（velocity field）。

流速 v 是一个矢量，所以流速场是一个矢量场。流速虽是流动的一个重要物理量，但仅用流速场不足以完全说明流动的全部情况，还应知道其他表达流动的各个物理量的分布情况。一个标量（如流体密度 ρ）在空间和时间上的连续分布就是一个标量场。应力 σ_{ij} 是一个二阶张量，在空间和时间上的连续分布就是一个张量场。表述流动的各种场的综合称为流场（flow field）。例如，流速场 $v(x,y,z,t)$、密度场 $\rho(x,y,z,t)$ 等均是流场中的一种场。

1.3 质点加速度和质点随体导数

1.3.1 质点加速度

质点加速度 a 是质点速度矢量 v 随时间的变化率。

拉格朗日法是以单个流体质点作为研究对象的，因此位移函数式（1.4）对时间求二次偏导数可得流体质点加速度 a 在各轴向的投影：

$$\left.\begin{aligned} a_x &= \frac{\partial^2 x}{\partial t^2} = a_x(a,b,c,t) \\ a_y &= \frac{\partial^2 y}{\partial t^2} = a_y(a,b,c,t) \\ a_z &= \frac{\partial^2 z}{\partial t^2} = a_z(a,b,c,t) \end{aligned}\right\} \tag{1.7a}$$

或

$$a_i = \frac{\partial^2 x_i}{\partial t^2} = a_i(x_{0k}, t) \tag{1.7b}$$

欧拉法不追踪单个质点运动而着眼于流场，由速度场 $u_i(x_k, t)$ 计算 (x_k, t) 处的质点加速度 a_i 时必须求出该质点在 Δt 时间内的速度增量，再求其极值，即

$$a_i = \lim_{\Delta t \to 0} \frac{u_i(x_k + \Delta x_k, t + \Delta t) - u_i(x_k, t)}{\Delta t} \tag{1.8}$$

式中：Δx_k 为质点在 Δt 时间内的位移。

利用泰勒级数（Taylor's series）展开，则

$$u_i(x_k + \Delta x_k, t + \Delta t)$$
$$= u_i(x_k, t) + \left(\Delta x_k \frac{\partial u_i}{\partial x_k}\right)_t + \left(\Delta t \frac{\partial u_i}{\partial t}\right)_{x_k} + o(\Delta t^2, |\Delta x_k|^2, \Delta t |\Delta x_k|)$$

略去高阶微小量得

$$u_i(x_k + \Delta x_k, t + \Delta t) - u_i(x_k, t) = \left(\Delta x_k \frac{\partial u_i}{\partial x_k}\right)_t + \left(\Delta t \frac{\partial u_i}{\partial t}\right)_{x_k}$$
$$= \Delta t \left(\frac{\partial u_i}{\partial t}\right)_{x_k} + \Delta x_k \left(\frac{\partial u_i}{\partial x_k}\right)_t$$

代入式（1.8）得

$$a_i = \frac{\partial u_i}{\partial t} + \frac{\partial u_i}{\partial x_k} \lim_{\Delta t \to 0} \frac{\Delta x_k}{\Delta t}$$

注意到 Δx_k 是质点位移，因而

$$\lim_{\Delta t \to 0} \frac{\Delta x_k}{\Delta t} = u_k$$

则欧拉法描述流体质点加速度的表达式为

$$a_i = \frac{\partial u_i}{\partial t} + u_k \frac{\partial u_i}{\partial x_k} \tag{1.9a}$$

或写为

$$a_i = \frac{\partial u_i}{\partial t} + u_1 \frac{\partial u_i}{\partial x_1} + u_2 \frac{\partial u_i}{\partial x_2} + u_3 \frac{\partial u_i}{\partial x_3} \tag{1.9b}$$

以矢量表示为

$$\boldsymbol{a} = \frac{\partial \boldsymbol{v}}{\partial t} + (\boldsymbol{v} \cdot \nabla)\boldsymbol{v} \tag{1.9c}$$

在笛卡儿坐标系下,加速度表述为

$$\left. \begin{aligned} a_x &= \frac{\mathrm{d}u_x}{\mathrm{d}t} = \frac{\partial u_x}{\partial t} + u_x \frac{\partial u_x}{\partial x} + u_y \frac{\partial u_x}{\partial y} + u_z \frac{\partial u_x}{\partial z} \\ a_y &= \frac{\mathrm{d}u_y}{\mathrm{d}t} = \frac{\partial u_y}{\partial t} + u_x \frac{\partial u_y}{\partial x} + u_y \frac{\partial u_y}{\partial y} + u_z \frac{\partial u_y}{\partial z} \\ a_z &= \frac{\mathrm{d}u_z}{\mathrm{d}t} = \frac{\partial u_z}{\partial t} + u_x \frac{\partial u_z}{\partial x} + u_y \frac{\partial u_z}{\partial y} + u_z \frac{\partial u_z}{\partial z} \end{aligned} \right\} \tag{1.9d}$$

式(1.9d)中等号右边第一项 $\frac{\partial u_x}{\partial t}$、$\frac{\partial u_y}{\partial t}$、$\frac{\partial u_z}{\partial t}$ 表示在某一固定点上流速对时间的变化率,称为时变加速度(当地加速度)。等号右边的第二项至第四项之和 $u_x \frac{\partial u_x}{\partial x} + u_y \frac{\partial u_x}{\partial y} + u_z \frac{\partial u_x}{\partial z}$、$u_x \frac{\partial u_y}{\partial x} + u_y \frac{\partial u_y}{\partial y} + u_z \frac{\partial u_y}{\partial z}$、$u_x \frac{\partial u_z}{\partial x} + u_y \frac{\partial u_z}{\partial y} + u_z \frac{\partial u_z}{\partial z}$ 表示某一瞬时流速随坐标的变化率,称为位变加速度(迁移加速度)。因此,流体质点的加速度应为上述两项加速度之和。

1.3.2 质点随体导数

将推导加速度公式的方法推广到质点上任意物理量的变化率的计算,引出质点的随体导数的概念。质点携带的物理量随时间的变化率称为质点的随体导数(material derivative),用 $\frac{\mathrm{d}}{\mathrm{d}t}$ 表示。

欧拉法描述的任意物理量 Q 的质点随体导数表述如下:

$$\frac{\mathrm{d}Q}{\mathrm{d}t} = \frac{\partial Q}{\partial t} + u_k \frac{\partial Q}{\partial x_k} \tag{1.10}$$

其中,$Q = Q(x_k, t)$ 可以是标量、矢量或张量。

式(1.10)即质点随体导数公式。

质点随体导数公式对任意物理量都适用,故将质点随体导数的运算符号表示如下:

$$\frac{\mathrm{d}}{\mathrm{d}t} = \frac{\partial}{\partial t} + u_k \frac{\partial}{\partial x_k} \tag{1.11a}$$

或

$$\frac{\mathrm{d}}{\mathrm{d}t} = \frac{\partial}{\partial t} + u_1 \frac{\partial}{\partial x_1} + u_2 \frac{\partial}{\partial x_2} + u_3 \frac{\partial}{\partial x_3} \tag{1.11b}$$

其中,$\frac{\partial}{\partial t}$ 称为局部随体导数,$u_k \frac{\partial}{\partial x_k}$ 称为对流随体导数,即在欧拉法描述的流动中,物理量的质点随体导数等于局部随体导数与对流随体导数之和。

1.4 体积分的随体导数

上面讲了质点的随体导数,研究流体运动,还需要考虑由流体质点组成的物质线、物质面和物质体。在流体质点组成的线、面、体上,往往定义有某种物理量,如物质线上的速度环量,物质面上的涡通量,物质体上的质量、动量、动能等。在流动过程中,连续的物质线、面、体随时间而不断改变其位置和形状,且将继续维持其连续性。同时,定义在这些线、面、体上的物理量也随时间而不断变化着。描述这种变化过程就是这些线积分、面积分、体积分的随体导数。其中,体积分的随体导数(图1.1)公式在建立流体力学基本方程时经常用到,推导如下。

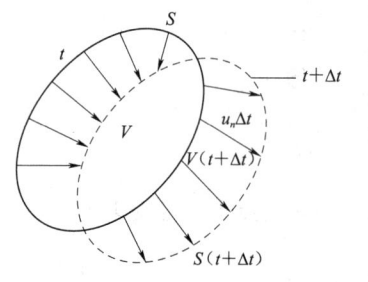

图1.1 体积分的随体导数

考虑一个由流体质点组成的以 S 为界的流动体积 V。设 $\Phi(x,t)$ 是 V 内定义的标量函数,体积 V 内 Φ 的总量为 $\iiint_V \Phi(x,t)dV$。在运动过程中,组成体积 V 的流体质点不断地改变它的位置,因此流体质点组成的体积 V 也不断地改变着它的大小和形状。此外,在体积 V 中取值的标量函数 Φ 在运动过程中也改变着它的数值。于是,上述积分在不同的时刻将有不同的数值。上述体积分的变化过程将由该积分的随体导数 $\frac{d}{dt}\iiint_V \Phi dV$ 来描述。

设 t 时刻的体积为 V,其表面积为 S。过了 Δt 时段以后,即在 $t+\Delta t$ 时刻,表面上的流体质点由于存在着速度的法向分量,在法线方向移动了 $u_n \Delta t$ 的距离。设 $t+\Delta t$ 时刻表面积为 $S(t+\Delta t)$、体积为 $V(t+\Delta t)$。根据随体导数的定义,有

$$\frac{d}{dt}\int_V \Phi dV = \lim_{\Delta t \to 0} \left\{ \frac{1}{\Delta t}\left[\iiint_{V(t+\Delta t)} \Phi(x,t+\Delta t)dV - \iiint_V \Phi(x,t)dV\right]\right\}$$

令 $V(t+\Delta t)=V+\Delta V$,于是,上式改写为

$$\frac{d}{dt}\int_V \Phi dV = \lim_{\Delta t \to 0} \frac{1}{\Delta t}\left\{\iiint_V [\Phi(x,t+\Delta t) - \Phi(x,t)]dV + \iiint_{\Delta V} \Phi(x,t+\Delta t)dV\right\}$$

(1.12)

式(1.12)表明,体积分的变化由两部分组成。说明如下:

第一部分变化为等号右边第一项积分,是由于标量函数 Φ 随时间 t 变化引起的。这部分变化可表示为

$$\iiint_V \frac{\partial \Phi}{\partial t}dV$$

(1.13)

第二部分变化为等号右边第二项积分,是由于流动体积变化 ΔV 所引起的。从图1.1可以看出,体积的变化可表示为 $dV=u_n \Delta t dS$,其中 dS 为表面 S 中的微小面积,u_n 是法

线 n 方向的速度投影。于是，这第二部分的变化即式（1.12）右边第二项可写为

$$\lim_{\Delta t \to 0} \frac{1}{\Delta t} \iiint_{\Delta V} \Phi(x, t + \Delta t) \mathrm{d}V = \lim_{\Delta t \to 0} \oiint_S \Phi(x, t + \Delta t) u_n \mathrm{d}S = \oiint_S \Phi(x, t) u_n \mathrm{d}S \quad (1.14)$$

将式（1.13）和式（1.14）代入式（1.12），得到体积分的随体导数公式：

$$\frac{\mathrm{d}}{\mathrm{d}t} \iiint_V \Phi \mathrm{d}V = \iiint_V \frac{\partial \Phi}{\partial t} \mathrm{d}V + \oiint_S \Phi u_n \mathrm{d}S \quad (1.15)$$

从式（1.15）可得重要结论，体积分的随体导数由两项组成：第一项是函数 Φ 对时间的偏导数沿体积 V 的积分，它是由标量场的非恒定性所引起的；第二项是函数 Φ 通过表面 S 的通量 $\oiint_S \Phi u_n \mathrm{d}S$，它是由于体积 V 的改变引起的。

应用高斯公式 $\iiint_V \mathrm{div}\boldsymbol{a}\, \mathrm{d}V = \oiint_S \boldsymbol{a} \cdot \boldsymbol{n}\, \mathrm{d}S = \oiint_S a_n \mathrm{d}S$（附录 A.2.5），式（1.15）也可写为

$$\begin{aligned}\frac{\mathrm{d}}{\mathrm{d}t} \iiint_V \Phi \mathrm{d}V &= \iiint_V \frac{\partial \Phi}{\partial t} \mathrm{d}V + \oiint_S \Phi u_n \mathrm{d}S \\ &= \iiint_V \left[\frac{\partial \Phi}{\partial t} + \mathrm{div}(\Phi \boldsymbol{v}) \right] \mathrm{d}V \\ &= \iiint_V \left[\frac{\mathrm{d}\Phi}{\mathrm{d}t} + \Phi \mathrm{div}\boldsymbol{v} \right] \mathrm{d}V \end{aligned} \quad (1.16)$$

式（1.16）在流体力学应用很广，有时也称为运输定理（transport theorem）。

1.5 流体微团运动分析

1.5.1 亥姆霍兹速度分解定理

刚体运动的形式只有平移和转动，流体因为具有易流动性，极易变形，所以任一流体微团在运动过程中，不仅与刚体一样会发生平移和转动，而且还会发生变形运动。

定理：流场 $u_i(x_j, t)$ 中微团上任意一点的运动可以分解为平动、旋转和变形三部分之和。

证明：任取一流体微团，其上的参考点 x_{oj} 在时间 t 的速度 $u_{oi} = u_i(x_{oj}, t)$，同一时刻，在流体微团上距点 x_{oj} 为 Δx_j 任一质点 $x_j(x_j = x_{oj} + \Delta x_j)$ 的速度

$$u_i = u_i(x_{oj} + \Delta x_j, t)$$

利用泰勒级数（Taylor's series）展开，则

$$u_i(x_{oj} + \Delta x_j, t) = u_i(x_{oj}, t) + \frac{\partial u_i}{\partial x_1}\Delta x_1 + \frac{\partial u_i}{\partial x_2}\Delta x_2 + \frac{\partial u_i}{\partial x_3}\Delta x_3 + o(|\Delta x_j|^2)$$

略去高阶微量，则有

$$u_i(x_j, t) = u_{oi} + \frac{\partial u_i}{\partial x_j}\Delta x_j \quad (1.17)$$

其中，$\dfrac{\partial u_i}{\partial x_j}$ 是一个二阶张量，可以分解为一个对称张量和反对称张量之和，即

$$\frac{\partial u_i}{\partial x_j} = \frac{1}{2}\left(\frac{\partial u_i}{\partial x_j} + \frac{\partial u_j}{\partial x_i}\right) + \frac{1}{2}\left(\frac{\partial u_i}{\partial x_j} - \frac{\partial u_j}{\partial x_i}\right) \tag{1.18}$$

式（1.18）右端第一项用 D_{ij} 表示，是对称张量，含有 6 个独立分量；第二项用 R_{ij} 表示，是反对称张量，含有 3 个独立分量。关于对称张量和非对称张量请参见附录 A.15。因为

$$D_{ij} = \frac{1}{2}\left(\frac{\partial u_i}{\partial x_j} + \frac{\partial u_j}{\partial x_i}\right) = \frac{1}{2}\left(\frac{\partial u_j}{\partial x_i} + \frac{\partial u_i}{\partial x_j}\right) = D_{ji}$$

$$R_{ij} = \frac{1}{2}\left(\frac{\partial u_i}{\partial x_j} - \frac{\partial u_j}{\partial x_i}\right) = -\frac{1}{2}\left(\frac{\partial u_j}{\partial x_i} - \frac{\partial u_i}{\partial x_j}\right) = -R_{ji}$$

因此，亥姆霍兹速度分解定理（Helmholtz velocity decomposing theorem）的数学表达式为

$$u_i(x_j, t) = u_{oi} + (D_{ij})\Delta x_j + (R_{ij})\Delta x_j \tag{1.19}$$

1.5.2 变形率张量

对于脚标 $i, j = 1, 2, 3$ 或 x, y, z，写出 D_{ij} 的所有分量，则

$$D_{ij} = \begin{bmatrix} \dfrac{\partial u_x}{\partial x} & \dfrac{1}{2}\left(\dfrac{\partial u_x}{\partial y} + \dfrac{\partial u_y}{\partial x}\right) & \dfrac{1}{2}\left(\dfrac{\partial u_x}{\partial z} + \dfrac{\partial u_z}{\partial x}\right) \\ \dfrac{1}{2}\left(\dfrac{\partial u_y}{\partial x} + \dfrac{\partial u_x}{\partial y}\right) & \dfrac{\partial u_y}{\partial y} & \dfrac{1}{2}\left(\dfrac{\partial u_y}{\partial z} + \dfrac{\partial u_z}{\partial y}\right) \\ \dfrac{1}{2}\left(\dfrac{\partial u_z}{\partial x} + \dfrac{\partial u_x}{\partial z}\right) & \dfrac{1}{2}\left(\dfrac{\partial u_z}{\partial y} + \dfrac{\partial u_y}{\partial z}\right) & \dfrac{\partial u_z}{\partial z} \end{bmatrix}$$

令

$$\varepsilon_{xx} = \frac{\partial u_x}{\partial x}, \quad \varepsilon_{yy} = \frac{\partial u_y}{\partial y}, \quad \varepsilon_{zz} = \frac{\partial u_z}{\partial z}$$

$$\varepsilon_{xy} = \frac{1}{2}\left(\frac{\partial u_x}{\partial y} + \frac{\partial u_y}{\partial x}\right), \quad \varepsilon_{yx} = \frac{1}{2}\left(\frac{\partial u_y}{\partial x} + \frac{\partial u_x}{\partial y}\right)$$

$$\varepsilon_{xz} = \frac{1}{2}\left(\frac{\partial u_x}{\partial z} + \frac{\partial u_z}{\partial x}\right), \quad \varepsilon_{zx} = \frac{1}{2}\left(\frac{\partial u_z}{\partial x} + \frac{\partial u_x}{\partial z}\right)$$

$$\varepsilon_{yz} = \frac{1}{2}\left(\frac{\partial u_y}{\partial z} + \frac{\partial u_z}{\partial y}\right), \quad \varepsilon_{zy} = \frac{1}{2}\left(\frac{\partial u_z}{\partial y} + \frac{\partial u_y}{\partial z}\right)$$

或写为

$$\varepsilon_{ij} = \frac{1}{2}\left(\frac{\partial u_i}{\partial x_j} + \frac{\partial u_j}{\partial x_i}\right) \tag{1.20}$$

则

$$D_{ij} = \begin{bmatrix} \varepsilon_{11} & \varepsilon_{12} & \varepsilon_{13} \\ \varepsilon_{21} & \varepsilon_{22} & \varepsilon_{23} \\ \varepsilon_{31} & \varepsilon_{32} & \varepsilon_{33} \end{bmatrix} \tag{1.21}$$

其中，ε_{ii} 表示所在方向的线性变形率，其余 $\varepsilon_{ij}(i \neq j)$ 为角变形率。D_{ij} 称为变形率张量（deformation tensor）。

1.5.3 旋转角速度

同理，对于脚标 $i,j=1,2,3$ 或 x,y,z，写出 R_{ij} 的所有分量，则

$$R_{ij}=\begin{bmatrix} 0 & \frac{1}{2}\left(\frac{\partial u_x}{\partial y}-\frac{\partial u_y}{\partial x}\right) & \frac{1}{2}\left(\frac{\partial u_x}{\partial z}-\frac{\partial u_z}{\partial x}\right) \\ \frac{1}{2}\left(\frac{\partial u_y}{\partial x}-\frac{\partial u_x}{\partial y}\right) & 0 & \frac{1}{2}\left(\frac{\partial u_y}{\partial z}-\frac{\partial u_z}{\partial y}\right) \\ \frac{1}{2}\left(\frac{\partial u_z}{\partial x}-\frac{\partial u_x}{\partial z}\right) & \frac{1}{2}\left(\frac{\partial u_z}{\partial y}-\frac{\partial u_y}{\partial z}\right) & 0 \end{bmatrix}$$

令

$$\left.\begin{aligned} \omega_z &= \frac{1}{2}\left(\frac{\partial u_y}{\partial x}-\frac{\partial u_x}{\partial y}\right) \\ \omega_y &= \frac{1}{2}\left(\frac{\partial u_x}{\partial z}-\frac{\partial u_z}{\partial x}\right) \\ \omega_x &= \frac{1}{2}\left(\frac{\partial u_z}{\partial y}-\frac{\partial u_y}{\partial z}\right) \end{aligned}\right\} \quad (1.22\text{a})$$

或写为

$$\omega_k = \frac{1}{2}\left(\frac{\partial u_j}{\partial x_i}-\frac{\partial u_i}{\partial x_j}\right) \quad (1.22\text{b})$$

则

$$R_{ij}=\begin{bmatrix} 0 & -\omega_z & \omega_y \\ \omega_z & 0 & -\omega_x \\ -\omega_y & \omega_x & 0 \end{bmatrix} \quad (1.23)$$

其中，ω_z、ω_y、ω_x 为流体微团的旋转角速度，显然，R_{ij} 是一反对称张量。R_{ij} 称为旋转角速度张量或转动张量。R_{ij} 亦可写为

$$R_{ij}=-\varepsilon_{ijk}\omega_k \quad (1.24)$$

式中：ε_{ijk} 为里奇（Ricci）符号（附录 A.1.4）。

由以上分析得知，在亥姆霍兹速度分解定理的数学表示式（1.19）中，u_{oi} 表示平移速度；$(D_{ij})\Delta x_j$ 表示变形速度，包括线变形和角变形；$(R_{ij})\Delta x_j$ 表示旋转速度。

流体微团有无旋转对流动分析的影响很大，因此流体微团有无旋转成为流动分类的一个重要指标。流体微团没有旋转的流动，称为无旋流动（irrotational flow），或称无涡流动，亦称有势流动（potential flow）。流体微团有旋转的流动，称为有旋流动（rotational flow），亦称有涡流动。

下面举例说明微团旋转的概念。

例 1.1 设有两块平板，一块固定不动，上块板在与下块板保持平行条件下作直线等速运动。在两块平板之间装有黏性液体。这时的液体流动称为简单剪切流动，如图 1.2 所示。其流速分布为 $u_x=cy$，$u_y=0$，其中 $c\neq 0$。试判别这个流动是有势流动还是有涡流动。

解：
$$\omega_z = \frac{1}{2}\left(\frac{\partial u_y}{\partial x} - \frac{\partial u_x}{\partial y}\right) = -\frac{1}{2}c \neq 0$$

故该流动为有涡流动。尽管质点都做直线运动，流线也都是平行直线，且在表观上看不出有旋转的迹象。

例 1.2 从水箱底部小孔 O 处排水时，在箱内形成圆周运动，其流线为同心圆，如图 1.3 所示，流速分布可表示为

$$u_x = -\frac{cy}{x^2+y^2}, \quad u_y = \frac{cx}{x^2+y^2}, \quad c \neq 0$$

试判断该流体运动是有势流动还是有涡流动。

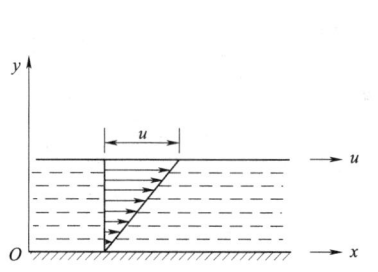
图 1.2 简单剪切流动

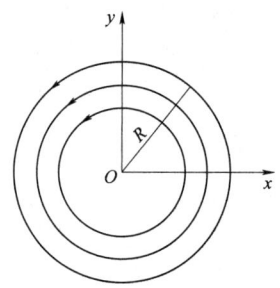
图 1.3 水箱底部小孔排水时同心圆流线

解：
$$\omega_z = \frac{1}{2}\left(\frac{\partial u_y}{\partial x} - \frac{\partial u_x}{\partial y}\right) = \frac{c}{2}\left[\frac{(y^2-x^2)}{(x^2+y^2)^2} - \frac{(y^2-x^2)}{(x^2+y^2)^2}\right]$$

除原点（$x=0$，$y=0$）外 $\omega_z = 0$，该流动为有势流动。尽管质点沿圆周运动，但微团并无绕其自身轴的转动。

1.6 涡量与环量

1.6.1 涡量

流体运动可以分为有旋流动和无旋流动，当流体的旋转角速度不为 0，即 $\omega \neq 0$ 时，流体的运动是有旋的；当 $\omega = 0$ 时，流体的运动是无旋的。因此，判断流体是无旋流动还是有旋流动，应根据流体微团本身是否旋转，而与微团运动的轨迹并无关系。

流体的旋转角速度可以用张量式表示如下：

$$\omega_k = \frac{1}{2}\left(\frac{\partial u_j}{\partial x_i} - \frac{\partial u_i}{\partial x_j}\right) \tag{1.25}$$

其中，脚标 k 表示流体运动平面的法线方向。

流体力学中多采用涡量（vorticity）来描述流体微团的旋转。定义旋转角速度的两倍为涡量，即

$$\Omega_k = 2\omega_k \tag{1.26a}$$

涡量是一矢量,它与旋转的平面垂直,其方向的正负按右手法则确定,如图1.4所示。写成矢量形式

$$\boldsymbol{\Omega} = \mathbf{curl}\,\boldsymbol{v} = \nabla \times \boldsymbol{v} = \mathbf{rot}\,\boldsymbol{v} \tag{1.26b}$$

在流场中,涡量是位置和时间的函数,即

$$\Omega_k = \Omega_k(x,y,z,t) \tag{1.27}$$

如同流速场描述质点的运动情况,涡量场则描述流体微团的旋转情况。

用流线用来描述流场,同样,可用与流线类似的涡线来描述涡量场。在某一瞬间,在流场中绘制的处处与涡矢量相切的曲线称为涡线(vortex line)。涡线一般不与流线重合,但相交,如图1.5所示。涡线微分方程与流线微分方程类似,可表示为

$$\frac{\mathrm{d}x}{\Omega_x} = \frac{\mathrm{d}y}{\Omega_y} = \frac{\mathrm{d}z}{\Omega_z} \tag{1.28}$$

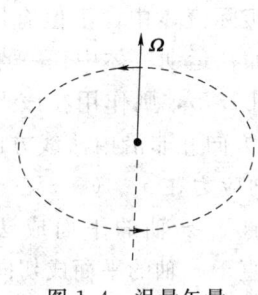

图1.4 涡量矢量

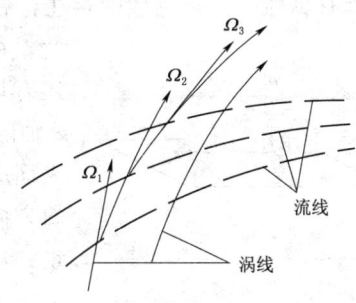

图1.5 涡线

以涡线为侧壁的管段称为涡管(vortex tube)。涡管里面绕同一旋转轴旋转着的流体称为涡束或涡丝(vortex filament)。

1.6.2 速度环量

分析带旋转的流体运动常要用到速度环量的概念。

速度沿封闭曲线的积分称为速度环量(velocity circulation),通常用Γ表示:

$$\Gamma = \oint_L \boldsymbol{v} \cdot \mathrm{d}\boldsymbol{l} \tag{1.29}$$

在笛卡儿坐标系下为

$$\Gamma = \oint_L u_x \mathrm{d}x + u_y \mathrm{d}y + u_z \mathrm{d}z \tag{1.30}$$

1.6.3 斯托克斯定理

速度环量与涡量之间由斯托克斯(Stokes)定理联系,环量与涡量见图1.6。

斯托克斯定理表述为:沿包围单连通域的有限封闭周线的速度环量,等于穿过此连通域的涡量通量。数学表述如下:

$$\iint_S \boldsymbol{\Omega} \cdot \boldsymbol{n}\,\mathrm{d}S = \oint_L \boldsymbol{v} \cdot \mathrm{d}\boldsymbol{l} \tag{1.31}$$

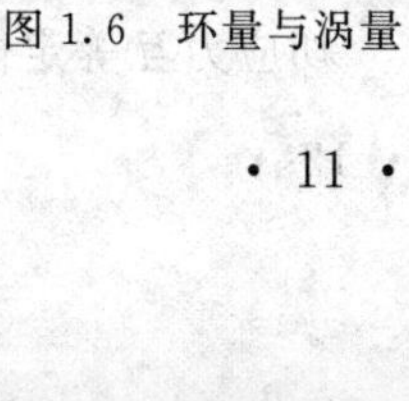

图1.6 环量与涡量

式中：S 为表面积，L 为周线长度。

式（1.31）说明通过面的涡通量等于沿边界的速度环量。斯托克斯定理应用很广，它把一个面积分和一个线积分联系在一起。

在笛卡儿坐标系下，式（1.31）表述为

$$\oint_L u_x \mathrm{d}x + u_y \mathrm{d}y + u_z \mathrm{d}z = \iint_S \left[\left(\frac{\partial u_z}{\partial y} - \frac{\partial u_y}{\partial z} \right) \cos(\boldsymbol{n}, x) + \left(\frac{\partial u_x}{\partial z} - \frac{\partial u_z}{\partial x} \right) \cos(\boldsymbol{n}, y) \right.$$
$$\left. + \left(\frac{\partial u_y}{\partial x} - \frac{\partial u_x}{\partial y} \right) \cos(\boldsymbol{n}, z) \right] \mathrm{d}S \tag{1.32}$$

1.7 应力张量

实际流体具有黏性。由于黏性的存在，有相对运动的各层流体之间将产生切应力。因此，在运动的实际流体中，不但有压应力，而且还有切应力。如在运动流体中任一点 A 取垂直于 z 轴的平面（图 1.7），则作用在该平面上 A 点的表面应力 $\boldsymbol{p}_n$ 的方向并非沿内法线方向，而是沿倾斜方向的。表面应力在 x、y、z 三个轴向都有分量：一个与垂直于 z 轴的平面成法向的压应力 p_{zz}；两个与垂直于 z 轴的平面成切向的切应力 τ_{zx} 及 τ_{zy}。压应力和切应力的第一个下标表示作用面的法线方向，即表示应力作用面与该轴垂直；第二个下标表示应力的作用方向。同样在垂直于 y 轴的平面上，作用的应力有 p_{yy}、τ_{yx}、τ_{yz}；在垂直于 x 轴的平面上，作用的应力有 p_{xx}、τ_{xy}、τ_{xz}。这样，任一点在 3 个互相垂直的作用面上的应力共有 9 个分量，其中包含 3 个压应力 p_{xx}、p_{yy}、p_{zz} 和 6 个切应力 τ_{xy}、τ_{xz}、τ_{yx}、τ_{yz}、τ_{zx}、τ_{zy}。

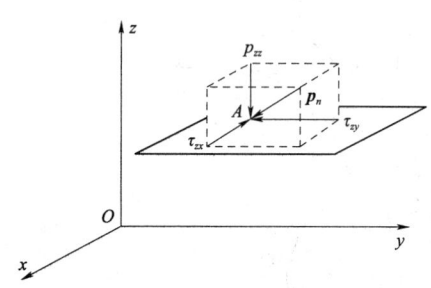

图 1.7 垂直于 z 轴平面上 A 点的表面应力

将上述 9 个应力写成矩阵形式为

$$\begin{bmatrix} p_{xx} & \tau_{xy} & \tau_{xz} \\ \tau_{yx} & p_{yy} & \tau_{yz} \\ \tau_{zx} & \tau_{zy} & p_{zz} \end{bmatrix}$$

将压应力与切应力均用统一符号 σ_{ij} 表示，表述为

$$\sigma_{ij} = \begin{bmatrix} \sigma_{11} & \sigma_{12} & \sigma_{13} \\ \sigma_{21} & \sigma_{22} & \sigma_{23} \\ \sigma_{31} & \sigma_{32} & \sigma_{33} \end{bmatrix} \tag{1.33}$$

σ_{ij} 称为应力张量（stress tensor），它是一个二阶张量，而且 $\tau_{xy} = \tau_{yx}$，$\tau_{yz} = \tau_{zy}$，$\tau_{xz} = \tau_{zx}$。因此，应力张量是一个对称张量。

下面讨论切应力和压应力的特性。

1. 切应力的特性

切应力互等定律，即作用在两互相垂直平面上且与该两平面的交线相垂直的切应力大小都是相等的，表述如下：
$$\tau_{xy}=\tau_{yx}, \quad \tau_{yz}=\tau_{zy}, \quad \tau_{zx}=\tau_{xz} \tag{1.34}$$

证明：在实际流体中取一微六面体，边长 $\mathrm{d}x$、$\mathrm{d}y$、$\mathrm{d}z$，各表面的应力如图 1.8 所示。对通过微六面体中心点 S 并平行于 x 轴的轴线取力矩，因质量力通过中心点 S，则得

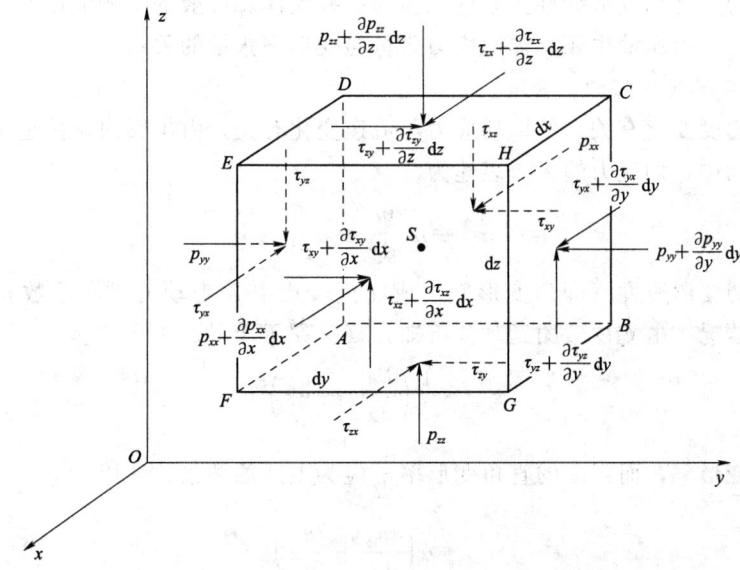

图 1.8 实际流体微六面体各表面的应力分量

$$\tau_{zy}\mathrm{d}x\mathrm{d}y\,\frac{1}{2}\mathrm{d}z+\left(\tau_{zy}+\frac{\partial\tau_{zy}}{\partial z}\mathrm{d}z\right)\mathrm{d}x\mathrm{d}y\,\frac{1}{2}\mathrm{d}z-\tau_{yz}\mathrm{d}x\mathrm{d}z\,\frac{1}{2}\mathrm{d}y-\left(\tau_{yz}+\frac{\partial\tau_{yz}}{\partial y}\mathrm{d}y\right)\mathrm{d}x\mathrm{d}z\,\frac{1}{2}\mathrm{d}y=0$$

忽略三阶以上的微小量，则
$$\tau_{zy}\mathrm{d}x\mathrm{d}y\mathrm{d}z-\tau_{yz}\mathrm{d}x\mathrm{d}y\mathrm{d}z=0$$

于是
$$\tau_{zy}=\tau_{yz}$$

同理，可以证明 $\tau_{xy}=\tau_{yx}$ 及 $\tau_{zx}=\tau_{xz}$。

2. 压应力的特性

压应力的大小与其作用面的方位有关，三个相互垂直方向的压应力一般是不相等的，即 $p_{xx}\neq p_{yy}\neq p_{zz}$。但从几何关系上可以证明，同一点上，三个相互垂直面的压应力之和，与那组垂直面的方位无关，即 $p_{xx}+p_{yy}+p_{zz}$ 值总保持不变。在实际流体中，任何三个互相垂直面上的压应力的平均值定义为动水压强，以 p 表示，则

$$p=\frac{1}{3}(p_{xx}+p_{yy}+p_{zz}) \tag{1.35}$$

因此，实际流体的动水压强也只是位置坐标和时间的函数，即 $p=p(x,y,z,t)$。

一般规定，切应力的方向与坐标轴一致时为正；法向应力的方向与作用面的外法线一致时为正，与作用面的内法线一致时为负，即压应力为负。

1.8 牛顿流体的本构方程

把应力张量 σ_{ij} 与变形率张量 ε_{ij} 联系起来的方程称为本构方程（constitutive equation）。

满足切应力与剪切变形线性关系的流体为牛顿流体。一般的牛顿流体有水、空气、油等。本节只讨论不可压缩牛顿流体中应力张量与变形率张量的关系。

1. 切应力与流速变化的关系

因变形和速度变化有关，所以切应力与流速变化有关。由牛顿内摩擦定律可知，在二维平行直线流动中，切应力的大小表述为

$$\tau_{yx} = \mu \frac{du_x}{dy} = \mu \frac{d\theta}{dt}$$

即切应力与剪切变形速度（即角变形率）成比例，式中 μ 为动力黏滞系数。这个结论可以推广到三维情况。由流体微团运动分析知，xOy 平面上的角变形率为

$$\varepsilon_{xy} = \frac{1}{2}\left(\frac{\partial u_y}{\partial x} + \frac{\partial u_x}{\partial y}\right)$$

这是微团的角变形率，而实际的直角变形率 $\frac{d\theta}{dt}$ 应为上式的两倍。所以

$$\tau_{yx} = \mu\left(\frac{\partial u_y}{\partial x} + \frac{\partial u_x}{\partial y}\right)$$

同理，对三个互相垂直的平面上均可得出

$$\left.\begin{aligned}\tau_{yx} = \tau_{xy} = \mu\left(\frac{\partial u_y}{\partial x} + \frac{\partial u_x}{\partial y}\right) \\ \tau_{zy} = \tau_{yz} = \mu\left(\frac{\partial u_z}{\partial y} + \frac{\partial u_y}{\partial z}\right) \\ \tau_{xz} = \tau_{zx} = \mu\left(\frac{\partial u_x}{\partial z} + \frac{\partial u_z}{\partial x}\right)\end{aligned}\right\} \quad (1.36\text{a})$$

这就是黏性流体中切应力的普遍表达式，称为广义的牛顿内摩擦定律。以张量的形式表述为

$$\sigma_{ij} = 2\mu\varepsilon_{ij} \quad (i,j=1,2,3;\ i \neq j) \quad (1.36\text{b})$$

2. 法向应力与线变形率的关系

各个方向的法向应力可以认为等于动水压强 p 加上一个附加应力，即

$$p_{xx} = -p + p'_{xx}, \quad p_{yy} = -p + p'_{yy}, \quad p_{zz} = -p + p'_{zz}$$

式中负号考虑了动水压强为压应力。这些附加应力可以认为是由于黏性所引起的相应结果，因而和流体的变形有关。因为黏性的作用，流体微团除发生角变形外，同时也发生线变形，即在流体微团的法线方向上有相对的线变形率 $\frac{\partial u_x}{\partial x}$，$\frac{\partial u_y}{\partial y}$，$\frac{\partial u_z}{\partial z}$，使法向应力的大小与理想流体相比有所改变，产生附加应力。在理论流体力学中可以证明，对于不可压缩均质流体，附加应力与线变形率之间有类似于式（1.36）的关系，即

$$p'_{xx}=2\mu\frac{\partial u_x}{\partial x}, \quad p'_{yy}=2\mu\frac{\partial u_y}{\partial y}, \quad p'_{zz}=2\mu\frac{\partial u_z}{\partial z}$$

于是，法向应力与线变形率的关系为

$$\left.\begin{aligned}p_{xx}&=-p+2\mu\frac{\partial u_x}{\partial x}\\p_{yy}&=-p+2\mu\frac{\partial u_y}{\partial y}\\p_{zz}&=-p+2\mu\frac{\partial u_z}{\partial z}\end{aligned}\right\} \tag{1.37a}$$

以张量的形式表述为

$$\sigma_{ij}=-p\delta_{ij}+2\mu\varepsilon_{ij} \quad (i,j=1,2,3;i=j) \tag{1.37b}$$

式中：δ_{ij} 为克罗内克尔（Kronecker）符号（附录 A.1.4）；ε_{ij} 为变形率张量。

综合式（1.36b）与式（1.37b），得

$$\sigma_{ij}=-p\delta_{ij}+2\mu\varepsilon_{ij} \quad (i,j=1,2,3) \tag{1.38a}$$

或写为

$$\sigma_{ij}=-p\delta_{ij}+\mu\left(\frac{\partial u_i}{\partial x_j}+\frac{\partial u_j}{\partial x_i}\right) \quad (i,j=1,2,3) \tag{1.38b}$$

这就是不可压缩牛顿流体的本构方程。写成分量形式为

$$\left.\begin{aligned}\sigma_{11}&=-p+2\mu\frac{\partial u_x}{\partial x}\\\sigma_{22}&=-p+2\mu\frac{\partial u_y}{\partial y}\\\sigma_{33}&=-p+2\mu\frac{\partial u_z}{\partial z}\\\sigma_{12}&=\sigma_{21}=\mu\left(\frac{\partial u_x}{\partial y}+\frac{\partial u_y}{\partial x}\right)\\\sigma_{31}&=\sigma_{13}=\mu\left(\frac{\partial u_x}{\partial z}+\frac{\partial u_z}{\partial x}\right)\\\sigma_{23}&=\sigma_{32}=\mu\left(\frac{\partial u_y}{\partial z}+\frac{\partial u_z}{\partial y}\right)\end{aligned}\right\} \tag{1.38c}$$

需要说明的是，上述得出的是不可压缩牛顿流体的本构方程。对于可压缩牛顿流体，其本构方程要复杂些，推导过程请参考有关著作，这里只给出其表达式：

$$\sigma_{ij}=-p\delta_{ij}+2\mu\varepsilon_{ij}-\frac{2}{3}\mu\mathrm{div}\boldsymbol{v} \tag{1.39}$$

已知流速场和 μ 及 p，应用本构方程即可求得任一点处的各个应力分量。

例 1.3 不可压缩牛顿流体的流速场，$u_x=4xyz$，$u_y=z^2$，$u_z=-2yz^2$，速度单位为 m/s，x、y、z 的单位为 m。流体的动力黏滞系数 $\mu=1\times10^{-3}\mathrm{Pa\cdot s}$。求点（2，1，1）处的全部应力分量，已知该处压强 $p=10300\mathrm{Pa}$。

解： 由式（1.38）或式（1.37a）得法向应力为

$$p_{xx}=-p+2\mu(4yz)=-p+8\mu yz$$
$$p_{yy}=-p+2\mu(0)=-p$$
$$p_{zz}=-p+2\mu(-4yz)=-p-8\mu yz$$

在点 (2, 1, 1),法向应力为
$$p_{xx}=-10300+8\times(1\times10^{-3})\times1\times1=-10299.992(\text{Pa})$$
$$p_{yy}=-10300\text{Pa}$$
$$p_{zz}=-10300-8\times10^{-3}\times1\times1=-10300.008(\text{Pa})$$

切应力按式 (1.38) 或式 (1.36a) 计算为
$$\tau_{xy}=\mu\left(\frac{\partial v}{\partial x}+\frac{\partial u}{\partial y}\right)=\mu(0+4xz)=4\mu xz$$
$$\tau_{yz}=\mu\left(\frac{\partial \omega}{\partial y}+\frac{\partial v}{\partial z}\right)=\mu(-2z^2+2z)$$
$$\tau_{xz}=\mu\left(\frac{\partial \omega}{\partial x}+\frac{\partial u}{\partial z}\right)=\mu(0+4xy)=4\mu xy$$

在点 (2, 1, 1),切应力为
$$\tau_{xy}=10^{-3}\times4\times2\times1=8\times10^{-3}(\text{Pa})$$
$$\tau_{yz}=10^{-3}\times(-2+2)=0$$
$$\tau_{xz}=10^{-3}\times(4\times2\times1)=8\times10^{-3}(\text{Pa})$$

第 2 章 流体运动的基本方程

流体运动极其复杂，但也有其内在规律。这些规律就是自然科学中通过大量实践和实验归纳出来的质量守恒定律、动量定理、能量守恒定律以及物体的物理特性。它们在流体力学中独特的表达形式组成了流体运动的基本方程。本章根据上述基本定律（定理）及流体物理特性推导流体运动的基本方程，并给出不同的表达形式。

2.1 连续性方程

2.1.1 微分形式的连续性方程

质量守恒定律表明，流体在运动过程中质量保持不变。下面从质量守恒定律出发推导连续性方程。

在流体中任取由一定流体质点组成的物质体，其体积为 V，质量为 m，则

$$m = \iiint_V \rho \mathrm{d}V$$

根据质量守恒定律，式（2.1）在任一时刻都成立：

$$\frac{\mathrm{d}m}{\mathrm{d}t} = \frac{\mathrm{d}}{\mathrm{d}t}\iiint_V \rho \mathrm{d}V = 0 \tag{2.1}$$

应用物质体积分的随体导数公式（1.15），则

$$\frac{\mathrm{d}}{\mathrm{d}t}\iiint_V \rho \mathrm{d}V = \iiint_V \left(\frac{\mathrm{d}\rho}{\mathrm{d}t} + \rho \operatorname{div}\boldsymbol{v}\right)\mathrm{d}V = \iiint_V \left[\frac{\partial \rho}{\partial t} + \operatorname{div}(\rho \boldsymbol{v})\right]\mathrm{d}V = 0$$

根据流体连续介质假定，流体密度和速度均为空间和时间的连续函数，被积函数连续，且体积 V 是任意选取的，故被积函数必须恒等于 0，于是有

$$\frac{\mathrm{d}\rho}{\mathrm{d}t} + \rho \operatorname{div}\boldsymbol{v} = 0 \tag{2.2a}$$

或

$$\frac{\partial \rho}{\partial t} + \operatorname{div}(\rho \boldsymbol{v}) = 0 \tag{2.3a}$$

亦可以写成如下形式：

$$\frac{\mathrm{d}\rho}{\mathrm{d}t} + \rho \frac{\partial u_i}{\partial x_i} = 0 \tag{2.2b}$$

或

$$\frac{\partial \rho}{\partial t}+\frac{\partial(\rho u_i)}{\partial x_i}=0 \tag{2.3b}$$

式（2.2）和式（2.3）称为微分形式的连续性方程。

在笛卡儿坐标系中，微分形式的连续性方程为

$$\frac{\partial \rho}{\partial t}+\frac{\partial(\rho u_x)}{\partial x}+\frac{\partial(\rho u_y)}{\partial y}+\frac{\partial(\rho u_z)}{\partial z}=0 \tag{2.4}$$

微分形式的连续性方程适用于可压缩流体非恒定流，它表达了任何可实现的流体运动所必须满足的连续性条件。其物理意义是，流体在单位时间流经单位体积空间时，流出与流入的质量差与其内部质量变化的代数和为 0。

由式（2.2）可对不可压缩流体给出确切定义。不可压缩流体的条件应为

$$\frac{\mathrm{d}\rho}{\mathrm{d}t}=0 \tag{2.5}$$

即密度随质点运动保持不变。$\frac{\partial \rho}{\partial t}=0$ 只是指密度不随时间变化，但流体质点密度还可以在流动中随位置发生变化，只有满足式（2.5），即 $\frac{\mathrm{d}\rho}{\mathrm{d}t}=\frac{\partial \rho}{\partial t}+u_i\frac{\partial \rho}{\partial x_i}=0$，质点密度才能保持不变，但不能排除各个质点可以具有各自不同的密度。如海水在河口淡水下面的入侵（图2.1），含细颗粒泥沙的浑水在水库的清水下面沿库底的异重流（图2.2），都是具有不同密度的不可压缩流动。在这种流动中，因密度不同形成不同的流层，常称为分层流动（stratified flow）。

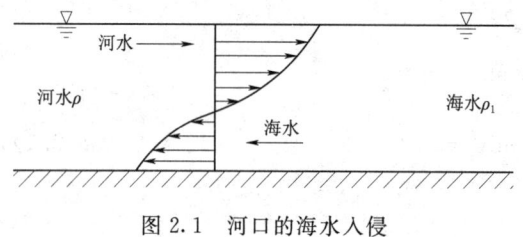

图 2.1 河口的海水入侵

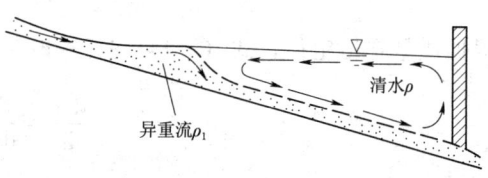

图 2.2 水库中的浑水异重流

对不可压缩均质流体，则不但 $\frac{\mathrm{d}\rho}{\mathrm{d}t}=0$，而且在全流场和全部时间内 $\rho=\text{const.}$，因此，连续性方程简化为

$$\frac{\partial u_x}{\partial x}+\frac{\partial u_y}{\partial y}+\frac{\partial u_z}{\partial z}=0 \tag{2.6a}$$

以张量形式表示为

$$\frac{\partial u_i}{\partial x_i}=0 \tag{2.6b}$$

以矢量表示为

$$\mathrm{div}\boldsymbol{v}=0 \tag{2.6c}$$

即速度 v 的散度为 0。

或写为

$$\nabla \cdot \boldsymbol{v} = 0 \tag{2.6d}$$

对不可压缩流体二元流，连续性微分方程可写为

$$\frac{\partial u_x}{\partial x} + \frac{\partial u_y}{\partial y} = 0 \tag{2.7}$$

微分形式的连续性方程也可通过下面的方法推导。该方法是水力学中常用的方法。

设想在流场中取一空间微分平行六面体（图 2.3），六面体的边长为 dx、dy、dz，其形心为 $A(x, y, z)$，A 点的流速在各坐标轴的投影为 u_x、u_y、u_z，A 点的密度为 ρ。

分析该六面体流体质量的变化。经一微小时段 dt，自左面流入的流体质量为 $\left(\rho - \dfrac{\partial \rho}{\partial x}\dfrac{dx}{2}\right)\left(u_x - \dfrac{\partial u_x}{\partial x}\dfrac{dx}{2}\right) dy dz dt$；自右面流出的流体质量为 $\left(\rho + \dfrac{\partial \rho}{\partial x}\dfrac{dx}{2}\right)\left(u_x + \dfrac{\partial u_x}{\partial x}\dfrac{dx}{2}\right) dy dz dt$，故 dt 时段内沿 x 方向流入与流出六面体的流体质量差为

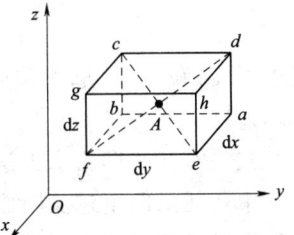

图 2.3 微分平行六面体

$$-\left(u_x \frac{\partial \rho}{\partial x} + \rho \frac{\partial u_x}{\partial x}\right) dx dy dz dt = -\frac{\partial(\rho u_x)}{\partial x} dx dy dz dt$$

同理，在 dt 时段内沿 y 和 z 方向流入与流出六面体的流体质量之差分别为 $-\dfrac{\partial(\rho u_y)}{\partial y} dx dy dz dt$ 和 $-\dfrac{\partial(\rho u_z)}{\partial z} dx dy dz dt$，因此，在 dt 时段内流入与流出六面体总的流体质量的变化为

$$-\left[\frac{\partial(\rho u_x)}{\partial x} + \frac{\partial(\rho u_y)}{\partial y} + \frac{\partial(\rho u_z)}{\partial z}\right] dx dy dz dt$$

因六面体内原来的平均密度为 ρ，总质量为 $\rho dx dy dz$；经 dt 时段后平均密度变为 $\rho + \dfrac{\partial \rho}{\partial t} dt$，总质量变为 $\left(\rho + \dfrac{\partial \rho}{\partial t} dt\right) dx dy dz$，故经过 dt 时段后六面体内质量总变化为

$$\left(\rho + \frac{\partial \rho}{\partial t} dt\right) dx dy dz - \rho dx dy dz = \frac{\partial \rho}{\partial t} dx dy dz dt$$

在同一时段内，流入与流出六面体总的流体质量的差值应与六面体内因密度变化所引起的总的质量变化相等，即

$$\frac{\partial \rho}{\partial t} dx dy dz dt = -\left[\frac{\partial(\rho u_x)}{\partial x} + \frac{\partial(\rho u_y)}{\partial y} + \frac{\partial(\rho u_z)}{\partial z}\right] dx dy dz dt$$

两端除以 $dx dy dz dt$ 后即得式 (2.4)。

2.1.2 积分形式的连续性方程

对式 (2.1) 应用物质体积分的随体导数公式 (1.15)，则有

$$\iiint_V \frac{\partial \rho}{\partial t} dV + \oiint_S \rho u_n dS = 0 \tag{2.8}$$

这就是积分形式的连续性方程。

对于圆管或明渠一维恒定流动，因 $\dfrac{\partial \rho}{\partial t} = 0$，则式 (2.8) 简化为

$$\oiint_S \rho u_n \, \mathrm{d}S = 0 \tag{2.9}$$

式 (2.9) 的物理意义是，单位时间内流入和流出某一管段或某一明渠段的流体质量必相等。这个条件可简单地表示为

$$\rho v_1 A_1 = \rho v_2 A_2 \tag{2.10a}$$

或

$$v_1 A_1 = v_2 A_2 \tag{2.10b}$$

式中：A_1 和 A_2 为管段或明渠段的流入断面和流出断面的面积；v_1 和 v_2 为上述两断面的平均速度。

式 (2.10) 即为水力学中经常用到的总流的连续性方程。该式说明，在不可压缩流体总流中，任意两个过流断面所通过的流量相等。也就是说，上游断面流进多少流量，下游断面也必然流出多少流量。

2.2 运动方程

连续性方程是描述流体运动的基本方程之一，它只限于流体运动必须遵循的一个运动学条件。因此，还须从动力学角度提出流动必须满足的动力学条件，即运动方程 (equation of motion)，由此组成求解流动的基本方程组。

2.2.1 应力表示的运动方程

以图 1.8 所示的流体中的微六面体作为隔离体进行分析。微六面体的质量为 $\rho \mathrm{d}x\mathrm{d}y\mathrm{d}z$。作用在六面体上的表面力每面有三个：一个法向应力，两个切应力。设法向应力沿外法线方向为正向、包含 A 点的三个面上的切应力为负向，则包含 H 点的三个面上的切应力必为正向。

根据牛顿第二定律写出 x 方向的力平衡方程式为

$$\rho f_x \mathrm{d}x\mathrm{d}y\mathrm{d}z - p_{xx}\mathrm{d}y\mathrm{d}z + \left(p_{xx} + \frac{\partial p_{xx}}{\partial x}\mathrm{d}x\right)\mathrm{d}y\mathrm{d}z - \tau_{yx}\mathrm{d}x\mathrm{d}z$$
$$+ \left(\tau_{yx} + \frac{\partial \tau_{yx}}{\partial y}\mathrm{d}y\right)\mathrm{d}x\mathrm{d}z - \tau_{zx}\mathrm{d}x\mathrm{d}y + \left(\tau_{zx} + \frac{\partial \tau_{zx}}{\partial z}\mathrm{d}z\right)\mathrm{d}x\mathrm{d}y = \rho \mathrm{d}x\mathrm{d}y\mathrm{d}z \frac{\mathrm{d}u_x}{\mathrm{d}t}$$

化简后得 x 方向的方程。同理可得 y、z 方向的方程。整理后写为

$$\left. \begin{aligned} \frac{\mathrm{d}u_x}{\mathrm{d}t} &= f_x + \frac{1}{\rho}\left(\frac{\partial p_{xx}}{\partial x}\right) + \frac{1}{\rho}\left(\frac{\partial \tau_{yx}}{\partial y} + \frac{\partial \tau_{zx}}{\partial z}\right) \\ \frac{\mathrm{d}u_y}{\mathrm{d}t} &= f_y + \frac{1}{\rho}\left(\frac{\partial p_{yy}}{\partial y}\right) + \frac{1}{\rho}\left(\frac{\partial \tau_{xy}}{\partial x} + \frac{\partial \tau_{zy}}{\partial z}\right) \\ \frac{\mathrm{d}u_z}{\mathrm{d}t} &= f_z + \frac{1}{\rho}\left(\frac{\partial p_{zz}}{\partial z}\right) + \frac{1}{\rho}\left(\frac{\partial \tau_{xz}}{\partial x} + \frac{\partial \tau_{yz}}{\partial y}\right) \end{aligned} \right\} \tag{2.11a}$$

式 (2.11a) 就是在笛卡儿坐标系下以应力表示的黏性流体的运动微分方程式。其中 f_x、f_y、f_z 为三轴向的单位质量力。这是流体运动方程最一般的表达形式。

写成张量形式为

$$\frac{\mathrm{d}u_i}{\mathrm{d}t} = f_i + \frac{1}{\rho}\frac{\partial p_{ij}}{\partial x_j} \qquad (2.11\mathrm{b})$$

写成矢量形式为

$$\rho\frac{\mathrm{d}\boldsymbol{v}}{\mathrm{d}t} = \rho\boldsymbol{f} + \mathrm{div}\,\boldsymbol{\sigma} \qquad (2.11\mathrm{c})$$

或

$$\rho\frac{\mathrm{d}\boldsymbol{v}}{\mathrm{d}t} = \rho\boldsymbol{f} + \nabla\cdot\boldsymbol{\sigma} \qquad (2.11\mathrm{d})$$

式中：$\rho\dfrac{\mathrm{d}\boldsymbol{v}}{\mathrm{d}t}$ 为单位体积上的惯性力；$\rho\boldsymbol{f}$ 为单位体积上的质量力；$\mathrm{div}\,\boldsymbol{\sigma}$ 为单位体积上的应力张量的散度；$\boldsymbol{\sigma}$ 是应力张量，$\boldsymbol{\sigma}\equiv\sigma_{ij}$。

于是运动方程式（2.11c）表明单位体积上的惯性力等于单位体积上的质量力加上单位体积上应力张量的散度。

上述推导表明，流体运动方程即是牛顿第二定律在流体运动中的应用。因牛顿第二定律与动量定理完全等效，因此运动方程也称为微分形式的动量方程。

流体运动方程也可从动量定理直接导出，下面进行推导。

任取一体积为 V 的流体，它的边界为 S。根据动量定理，体积 V 中流体动量的变化率等于作用在该体积上的质量力和表面力之和。以 $\boldsymbol{f}$ 表示作用在单位质量上的质量力分布函数，$\boldsymbol{p}$ 为作用在单位面积上的表面力分布函数，若表面力 $\boldsymbol{p}$ 以应力张量 $\boldsymbol{\sigma}$ 来表示，则 $\boldsymbol{p} = \boldsymbol{n}\cdot\boldsymbol{\sigma}$，$\boldsymbol{n}$ 为单位法线向量。因此，作用在 V 上和 S 上的总质量力和表面力分别为 $\iiint_V \rho\boldsymbol{f}\,\mathrm{d}V$ 和 $\iint_S \boldsymbol{p}_n\,\mathrm{d}S$，体积 V 内的动量是 $\iiint_V \rho\boldsymbol{v}\,\mathrm{d}V$。于是动量定理可写成下列表达式：

$$\frac{\mathrm{d}}{\mathrm{d}t}\iiint_V \rho\boldsymbol{v}\,\mathrm{d}V = \iiint_V \rho\boldsymbol{f}\,\mathrm{d}V + \iint_S \boldsymbol{p}\,\mathrm{d}S \qquad (2.12)$$

对式（2.12）等号左端项利用质量守恒定律，有下式成立：

$$\frac{\mathrm{d}}{\mathrm{d}t}\iiint_V \rho\boldsymbol{v}\,\mathrm{d}V = \frac{\mathrm{d}}{\mathrm{d}t}\iiint_V \boldsymbol{v}\,\mathrm{d}m = \iiint_V \frac{\mathrm{d}\boldsymbol{v}}{\mathrm{d}t}\,\mathrm{d}m + \iiint_V \boldsymbol{v}\,\frac{\mathrm{d}}{\mathrm{d}t}\,\mathrm{d}m = \iiint_V \rho\frac{\mathrm{d}\boldsymbol{v}}{\mathrm{d}t}\,\mathrm{d}V$$

对式（2.12）等号右端第二项应用高斯定理（附录 A.2.5），有下式成立：

$$\iint_S \boldsymbol{p}\,\mathrm{d}S = \iint_S \boldsymbol{n}\cdot\boldsymbol{\sigma}\,\mathrm{d}S = \iiint_V \mathrm{div}\,\boldsymbol{\sigma}\,\mathrm{d}V$$

其中 $\boldsymbol{\sigma}$ 是应力张量。于是式（2.12）变为

$$\iiint_V \left(\rho\frac{\mathrm{d}\boldsymbol{v}}{\mathrm{d}t} - \rho\boldsymbol{f} - \mathrm{div}\,\boldsymbol{\sigma}\right)\mathrm{d}V = 0$$

由于 V 任意，且假定被积函数连续，因此被积函数恒为 0，得式（2.11c）：

$$\rho\frac{\mathrm{d}\boldsymbol{v}}{\mathrm{d}t} = \rho\boldsymbol{f} + \mathrm{div}\,\boldsymbol{\sigma}$$

式（2.11c）也称为微分形式的动量方程，一般称为运动方程。

2.2.2 纳维-斯托克斯方程

将不可压缩牛顿流体的本构方程式（1.38a）

$$\sigma_{ij} = -p\delta_{ij} + 2\mu\varepsilon_{ij} \quad (i,j=1,2,3)$$

代入式（2.11b），并应用 ε_{ij} 变形率张量式（1.20）：

$$\varepsilon_{ij} = \frac{1}{2}\left(\frac{\partial u_i}{\partial x_j} + \frac{\partial u_j}{\partial x_i}\right)$$

则有

$$\frac{\mathrm{d}u_i}{\mathrm{d}t} = f_i - \frac{1}{\rho}\frac{\partial p}{\partial x_i} + \frac{\mu}{\rho}\frac{\partial}{\partial x_j}\left(\frac{\partial u_j}{\partial x_i} + \frac{\partial u_i}{\partial x_j}\right) \tag{2.13}$$

对于不可压缩流体，$\dfrac{\partial u_j}{\partial x_j} = 0$，则

$$\frac{\partial}{\partial x_j}\left(\frac{\partial u_j}{\partial x_i}\right) = \frac{\partial}{\partial x_i}\left(\frac{\partial u_j}{\partial x_j}\right) = 0$$

而

$$\frac{\partial}{\partial x_j}\left(\frac{\partial u_i}{\partial x_j}\right) = \frac{\partial^2 u_i}{\partial x_j \partial x_j} = \frac{\partial^2 u_i}{\partial x_j^2} = \nabla^2 u_i$$

其中，∇^2 为拉普拉斯（Laplace）算子，$\nabla^2 = \dfrac{\partial^2}{\partial x_1^2} + \dfrac{\partial^2}{\partial x_2^2} + \dfrac{\partial^2}{\partial x_3^2} = \dfrac{\partial^2}{\partial x^2} + \dfrac{\partial^2}{\partial y^2} + \dfrac{\partial^2}{\partial z^2}$。

将上式代入式（2.13），得到

$$\frac{\mathrm{d}u_i}{\mathrm{d}t} = f_i - \frac{1}{\rho}\frac{\partial p}{\partial x_i} + \nu\nabla^2 u_i \tag{2.14a}$$

该式即是纳维-斯托克斯（Navier–Stokes）方程，简称 N-S 方程。式中 ν 为运动黏滞系数，$\nu = \mu/\rho$。

或写成以下形式

$$\frac{\mathrm{d}\boldsymbol{v}}{\mathrm{d}t} = \boldsymbol{f} - \frac{1}{\rho}\nabla p + \nu\nabla^2 \boldsymbol{v} \tag{2.14b}$$

$$\frac{\mathrm{d}\boldsymbol{v}}{\mathrm{d}t} = \boldsymbol{f} - \frac{1}{\rho}\mathbf{grad}\,p + \nu\nabla^2 \boldsymbol{v} \tag{2.14c}$$

$$\frac{\partial u_i}{\partial t} + u_j\frac{\partial u_i}{\partial x_j} = f_i - \frac{1}{\rho}\frac{\partial p}{\partial x_i} + \nu\frac{\partial^2 u_i}{\partial x_j^2} \tag{2.14d}$$

其中，$\nabla = \boldsymbol{i}\dfrac{\partial}{\partial x} + \boldsymbol{j}\dfrac{\partial}{\partial y} + \boldsymbol{k}\dfrac{\partial}{\partial z} = \boldsymbol{e}_i\dfrac{\partial}{\partial x_i}$ 是哈密顿算子（Hamilton operator），$\mathbf{grad}\,p$ 是压强梯度。

在笛卡儿坐标系下，上述方程表述为

$$\left. \begin{aligned} \frac{\mathrm{d}u_x}{\mathrm{d}t} &= f_x - \frac{1}{\rho}\frac{\partial p}{\partial x} + \nu\nabla^2 u_x \\ \frac{\mathrm{d}u_y}{\mathrm{d}t} &= f_y - \frac{1}{\rho}\frac{\partial p}{\partial y} + \nu\nabla^2 u_y \\ \frac{\mathrm{d}u_z}{\mathrm{d}t} &= f_z - \frac{1}{\rho}\frac{\partial p}{\partial z} + \nu\nabla^2 u_z \end{aligned} \right\} \tag{2.14e}$$

或

$$\left.\begin{array}{l}\dfrac{\partial u_x}{\partial t}+u_x\dfrac{\partial u_x}{\partial x}+u_y\dfrac{\partial u_x}{\partial y}+u_z\dfrac{\partial u_x}{\partial z}=f_x-\dfrac{1}{\rho}\dfrac{\partial p}{\partial x}+\nu\left(\dfrac{\partial^2 u_x}{\partial x^2}+\dfrac{\partial^2 u_x}{\partial y^2}+\dfrac{\partial^2 u_x}{\partial z^2}\right)\\[6pt]\dfrac{\partial u_y}{\partial t}+u_x\dfrac{\partial u_y}{\partial x}+u_y\dfrac{\partial u_y}{\partial y}+u_z\dfrac{\partial u_y}{\partial z}=f_y-\dfrac{1}{\rho}\dfrac{\partial p}{\partial y}+\nu\left(\dfrac{\partial^2 u_y}{\partial x^2}+\dfrac{\partial^2 u_y}{\partial y^2}+\dfrac{\partial^2 u_y}{\partial z^2}\right)\\[6pt]\dfrac{\partial u_z}{\partial t}+u_x\dfrac{\partial u_z}{\partial x}+u_y\dfrac{\partial u_z}{\partial y}+u_z\dfrac{\partial u_z}{\partial z}=f_z-\dfrac{1}{\rho}\dfrac{\partial p}{\partial z}+\nu\left(\dfrac{\partial^2 u_z}{\partial x^2}+\dfrac{\partial^2 u_z}{\partial y^2}+\dfrac{\partial^2 u_z}{\partial z^2}\right)\end{array}\right\} \quad (2.14\text{f})$$

上述 N-S 方程是不可压缩黏性流体的普遍方程。N-S 方程中有四个未知数 p、u_x、u_y、u_z，因 N-S 方程组和连续性方程共有四个方程式，所以从理论上讲是可求解的，但由于数学上的困难，N-S 方程尚不能求出普遍解。一般只能在简单的边界条件下，并略去一些次要因素时，才能求得解析解。随着计算技术的发展，一些复杂的流体运动的数值求解将日渐完善。

如果流体为理想流体，运动黏滞系数 $\nu=0$，则 N-S 方程即成为理想流体的运动微分方程，称为欧拉运动微分方程方程，表示为

$$\frac{\mathrm{d}u_i}{\mathrm{d}t}=f_i-\frac{1}{\rho}\frac{\partial p}{\partial x_i} \quad (2.15\text{a})$$

或

$$\frac{\mathrm{d}\boldsymbol{v}}{\mathrm{d}t}=\boldsymbol{f}-\frac{1}{\rho}\boldsymbol{\nabla}p \quad (2.15\text{b})$$

如果流体为静止或相对静止的，则 N-S 方程化为流体的平衡微分方程，即欧拉平衡微分方程

$$f_i-\frac{1}{\rho}\frac{\partial p}{\partial x_i}=0 \quad (2.16\text{a})$$

或

$$\boldsymbol{f}-\frac{1}{\rho}\boldsymbol{\nabla}p=0 \quad (2.16\text{b})$$

2.2.3　兰姆-葛罗米柯方程

在运动方程式（2.11c）中，将加速度 $\dfrac{\mathrm{d}\boldsymbol{v}}{\mathrm{d}t}$ 写成

$$\frac{\mathrm{d}\boldsymbol{v}}{\mathrm{d}t}=\frac{\partial \boldsymbol{v}}{\partial t}+(\boldsymbol{v}\cdot\boldsymbol{\nabla})\boldsymbol{v}$$

考虑到场论中基本运算公式

$$(\boldsymbol{a}\cdot\boldsymbol{\nabla})\boldsymbol{a}=\mathbf{grad}\frac{a^2}{2}-\boldsymbol{a}\times\mathbf{rot}\boldsymbol{a}$$

有

$$\frac{\mathrm{d}\boldsymbol{v}}{\mathrm{d}t}=\frac{\partial \boldsymbol{v}}{\partial t}+\mathbf{grad}\frac{v^2}{2}+\mathbf{rot}\boldsymbol{v}\times\boldsymbol{v} \quad (2.17)$$

将加速度写成上述形式的优点在于它将 $(v \cdot \nabla)v$ 中的位势部分和涡旋部分分开,这样做在解决具体问题时常常是方便的。将式 (2.17) 代入式 (2.11c),得

$$\rho\left(\frac{\partial v}{\partial t} + \mathrm{grad}\,\frac{v^2}{2} + \mathrm{rot}v \times v\right) = \rho f + \mathrm{div}\boldsymbol{\sigma} \tag{2.18}$$

这就是所谓的兰姆-葛罗米柯(Lamb-Гpomeko)形式的运动方程。

2.3 动量方程

流体运动方程与连续性方程联立,原则上已可求解流动的流速分布和压强分布。进而,由流速分布通过本构方程求得切应力分布。通过积分压强和切应力即可求出某一作用面上的合力,这常常是许多工程问题所需要寻求的。例如作用于水轮机叶片上的力、作用于火箭的合力,以及作用于螺旋桨的推力等。但工程上往往只关心总的合力,并不关心其分布情况。若按上述方法,工作量甚大,又非必需。而动量方程(积分形式的动量方程)则可以简单方便地解决这类问题。

下面从动量定理出发推导动量方程。

与推导流体运动方程(微分形式的动量方程)的方法相同,任取一体积为 V 的流体,它的边界面为 S。根据动量定理,体积 V 中流体动量的变化率等于作用在该体积上的质量力和表面力之和。以 f 表示作用在单位质量上的质量力分布函数,而 p 为作用在单位面积上的表面力分布函数,则作用在 V 上和 S 上的总质量力和表面力为 $\iiint_V \rho f \mathrm{d}V$ 及 $\iint_S p \mathrm{d}S$,体积 V 内的动量是 $\iiint_V \rho v \mathrm{d}V$。于是动量定理可写成下列表达式:

$$\frac{\mathrm{d}}{\mathrm{d}t}\iiint_V \rho v \mathrm{d}V = \iiint_V \rho f \mathrm{d}V = \iint_S p \mathrm{d}S$$

对上式左边应用物质体积分的随体导数公式 (1.15) 得到

$$\iiint_V \frac{\partial(\rho v)}{\partial t}\mathrm{d}V + \iint_S \rho v_n v \mathrm{d}S = \iiint_V \rho f \mathrm{d}V + \iint_S p \mathrm{d}S \tag{2.19a}$$

这就是积分形式的动量方程,一般称为动量方程(momentum equation)。其中,v_n 是表面外法线方向的速度分量。

把总质量力 $\iiint_V \rho f \mathrm{d}V$ 和表面力 $\iint_S p \mathrm{d}S$ 分别用 $\sum \boldsymbol{F}_B$ 和 $\sum \boldsymbol{F}_S$ 表示,则式 (2.19a) 表示为

$$\iiint_V \frac{\partial(\rho v)}{\partial t}\mathrm{d}V + \iint_S \rho v_n v \mathrm{d}S = \sum \boldsymbol{F}_B + \sum \boldsymbol{F}_S \tag{2.19b}$$

这就是动量方程的普遍形式。式中左端第一项表示体积 V 内流体动量随时间的变化率;第二项表示穿越边界面 S 的动量流量。动量方程表明这两项矢量和等于作用于体积 V 的外力的矢量和。

为了应用方便,常采用笛卡儿坐标系分量形式的动量方程:

$$\left.\begin{aligned}\iiint_V \frac{\partial(\rho u_x)}{\partial t}\mathrm{d}V + \iint_S \rho u_x v_n \mathrm{d}S &= \sum F_{Bx} + \sum F_{Sx} \\ \iiint_V \frac{\partial(\rho u_y)}{\partial t}\mathrm{d}V + \iint_S \rho u_y v_n \mathrm{d}S &= \sum F_{By} + \sum F_{Sy} \\ \iiint_V \frac{\partial(\rho u_z)}{\partial t}\mathrm{d}V + \iint_S \rho u_z v_n \mathrm{d}S &= \sum F_{Bz} + \sum F_{Sz}\end{aligned}\right\} \quad (2.19\mathrm{c})$$

对于恒定流动，动量方程左端第一项等于 0，式（2.19b）可简化为

$$\iint_S \rho v_n \boldsymbol{v} \mathrm{d}S = \sum \boldsymbol{F}_B + \sum \boldsymbol{F}_S \quad (2.20\mathrm{a})$$

笛卡儿坐标系下的分量形式（2.19c）可简化为

$$\left.\begin{aligned}\iint_S \rho u_x v_n \mathrm{d}S &= \sum F_{Bx} + \sum F_{Sx} \\ \iint_S \rho u_y v_n \mathrm{d}S &= \sum F_{By} + \sum F_{Sy} \\ \iint_S \rho u_z v_n \mathrm{d}S &= \sum F_{Bz} + \sum F_{Sz}\end{aligned}\right\} \quad (2.20\mathrm{b})$$

对于一元流动，因与流动方向平行的边界面的法向速度为 0，故只有流速穿过边界面 S 的动量流量，即动量变化只考虑进流和出流两个过流断面。若进流和出流两个过流断面 1 和 2 的动量分别用其断面平均流速 v_1 和 v_2 表示，引入动量修正系数 β_1 和 β_2，其动量分别表示为 $\beta_1 \rho v_1 A \boldsymbol{v}_1$ 和 $\beta_2 \rho v_2 A \boldsymbol{v}_2$，因此一元恒定流动量方程可写为

$$\beta_2 \rho v_2 A_2 \boldsymbol{v}_2 - \beta_1 \rho v_1 A_1 \boldsymbol{v}_1 = \sum \boldsymbol{F}_B + \sum \boldsymbol{F}_S \quad (2.21)$$

对于没有流量流入与流出的一元恒定流动，考虑连续性方程 $v_2 A_2 = v_1 A_1 = Q$，并令作用于总流段上所有外力的合力 $\sum \boldsymbol{F} = \sum \boldsymbol{F}_B + \sum \boldsymbol{F}_S$，则式（2.21）写为

$$\rho Q(\beta_2 \boldsymbol{v}_2 - \beta_1 \boldsymbol{v}_1) = \sum \boldsymbol{F} \quad (2.22\mathrm{a})$$

这就是在水力学或流体力学中常用的一元恒定总流动量方程的矢量形式。它的笛卡儿坐标系分量形式为

$$\left.\begin{aligned}\rho Q(\beta_2 v_{2x} - \beta_1 v_{1x}) &= \sum F_x \\ \rho Q(\beta_2 v_{2y} - \beta_1 v_{1y}) &= \sum F_y \\ \rho Q(\beta_2 v_{2z} - \beta_1 v_{1z}) &= \sum F_z\end{aligned}\right\} \quad (2.22\mathrm{b})$$

2.4 能量方程

原则上讲，联合求解运动方程和连续性方程可以得到不可压缩流体的流场各点的流速和压强，但当不可压缩流体需考虑温度或能量变化，则还需要另一个基本方程，即能量方程。

2.4.1 积分形式的能量方程

将能量守恒定律应用于流体运动即得流体运动的能量方程。
实际流体有黏性，黏性切应力做功而消耗机械能，这些机械能是以转化为热能的方式

而耗损的,所以对于实际流体来说能量守恒的关系应同时考虑机械能和热能。在流场中任取一控制体,其界面为 S,体积为 V。对于该流体,能量守恒定律可表达为:体积 V 内流体总能量的变化率等于单位时间内由外界传入该流体的热量加上外力对该流体所做的功。表述如下:

$$\frac{dE}{dt} = Q_H + W \tag{2.23}$$

式中:E 为体积 V 内流体的能量;Q_H 为单位时间内由外界传入流体的热量;W 为同一时段内外界对流体所做的功。

具体分析如下。

1. 流体具有的能量 E

运动流体的能量包括内能、动能和势能三种形式。

内能是指分子运动的动能和分子间结合的能量,它随温度而变化。单位质量流体所含有的内能用 e_I 表示。若质量为 Δm 的流体,其速度为 v,则动能为 $\frac{1}{2}\Delta m v^2$,因此单位质量的动能为

$$e_k = \frac{v^2}{2}$$

势能来源于保守力场。一般情况下,作用于流场的保守力是重力场,因而流体的势能取决于位置的高度。设 z 为某一个基准面以上的高程,则单位质量的势能可表示为

$$e_p = gz$$

则单位质量流体的能量可写为

$$e = e_I + \frac{v^2}{2} + gz \tag{2.24}$$

因此,体积为 V、密度为 ρ 的流体所具有的能量 E 可写为

$$E = \iiint_V \rho e \, dV = \iiint_V \left[\rho\left(e_I + \frac{v^2}{2} + gz\right)\right] dV \tag{2.25}$$

能量 E 随时间的变化率 $\frac{dE}{dt}$,根据体积分的随体导数公式(1.15),可表示为

$$\frac{dE}{dt} = \frac{d}{dt}\iiint_V \rho e \, dV = \iiint_V \frac{\partial}{\partial t}(\rho e) \, dV + \iint_S \rho e \mathbf{v} \, d\mathbf{S}$$

$$= \iiint_V \frac{\partial}{\partial t}\left[\rho\left(e_I + \frac{v^2}{2} + gz\right)\right] dV + \iint_S \left[\rho\left(e_I + \frac{v^2}{2} + gz\right)\right] \mathbf{v} \, d\mathbf{S} \tag{2.26}$$

2. 单位时间内由外界传入流体的热量 Q_H

传递热量的方式有传导、对流和辐射三种。对流传热是依靠流体的流动进行的,可以在计算流体质量的流动中同时计及,不必另行计算;辐射热流动在一般流动的能量问题中可以不予考虑;这里主要考虑热传导传热。热传导的规律由傅里叶(Fourier)定律表示:

$$\mathbf{q}_h = k_h \, \mathbf{grad} \, T \tag{2.27}$$

式中:q_h 为单位时间内通过表面单位面积传入的热流通量;k_h 为导热系数;T 为温度。

对于体积为 V 的流体,单位时间内通过界面 S 传入的热量可表示为

$$Q_H = \oiint_S (k_h \,\mathbf{grad}\, T) \cdot \mathrm{d}\mathbf{S} \tag{2.28}$$

3. 外界对流体所做的功 W

外界对流体做功由作用于一部分流体表面的表面力和作用于流体质点的质量力通过位移和变形来完成。如果所研究的流体中有转动部件,还应考虑转轴功。

(1) 对于所研究流体,若微小表面积 $\mathrm{d}S$ 的移动速度为 v,且把表面应力分为法向应力 p_n 和切向应力 τ_t,则表面力在单位时间对体积为 V 的流体所做的功如下。

单位时间内流体控制面上的法向力所做的功为

$$W_p = \oiint_S p_n \mathbf{v} \cdot \mathrm{d}\mathbf{S}$$

单位时间内流体控制面上的切向力所做的功为

$$W_\tau = \oiint_S \tau_t \mathbf{t} \cdot \mathbf{v} \mathrm{d}S$$

其中 $\mathbf{t}$ 为与表面相切且与 τ_t 同一指向的单位矢量。

(2) 质量力包括重力以及重力以外的质量力。重力做功作为势能已计入,因此这里不再考虑。设 $\mathbf{f}$ 为重力以外的单位质量力,则单位时间内重力以外质量力对流体所做的功为

$$W_f = \iiint_V \rho \mathbf{f} \cdot \mathbf{v} \mathrm{d}V$$

(3) 如果所研究的流体中有转动部件,像水泵或水轮机的转轮,则通过转轮可以做功。对于水泵是对流体做功;对于水轮机,是流体做功。这种功称为转轴功 W_S。

综合上述,单位时间的功 W 可表示为

$$W = \frac{\mathrm{d}W_S}{\mathrm{d}t} + \oiint_S p_n \mathbf{v} \cdot \mathrm{d}\mathbf{S} + \oiint_S \tau_t \mathbf{t} \cdot \mathbf{v} \mathrm{d}S + \iiint_V \rho \mathbf{f} \cdot \mathbf{v} \mathrm{d}V \tag{2.29}$$

将式(2.26)、式(2.28)和式(2.29)代入式(2.23)得

$$\iiint_V \frac{\partial}{\partial t}\left[\rho\left(e_I + \frac{v^2}{2} + gz\right)\right]\mathrm{d}V + \oiint_S \left[\rho\left(e_I + \frac{v^2}{2} + gz\right)\right]\mathbf{v} \cdot \mathrm{d}\mathbf{S}$$

$$= \oiint_S (k_h \,\mathbf{grad}\, T) \cdot \mathrm{d}\mathbf{S} + \frac{\mathrm{d}W_S}{\mathrm{d}t} + \oiint_S p_n \mathbf{v} \cdot \mathrm{d}\mathbf{S} + \oiint_S \tau_t \mathbf{t} \cdot \mathbf{v} \mathrm{d}S + \iiint_V \rho \mathbf{f} \cdot \mathbf{v} \mathrm{d}V \tag{2.30a}$$

这就是积分形式的能量方程。等号左端第一项为能量的就地增长率;第二项为流体运动从控制体净流出的能量通量。等号右端第一项为传入控制体的热量通量;第二项为对流体做的转轴功率;第三项为控制面上法向应力对流体做的功率;第四项为控制面上切向应力对流体做的功率;最后一项为重力以外的其他质量力对流体做的功率。

当所研究的流体中没有转动部件时,转轴功为 0。重力做功可以作为势能包括在能量项里,也可以作为重力包括在功的项里。在式(2.30a)的推导过程中,是把重力做功作为势能计入在能量项的,若把重力做功计入到功的项里,则式(2.30a)可写为

$$\iiint_V \frac{\partial}{\partial t}\left[\rho\left(e_I + \frac{v^2}{2}\right)\right]\mathrm{d}V + \oiint_S \left[\rho\left(e_I + \frac{v^2}{2}\right)\right]\mathbf{v} \cdot \mathrm{d}\mathbf{S}$$

$$= \oiint_S (k_h \,\mathbf{grad}\, T) \cdot \mathrm{d}\mathbf{S} + \oiint_S p_n \mathbf{v} \cdot \mathrm{d}\mathbf{S} + \oiint_S \tau_t \mathbf{t} \cdot \mathbf{v} \mathrm{d}S + \iiint_V \rho \mathbf{f} \cdot \mathbf{v} \mathrm{d}V \tag{2.30b}$$

这里需要注意的是，式（2.30b）中的单位质量力 f 包括重力以及重力以外的质量力。

若把法向应力 p_n 和切向应力 τ_t 用应力张量 $\boldsymbol{\sigma}$ 表示，设微元面积 dS，其外法线单位矢量为 $\boldsymbol{n}$，可计为 $d\boldsymbol{S} = \boldsymbol{n} dS$，该微元面所受表面力为 $d\boldsymbol{S} \cdot \boldsymbol{\sigma} = \boldsymbol{n} \cdot \boldsymbol{\sigma} dS$，整个表面 S 上所受表面力为 $\oiint_S d\boldsymbol{S} \cdot \boldsymbol{\sigma} = \oiint_S \boldsymbol{n} \cdot \boldsymbol{\sigma} dS$。因此式（2.30b）可写为

$$\iiint_V \frac{\partial}{\partial t}\left[\rho\left(e_I + \frac{v^2}{2}\right)\right] dV + \oiint_S \left[\rho\left(e_I + \frac{v^2}{2}\right)\right] \boldsymbol{v} \cdot d\boldsymbol{S}$$

$$= \oiint_S (k_h \mathbf{grad} T) \cdot d\boldsymbol{S} + \oiint_S (\boldsymbol{n} \cdot \boldsymbol{\sigma}) \cdot \boldsymbol{v} dS + \iiint_V \rho \boldsymbol{f} \cdot \boldsymbol{v} dV \qquad (2.30c)$$

对于不可压缩理想流体恒定元流，式（2.30a）可以简化为伯努利（Bernoulli）能量方程。推导如下。

因为流动为恒定流，则有

$$\iiint_V \frac{\partial}{\partial t}\left[\rho\left(e_I + \frac{v^2}{2} + gz\right)\right] dV = 0$$

质量力只有重力，因此最后一项为 0：

$$\iiint_V \rho \boldsymbol{f} \cdot \boldsymbol{v} dV = 0$$

理想流体，黏性的作用可以忽略，此时，$\tau_t = 0$，表面应力只有法向应力，其值可按静水压强计算，即 $p_n = -p$，则

$$\oiint_S p_n \boldsymbol{v} \cdot d\boldsymbol{S} = -\oiint_S p \boldsymbol{v} \cdot d\boldsymbol{S}, \quad \oiint_S \tau_t \boldsymbol{t} \cdot \boldsymbol{v} dS = 0$$

因为流体无转轴功率，所以

$$\frac{dW_S}{dt} = 0$$

不考虑温度的变化，因此温度梯度为 0，即

$$\oiint_S (k_h \mathbf{grad} T) \cdot d\boldsymbol{S} = 0$$

代入式（2.30a）并整理得

$$\oiint_S \left[\rho\left(e_I + \frac{v^2}{2} + gz + \frac{p}{\rho}\right)\right] \boldsymbol{v} \cdot d\boldsymbol{S} = 0 \qquad (2.31)$$

对于一元流两个过流断面 1 和 2 间的流体，包含两个过流断面和一个沿程边界面；两个过流断面的流速 v_1 和 v_2 均沿流动方向，而沿程边界面上的法向速度等于 0，其连续性方程为 $\rho v_1 A_1 = \rho v_2 A_2$；当不考虑温度变化时过流断面 1 和 2 的内能相等。因此由式（2.31）得

$$z_1 + \frac{p_1}{\rho g} + \frac{v_1^2}{2g} = z_2 + \frac{p_2}{\rho g} + \frac{v_2^2}{2g} \qquad (2.32)$$

这就是不可压缩理想流体恒定元流的伯努利能量方程。

2.4.2 微分形式的能量方程

利用积分形式的能量方程式（2.30c）可推导出微分形式的能量方程。

利用高斯公式 $\oiint_S \boldsymbol{a} \cdot \mathrm{d}\boldsymbol{S} = \oiint_S a_n \mathrm{d}S = \iiint_V \mathrm{div}\,\boldsymbol{a}\,\mathrm{d}V = \iiint_V \boldsymbol{\nabla} \cdot \boldsymbol{a}\,\mathrm{d}V$，把式（2.30c）中的面积分转化为体积分，则

$$\oiint_S \left[\rho\left(e_I + \frac{v^2}{2}\right)\right]\boldsymbol{v} \cdot \mathrm{d}\boldsymbol{S} = \iiint_V \mathrm{div}\left[\rho\left(e_I + \frac{v^2}{2}\right)\boldsymbol{v}\right]\mathrm{d}V = \iiint_V \boldsymbol{\nabla} \cdot \left[\rho\left(e_I + \frac{v^2}{2}\right)\boldsymbol{v}\right]\mathrm{d}V$$

$$\oiint_S (k_h\,\mathrm{grad}\,T) \cdot \mathrm{d}\boldsymbol{S} = \iiint_V \mathrm{div}(k_h\,\mathrm{grad}\,T)\mathrm{d}V = \iiint_V \mathrm{div}(k_h\,\boldsymbol{\nabla} T)\mathrm{d}V = \iiint_V \boldsymbol{\nabla} \cdot (k_h\,\boldsymbol{\nabla} T)\mathrm{d}V$$

$$\oiint_S (\boldsymbol{n} \cdot \boldsymbol{\sigma}) \cdot \boldsymbol{v}\,\mathrm{d}S = \iiint_V \mathrm{div}(\boldsymbol{\sigma} \cdot \boldsymbol{v})\mathrm{d}V = \iiint_V \boldsymbol{\nabla} \cdot (\boldsymbol{\sigma} \cdot \boldsymbol{v})\mathrm{d}V$$

代入式（2.30c）得

$$\iiint_V \left\{\frac{\partial}{\partial t}\left[\rho\left(e_I + \frac{v^2}{2}\right)\right] + (\boldsymbol{v} \cdot \boldsymbol{\nabla})\left[\rho\left(e_I + \frac{v^2}{2}\right)\right]\right\}\mathrm{d}V = \iiint_V \left[\boldsymbol{\nabla} \cdot (k_h\,\boldsymbol{\nabla} T) + \boldsymbol{\nabla} \cdot (\boldsymbol{\sigma} \cdot \boldsymbol{v}) + \rho \boldsymbol{f} \cdot \boldsymbol{v}\right]\mathrm{d}V$$

应用体积 V 的任意性，得到

$$\frac{\partial}{\partial t}\left(e_I + \frac{v^2}{2}\right) + (\boldsymbol{v} \cdot \boldsymbol{\nabla})\left(e_I + \frac{v^2}{2}\right) = \boldsymbol{f} \cdot \boldsymbol{v} + \frac{1}{\rho}\boldsymbol{\nabla} \cdot (\boldsymbol{\sigma} \cdot \boldsymbol{v}) + \frac{1}{\rho}\boldsymbol{\nabla} \cdot (k_h\,\boldsymbol{\nabla} T) \quad (2.33\mathrm{a})$$

或写为

$$\frac{\mathrm{d}}{\mathrm{d}t}\left(e_I + \frac{v^2}{2}\right) = \boldsymbol{f} \cdot \boldsymbol{v} + \frac{1}{\rho}\boldsymbol{\nabla} \cdot (\boldsymbol{\sigma} \cdot \boldsymbol{v}) + \frac{1}{\rho}\boldsymbol{\nabla} \cdot (k_h\,\boldsymbol{\nabla} T) \quad (2.33\mathrm{b})$$

这就是微分形式的能量方程。

在笛卡儿坐标系中，式（2.33a）成为

$$\rho\left(\frac{\partial}{\partial t} + u_x\frac{\partial}{\partial x} + u_y\frac{\partial}{\partial y} + u_z\frac{\partial}{\partial z}\right)\left[e_I + \frac{1}{2}(u_x^2 + u_y^2 + u_z^2)\right]$$

$$= \rho(u_x f_x + u_y f_y + u_z f_z) + \frac{\partial}{\partial x}(p_{xx}u_x + \tau_{xy}u_y + \tau_{xz}u_z)$$

$$+ \frac{\partial}{\partial y}(\tau_{yx}u_x + p_{yy}u_y + \tau_{yz}u_z) + \frac{\partial}{\partial z}(\tau_{zx}u_x + \tau_{zy}u_y + p_{zz}u_z)$$

$$+ \frac{\partial}{\partial x}\left(k_h\frac{\partial T}{\partial x}\right) + \frac{\partial}{\partial y}\left(k_h\frac{\partial T}{\partial y}\right) + \frac{\partial}{\partial z}\left(k_h\frac{\partial T}{\partial z}\right) \quad (2.33\mathrm{c})$$

将式（2.33c）等号右端应力与速度乘积的导数项展开，经整理并项并利用式（2.11a），则式（2.33c）简化为

$$\rho\frac{\mathrm{d}e_I}{\mathrm{d}t} = p_{xx}\frac{\partial u_x}{\partial x} + p_{yy}\frac{\partial u_y}{\partial y} + p_{zz}\frac{\partial u_z}{\partial z} + \tau_{xy}\left(\frac{\partial u_y}{\partial u_x} + \frac{\partial u_x}{\partial y}\right) + \tau_{yz}\left(\frac{\partial u_z}{\partial u_y} + \frac{\partial u_y}{\partial z}\right)$$

$$+ \tau_{zx}\left(\frac{\partial u_x}{\partial u_z} + \frac{\partial u_z}{\partial x}\right) + \frac{\partial}{\partial x}\left(k_h\frac{\partial T}{\partial x}\right) + \frac{\partial}{\partial y}\left(k_h\frac{\partial T}{\partial y}\right) + \frac{\partial}{\partial z}\left(k_h\frac{\partial T}{\partial z}\right) \quad (2.33\mathrm{d})$$

对于大多数流体，有

$$e_I = c_V T \quad (2.34)$$

引入扩散系数（导温系数）

$$\alpha = \frac{k_h}{\rho c_p} \quad (2.35)$$

式中：c_V 为定容比热；c_p 为定压比热。

对于液体，两种比热接近相等，设为 $c_V=c_p=c$，并将式（2.33d）的各应力做功综合表示为 $\mu\Phi$，μ 为液体的动力黏滞系数，Φ 称为耗散函数，则式（2.33d）可写为

$$\frac{\mathrm{d}T}{\mathrm{d}t}=\alpha\nabla^2 T+\frac{\mu}{\rho c}\Phi \tag{2.36}$$

当略去耗散项时，式（2.36）简化为

$$\frac{\partial T}{\partial t}+u_x\frac{\partial T}{\partial x}+u_y\frac{\partial T}{\partial y}+u_z\frac{\partial T}{\partial z}=\alpha\left(\frac{\partial^2 T}{\partial x^2}+\frac{\partial^2 T}{\partial y^2}+\frac{\partial^2 T}{\partial z^2}\right) \tag{2.37}$$

2.5 基本方程组的封闭问题

连续性方程式（2.4）、N-S 运动方程式（2.14）和能量方程式（2.33）是一般流体运动微分形式的基本方程组。当 f、μ、ν 和 k_h 已知时，独立的未知量有 v 的 3 个分量、ρ、e_I、T 和应力张量 $\boldsymbol{\sigma}$ 的 6 个独立分量，共 12 个，而方程只有 5 个，因此方程组是不封闭的。

对于牛顿流体，引入本构方程，p_{xx}、p_{yy}、p_{zz}、τ_{xy}、τ_{yz} 和 τ_{zx} 均可以用 v 的 3 个分量和压强 p 来表示，从而减少了 6 个变量。因此方程组中还有 7 个变量，而方程只有 5 个，还应补充 2 个方程才能封闭。这 2 个方程可以从热力学中找到。

对于不可压缩均质流体，ρ 为常数，则有连续性方程和运动方程即可求解 v 和 p，然后再由能量方程求温度场。

第3章 势流运动

实际流体（黏性流体）具有黏性，但对于最常见的两种流体——水和空气，其黏性是较小的，作为一种近似，忽略其黏性在很多情况下是允许的。而且，在大雷诺数的流动里，黏性的作用仅限于很薄的边界层内，在边界层以外的广大流动区里，可按非黏性流体运动处理。本章主要介绍势流运动控制方程和研究方法。

3.1 势流运动控制方程

如第 2 章所述，不可压缩理想均质流体的连续性方程和欧拉运动方程分别为

$$\mathrm{div}\boldsymbol{v}=0 \tag{3.1}$$

$$\frac{\mathrm{d}\boldsymbol{v}}{\mathrm{d}t}=\boldsymbol{f}-\frac{1}{\rho}\nabla p \tag{3.2}$$

若运动是无旋的，则 $\mathrm{rot}\boldsymbol{v}=0$，即存在速度势函数（速度势）$\varphi$，使得

$$\boldsymbol{v}=\mathrm{grad}\varphi \quad \text{或} \quad \boldsymbol{v}=\nabla\varphi \tag{3.3}$$

于是一个速度势函数 $\varphi(x, y, z, t)$ 就可以代替三个速度分量函数。将式（3.3）代入连续性方程（3.1），得到

$$\nabla^2\varphi=0 \tag{3.4}$$

在笛卡儿坐标系中，有

$$\frac{\partial^2\varphi}{\partial x^2}+\frac{\partial^2\varphi}{\partial y^2}+\frac{\partial^2\varphi}{\partial z^2}=0 \tag{3.5}$$

这是一个线性的二阶偏微分方程，通常称为拉普拉斯（Laplace）方程。线性方程的一个突出优点就是解的可叠加性，从而给解决问题带来很多方便。

通过一定变换，把欧拉方程写成兰姆-葛罗米柯方程的形式，如第 2 章中式（2.18），位势部分和涡旋部分分开后，得

$$\frac{\partial \boldsymbol{v}}{\partial t}+\mathrm{grad}\frac{v^2}{2}+\mathrm{rot}\boldsymbol{v}\times\boldsymbol{v}=\boldsymbol{f}-\frac{1}{\rho}\mathrm{grad}\,p \tag{3.6}$$

对于运动是无旋的，式（3.6）简化为

$$\frac{\partial \boldsymbol{v}}{\partial t}+\mathrm{grad}\frac{v^2}{2}=\boldsymbol{f}-\frac{1}{\rho}\mathrm{grad}\,p \tag{3.7}$$

对于不可压缩均质流体，密度 ρ 为常数，则有

$$\frac{1}{\rho}\mathrm{grad}\,p=\mathrm{grad}\frac{p}{\rho} \tag{3.8}$$

对于外力有势且质量力只有重力的情况，设 z 为铅直向上方向的坐标，有

$$f = -\mathbf{grad}(gz) \tag{3.9}$$

因流动有势，流速 $\mathbf{v} = \mathbf{grad}\varphi$。根据拉格朗日（Lagrange）定理，只要一个时刻流动有势，则任何时刻也都有势。而且，因为空间和时间是相互独立的变量，可以把 $\frac{\partial}{\partial t}$ 和 **grad** 次序互换。因此可写

$$\frac{\partial \mathbf{v}}{\partial t} = \frac{\partial}{\partial t}\mathbf{grad}\varphi = \mathbf{grad}\frac{\partial \varphi}{\partial t} \tag{3.10}$$

将式（3.8）～式（3.10）代入运动方程（3.7），得到

$$\mathbf{grad}\left(\frac{\partial \varphi}{\partial t} + \frac{v^2}{2} + \frac{p}{\rho} + gz\right) = 0$$

积分后

$$\frac{\partial \varphi}{\partial t} + \frac{v^2}{2} + \frac{p}{\rho} + gz = f(t) \tag{3.11}$$

此式称为拉格朗日积分。

综上所述，对理想不可压缩均质流体的有势流动，其控制方程变为连续性方程（3.4）和拉格朗日积分方程（3.11），即

$$\nabla^2 \varphi = 0$$
$$\frac{\partial \varphi}{\partial t} + \frac{v^2}{2} + \frac{p}{\rho} + gz = f(t)$$

因此，求解理想不可压缩均质流体的有势流动，即求解上述两方程中的两个未知数 $\varphi(x, y, z, t)$ 和 $p(x, y, z, t)$。因拉普拉斯方程（3.4）只包含一个变量 φ，而 φ 的分布又确定了流速的分布，所以式（3.4）在满足边界条件和初始条件的情况下，完全确定了全流场的流速分布。当流速场确定以后，利用拉格朗日积分方程（3.11）可求得压强分布。与直接求解式（3.1）和式（3.2）相比，求解式（3.4）和式（3.11）在数学上有了重大的简化。

求解势流运动归根到底是求解满足一定边界条件和初始条件的拉普拉斯方程，最常用的方法有流网法、势流叠加法、复变函数法以及数值计算法等。

3.2 平面势流的解析方法

势流中各物理量只在某一平面内变化而在此平面垂直线上没有变化或变化极微，则称这种流动为平面势流（plane potential flow）。平面势流在工程实践中应用十分广泛。

3.2.1 速度势函数与流函数

1. 速度势函数（速度势）

对于恒定平面势流，速度势 $\varphi(x, y)$ 与流速的关系为

$$\left. \begin{array}{l} u_x = \dfrac{\partial \varphi}{\partial x} \\ u_y = \dfrac{\partial \varphi}{\partial y} \end{array} \right\} \tag{3.12}$$

将式 (3.12) 代入平面流动的连续性微分方程得

$$\frac{\partial^2 \varphi}{\partial x^2}+\frac{\partial^2 \varphi}{\partial y^2}=0 \quad \text{或} \quad \nabla^2 \varphi=0 \tag{3.13}$$

即速度势 φ 满足拉普拉斯方程。

由于平面势流的流速场完全可以通过式 (3.12) 由速度势 φ 来确定，而这个速度势必须满足式 (3.13)。因此，平面势流问题就归结为在特定边界条件下求解拉普拉斯方程 (3.13)。

在恒定平面势流中，φ 是位置 (x,y) 的函数，在 x-y 平面内每个点 (x,y) 都给出一个数值，把 φ 值相等的点连起来所得的曲线称为等势线。所以等势线方程为

$$\varphi(x,y)=\text{const.} \quad \text{或} \quad \mathrm{d}\varphi=0 \tag{3.14}$$

给予不同的常数值就可得到一组等势线。

2. 流函数

平面势流中不仅存在速度势函数 φ，而且通过连续方程还可以定义一个流函数 ψ。平面流动的流线微分方程为

$$\frac{\mathrm{d}x}{u_x}=\frac{\mathrm{d}y}{u_y} \quad \text{或} \quad u_x\mathrm{d}y-u_y\mathrm{d}x=0 \tag{3.15}$$

不可压缩均质流体平面运动的连续性方程为

$$\frac{\partial u_x}{\partial x}+\frac{\partial u_y}{\partial y}=0$$

由高等数学知，上式是使 $u_x\mathrm{d}y-u_y\mathrm{d}x$ 能成为某一函数 ψ 的全微分的必要和充分条件。函数 $\psi(x,y)$ 的全微分为

$$\mathrm{d}\psi=u_x\mathrm{d}y-u_y\mathrm{d}x \tag{3.16}$$

积分可得

$$\psi(x,y)=\int(u_x\mathrm{d}y-u_y\mathrm{d}x) \tag{3.17}$$

此函数 $\psi(x,y)$ 称为平面流动的流函数。因此，满足连续性方程的任何不可压缩均质流体的平面运动，必然存在流函数。应当指出，在三维问题中流函数不一定存在，但对于轴对称问题也可以定义流函数，该流函数为斯托克斯流函数。

因流函数 ψ 是两个自变量的函数，它的全微分可写为

$$\mathrm{d}\psi=\frac{\partial \psi}{\partial x}\mathrm{d}x+\frac{\partial \psi}{\partial y}\mathrm{d}y \tag{3.18}$$

比较式 (3.16) 和式 (3.18)，得

$$\left.\begin{aligned} u_x&=\frac{\partial \psi}{\partial y} \\ u_y&=-\frac{\partial \psi}{\partial x} \end{aligned}\right\} \tag{3.19}$$

这就是流函数 $\psi(x,y)$ 与流速的关系，也可以看作是流函数的定义。

在研究平面流动时，如能求出流函数，即可求得任一点的两个速度分量，这样就简化了分析的过程。所以，流函数是研究平面流动的一个很重要、很有用的概念。

对于平面势流运动：

$$\omega_z = \frac{1}{2}\left(\frac{\partial u_y}{\partial x} - \frac{\partial u_x}{\partial y}\right) = 0 \quad \text{或} \quad \frac{\partial u_y}{\partial x} - \frac{\partial u_x}{\partial y} = 0$$

将式（3.19）代入上式得

$$\frac{\partial^2 \psi}{\partial x^2} + \frac{\partial^2 \psi}{\partial y^2} = 0 \quad \text{或} \quad \nabla^2 \psi = 0 \tag{3.20}$$

即流函数 ψ 满足二维情形下的拉普拉斯方程式。

在某一确定时刻，ψ 是平面位置 (x,y) 的函数，在 x-y 平面内，每个点 (x,y) 都给出 ψ 的一个数值，把 ψ 相等的点连接起来所得曲线，其方程式为

$$\psi(x,y) = \text{const.} \quad \text{或} \quad \mathrm{d}\psi = 0 \tag{3.21}$$

由式（3.16）、式（3.18）和式（3.21）可知

$$\mathrm{d}\psi = \frac{\partial \psi}{\partial x}\mathrm{d}x + \frac{\partial \psi}{\partial y}\mathrm{d}y = u_x \mathrm{d}y - u_y \mathrm{d}x = 0 \tag{3.22}$$

式（3.22）就是流线方程（3.15），即流函数相等的点连接起来的曲线就是流线。若流函数方程能找出，则令 $\psi = \text{const.}$ 即可求得流线的方程式，不同的常数代表不同的流线。

3.2.2 复势与复速度

对平面势流运动，速度势函数 φ 与流函数 ψ 都是调和函数，而且是共轭的，即有以下关系：

$$\nabla^2 \varphi = 0, \quad \nabla^2 \psi = 0 \tag{3.23}$$

$$\frac{\partial \varphi}{\partial x} = \frac{\partial \psi}{\partial y}, \quad \frac{\partial \varphi}{\partial y} = -\frac{\partial \psi}{\partial x} \tag{3.24}$$

式（3.24）是联系 φ 和 ψ 的关系式。该关系式即是复变函数中所熟知的柯西-黎曼（Cauchy-Riemann）条件。如流函数和速度势函数有一个已知，另一个就可以从式（3.24）求出。

有复函数

$$f(z) = \varphi(x,y) + \mathrm{i}\psi(x,y) \tag{3.25}$$

它的实数部分是速度势函数，虚数部分是流函数，其中 $z = x + \mathrm{i}y$ 为复变量。由于 φ 和 ψ 满足柯西-黎曼条件，根据复变函数理论，$f(z)$ 是解析函数，称之为复势，或复位势。显然，平面势流必然对应一个确定的复势，而一个复势也代表一种平面势流。

用复势描述有势流动，需建立复势 $f(z)$ 和速度矢量的关系。复势的导数为

$$\frac{\mathrm{d}f}{\mathrm{d}z} = \frac{\partial \varphi}{\partial x} + \mathrm{i}\frac{\partial \psi}{\partial x} = u - \mathrm{i}v \tag{3.26}$$

称复势的导数为复速度，其实数为 x 向的分速度，其虚数为 y 向分速度的负值。复速度 $\frac{\mathrm{d}f}{\mathrm{d}z} = u - \mathrm{i}v$ 的共轭为 $\overline{\frac{\mathrm{d}f}{\mathrm{d}z}} = u + \mathrm{i}v$。图 3.1 表示在 z 平面上复速度与速度的关系。

复速度的模（modulus）为

$$\left|\frac{\mathrm{d}f}{\mathrm{d}z}\right| = \sqrt{u^2 + v^2} = U \tag{3.27}$$

复速度的辐角（argument）为

$$\theta = \arctan\left(\frac{v}{u}\right) \tag{3.28}$$

则复速度及其共轭表示为

$$\frac{df}{dz} = u - iv = Ue^{-i\theta} \tag{3.29}$$

$$\overline{\frac{df}{dz}} = u + iv = Ue^{i\theta} \tag{3.30}$$

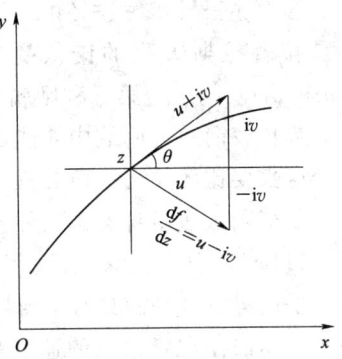

图 3.1　复速度与速度的关系

复势 $f(z)$ 具有以下的基本性质：

(1) $f(z)$ 可以相差一任意常数而不影响流体运动；

(2) $f(z) = $ const. 等价于 $\varphi(x,y) = $ const.，$\psi(x,y) = $ const.，它们分别代表等势线和流线，而且等势线和流线正交；

(3) $\Gamma + iQ = \oint_L d\varphi + \oint_L id\psi = \oint_L df = \oint_L \frac{df}{dz}dz$，由此可见复速度沿封闭曲线 L 的积分，其实数部分为沿该封闭曲线的速度环量，而虚数部分则为通过封闭曲线 L 的流量。

3.2.3 恒定平面势流的解析方法

设一平面物体 C，其无穷远处有一速度为 U_∞ 的均匀来流，该来流贴着该物体表面不脱体地流过该物体形成绕流（图 3.2）。此绕流问题可通过以下三种途径求该绕流问题的解析解。

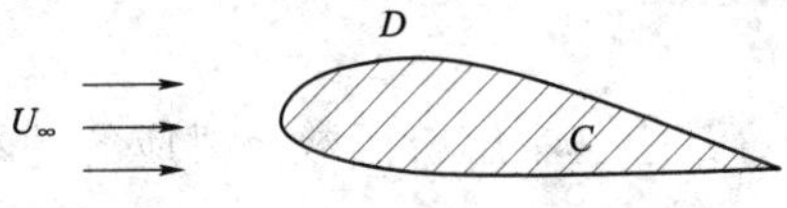

图 3.2　平面绕流物体及边界

(1) **以速度势函数 φ 为未知函数**。求物体 C 外无界区域 D 内的速度势函数，它满足拉普拉斯方程 $\nabla^2 \varphi = \frac{\partial^2 \varphi}{\partial x^2} + \frac{\partial^2 \varphi}{\partial y^2} = 0$ 及下列两个边界条件：

1) 在物体 C 上：$\frac{\partial \varphi}{\partial n} = 0$；

2) 在无穷远处：$\frac{\partial \varphi}{\partial x} = u_\infty$，$\frac{\partial \varphi}{\partial y} = v_\infty$，其中 u_∞、v_∞ 是无穷远处速度的两个分量。

(2) **以流函数 ψ 为未知函数**。求 C 外无界区域 D 内的流函数 ψ，它满足拉普拉斯方程 $\nabla^2 \psi = \frac{\partial^2 \psi}{\partial x^2} + \frac{\partial^2 \psi}{\partial y^2} = 0$ 及下列边界条件：

1) 在物体 C 上：$\psi = $ const.；

2) 在无穷远处：$\frac{\partial \psi}{\partial x} = u_\infty$，$\frac{\partial \psi}{\partial y} = -v_\infty$。

(3) **以复势 $f(z)$ 为未知函数**。求 C 外无界区域 D 内的解析函数 $f(z)$，它在 $D+C$ 上连续且满足：

1) 在 C 上：虚部 $\mathrm{Im} f(z) = \psi = $ const.；

2) 在无穷远处：$\frac{df}{dz} = U_\infty$，其中 U_∞ 是无穷远处的复速度。

在上述三种求解途径中，第一种与第二种属于数理方程中解偏微分方程的范畴，第一种是拉普拉斯方程的诺依曼（Neumann）问题，第二种是拉普拉斯方程的狄里克雷（Dirichlct）问题；第三种则属于复变函数求解析函数的范畴。解拉普拉斯方程只是在一些边界比较简单的问题中才能成功，而利用复变函数则可以解决比较复杂的边界问题。解复变函数要比解拉普拉斯方程方便得多，这里主要介绍复变函数法解平面势流问题。

复变函数法本身又含三种方法：奇点法、镜像法和保角变换法。

(1) 奇点法。用源、汇、涡等奇点发展出的一些计算势流运动的方法，统称为奇点法。

平面势流运动和具有单值导数的解析函数之间存在着对应关系，即对于任何一个平面势流运动都存在着相应的速度势函数 φ 和流函数 ψ，也就是说存在着一个复势 $f(z)=\varphi+i\psi$ 与之对应，而且复势的导数即复速度必须是单值函数；反过来，给定一个具有单值导数的解析函数 $f=f(z)$，将其实数部分和虚数部分分别看成某平面势流运动的速度势函数 φ 和流函数 ψ，就可以得到一个平面势运动与 $f(z)$ 对应。

奇点法的基本思路是：首先研究某些简单的具有基本意义的解析函数以及它们所对应的基本流动，而后将这些基本的解析函数以各种方式叠加，从而获得许多新的解析函数，它们分别代表不同的平面势流运动。利用这些新得到的解析函数及复合流动可以解决以下两类问题。第一类称为正问题，即给定物体求该物体绕流问题的复位势，为此，只要适当地选择基本流动组合，使所得的解析函数满足给定的边界条件，如此复合的解析函数便给出正问题的解。第二类称为反问题，即给出复位势，反过来研究什么样的平面势流运动与之对应，为此，只需根据一定的考虑将基本流动叠加，然后研究并确定复合解析函数代表的是什么样的平面势运动即可。

利用奇点法求解平面势流运动主要涉及两方面的内容：①基本解析函数及对应的基本流动；②基本流动的叠加。

(2) 镜像法（虚像法）。在流场中除被绕流的物体以外还有其他的固体边界（平面的或曲面的），这时固体壁面对流动的影响将改变流动的边界条件，从而改变了绕流物体的复势。例如飞机降落时地面对机翼绕流的影响就是这种类型的问题。解决这类问题时镜像法是一种思路，将固体壁面作为一面镜子，将物体 K 映射到镜像 K'，如图 3.3（b）所示，x 轴即为一假想的镜面。求解在流场中有 K 和镜像 K' 两个物面的无界域中的流动，由于 K 和 K' 对于 x 轴对称，所以在原物体 K 和镜像 K' 的叠加的绕流中 x 轴即 $y=0$ 的线必然是流线。也就是说这一物体与其镜像叠加的流动满足固体壁面处法向速度等于 0 的边界条件，因此由这一叠加而得到的流场的流动要素，如复势、速度场、压强场等与图 3.3（a）所示的在固体壁面附近的绕流流动相同。应当指出，镜像法属于奇点法的一种。

(3) 保角变换法。根据复变函数理论，解析函数的几何解释就是把一个平面通过函数关系变换（transformation）或映射（mapping）到另一个平面，在变换过程中同一点两个线段的夹角在变换过程中保持不变，称此变换为保角变换（conformal transformation）或保角映射（conformal mapping）。一些复杂的流动边界通过保角变换可以变换为另一平面上较典型的流动边界。以翼型绕流为例，保角变换法的基本思想可简述为：将剖面 L 借助于解析函数变换到圆 L' 上去，L 外区域对应于圆 L' 外区域（图 3.4），由于圆柱体绕流问题的解是已知的，于是该绕流物体问题的解即可求出。

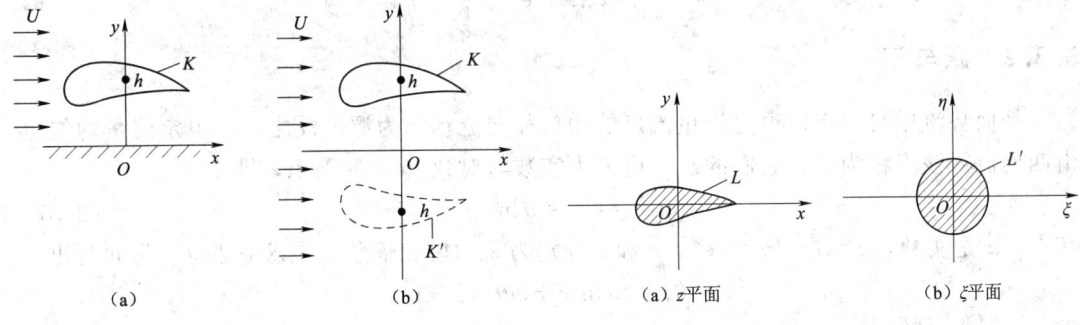

图 3.3 镜像法示意图[6]　　　　　图 3.4 保角变换法示意图

3.3 基本平面势流及其叠加

以复势表示流动特别方便，下面给出几种基本的简单平面势流，它们的叠加可以给出未知的复杂边界流动的平面势流解。

3.3.1 均匀流动

流线相互平行且速度处处相等的流动叫均匀流动（uniform flow）（简称均匀流）。以复势表示均匀流动可写为复变数 z 的倍数，即

$$f(z)=Ue^{-i\theta}z \tag{3.31}$$

式中：U、θ 为实数。

按式（3.25）将 $f(z)$ 写成

$$\varphi+i\psi=U(\cos\theta-i\sin\theta)(x+iy)=U(x\cos\theta+y\sin\theta)+iU(-x\sin\theta+y\cos\theta)$$

所以

$$\varphi=U(x\cos\theta+y\sin\theta) \tag{3.32a}$$

$$\psi=U(-x\sin\theta+y\cos\theta) \tag{3.32b}$$

令 $\varphi=$const. 和 $\psi=$const. 得到等势线和流线。流线和等势线是正交的两族曲线，如图 3.5 所示。

相应的复速度为

$$\frac{df}{dz}=Ue^{-i\theta}=U(\cos\theta-i\sin\theta) \tag{3.33}$$

类比式（3.26）或式（3.29），得该流动的速度分量为

$$u=U\cos\theta \tag{3.34a}$$

$$v=U\sin\theta \tag{3.34b}$$

当 $\theta=0$ 时，表示沿 x 轴的均匀流动，复势为

$$f(z)=Uz \tag{3.35}$$

当 $\theta=\pi/2$ 时，表示沿 y 轴的均匀流动，复势为

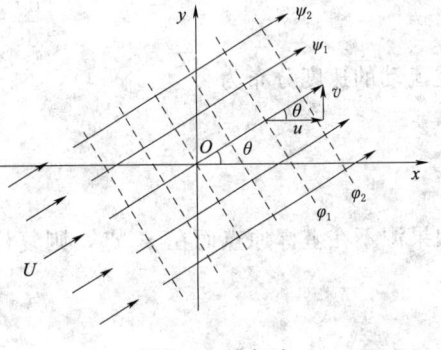

图 3.5 均匀流

$$f(z) = U e^{-i\pi/2} z \tag{3.36}$$

3.3.2 源与汇

平面势流中自一点以恒定流量流出的均匀径向流动称为源。反之，以恒定流量均匀地由四周流入该点称为汇。它们的复势可表为实数与对数 $\ln z$ 的乘积，即

$$f(z) = a \ln z \tag{3.37}$$

其中，a 是实数，$z = x + iy = r e^{i\theta}$，$r$ 和 θ 分别为 z 的模和辐角。先求 φ 和 ψ，为此写出

$$f(z) = a \ln r + i a \theta = \varphi + i \psi$$

于是

$$\varphi = a \ln r \tag{3.38a}$$

$$\psi = a \theta \tag{3.38b}$$

流线 $\psi = a\theta = \text{const.}$ 是从原点发出的射线族；等势线 $\varphi = a \ln r = \text{const.}$，即 $r = \text{const.}$ 是以原点为圆心的圆族。显然，这两族曲线是正交的（图 3.6）。

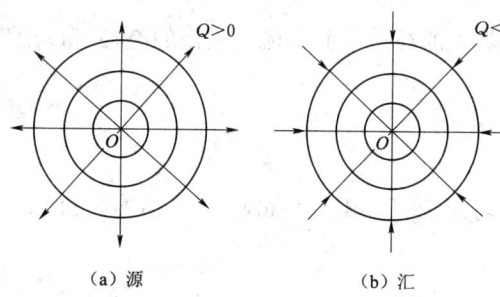

图 3.6 源与汇

设通过围绕原点 O 的任意封闭回线 L 的流量为 Q，由公式

$$\Gamma + iQ = \oint_L \frac{df}{dz} dz = \oint_L \frac{a}{z} dz = 2\pi i a$$

得

$$\Gamma = 0, \quad Q = 2\pi a \tag{3.39}$$

因此可得，$a = \dfrac{Q}{2\pi}$，将其代入复位势的表达式中，得

$$f(z) = \frac{Q}{2\pi} \ln z \tag{3.40}$$

其中，Q 为单位时间自 O 点流出（流入）的流体的体积，常称为源（汇）的强度。当 $Q > 0$ 时，其代表的是原点处有一流量为 Q 的源流动；而当 $Q < 0$ 时，其代表的是原点处有一流量为 Q 的汇流动。

复速度为

$$\frac{df}{dz} = \frac{Q}{2\pi z} = \frac{Q}{2\pi r} e^{-i\theta} \tag{3.41}$$

此流动的速度分布为

$$u_r = \frac{Q}{2\pi r} \tag{3.42a}$$

$$u_\theta = 0 \tag{3.42b}$$

如果源不在坐标原点而在 z_0 点，则复位势为

$$f(z) = \frac{Q}{2\pi} \ln(z - z_0) \tag{3.43}$$

3.3.3 涡

所有流体质点均绕一点做圆周运动且流速与该点的径长成反比的流动,称为涡(vortex),其复势可表为虚数与对数 $\ln z$ 的乘积,即

$$f(z)=ib\ln z \tag{3.44}$$

式中:b 为实数。

则

$$f(z)=-b\theta+i\,b\ln r=\varphi+i\psi$$

于是

$$\varphi=-b\theta \tag{3.45a}$$
$$\psi=b\ln r \tag{3.45b}$$

流线 $\psi=b\ln r=\text{const.}$,即 $r=\text{const.}$ 是以原点为圆心的圆族;等势线 $\varphi=-b\theta=\text{const.}$ 是从原点发出的射线族(图3.7)。

设围绕原点 O 的任意封闭回线 L 上的速度环量为 Γ,由公式

$$\Gamma+iQ=\oint_L\frac{df}{dz}dz=\oint_L\frac{ib}{z}dz=2\pi i(ib)=-2\pi b$$

得

$$\Gamma=-2\pi b,Q=0 \tag{3.46}$$

此式表明,原点 O 处有一强度为 Γ 的涡,并得

$$b=-\frac{\Gamma}{2\pi}$$

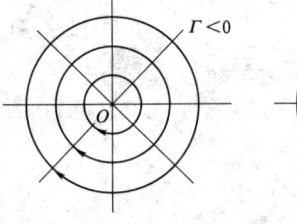

图 3.7 涡

将其代入复位势的表达式中,得

$$f(z)=-i\frac{\Gamma}{2\pi}\ln z \tag{3.47}$$

式(3.47)代表原点处有一强度为 Γ 的涡流动。当 $\Gamma>0$ 时,其代表的是逆时针方向的涡运动;当 $\Gamma<0$ 时,其代表的是顺时针方向的涡运动。

复速度为

$$\frac{df}{dz}=-\frac{i\Gamma}{2\pi z}=-\frac{i\Gamma}{2\pi r}e^{-i\theta} \tag{3.48}$$

此流动的速度分布为

$$u_r=0 \tag{3.49a}$$
$$u_\theta=\frac{\Gamma}{2\pi r} \tag{3.49b}$$

如果涡不在坐标原点而在 z_0 点,则复位势为

$$f(z)=-i\frac{\Gamma}{2\pi}\ln(z-z_0) \tag{3.50}$$

3.3.4 绕角流动

绕角流动的复势可表示为 z^n 的倍数，即

$$f(z) = Az^n \tag{3.51}$$

其中，A 为实数，n 为正实数。令 $z = re^{i\theta}$，并代入式（3.51）得

$$f(z) = Ar^n \cos n\theta + iAr^n \sin n\theta$$

于是，速度势函数和流函数分别为

$$\varphi = Ar^n \cos n\theta \tag{3.52a}$$

$$\psi = Ar^n \sin n\theta \tag{3.52b}$$

显然，当 $\theta = 0$ 及 $\theta = \pi/n$ 时为零流线 $\psi = 0$，表明 $\theta = 0$ 及 $\theta = \pi/n$ 为自原点发出的两条射线，相当于两条固体边界的边界线，它们构成夹角为 $\theta = \pi/n$ 的角形区域。$f(z) = Az^n$ 就代表此角形区域内的流动。$n = 1$、$n > 1$、$n < 1$ 分别是夹角为 π、小于 π、大于 π 的角形区域，如图 3.8 所示，图中所画实线为流线、虚线为等势线。

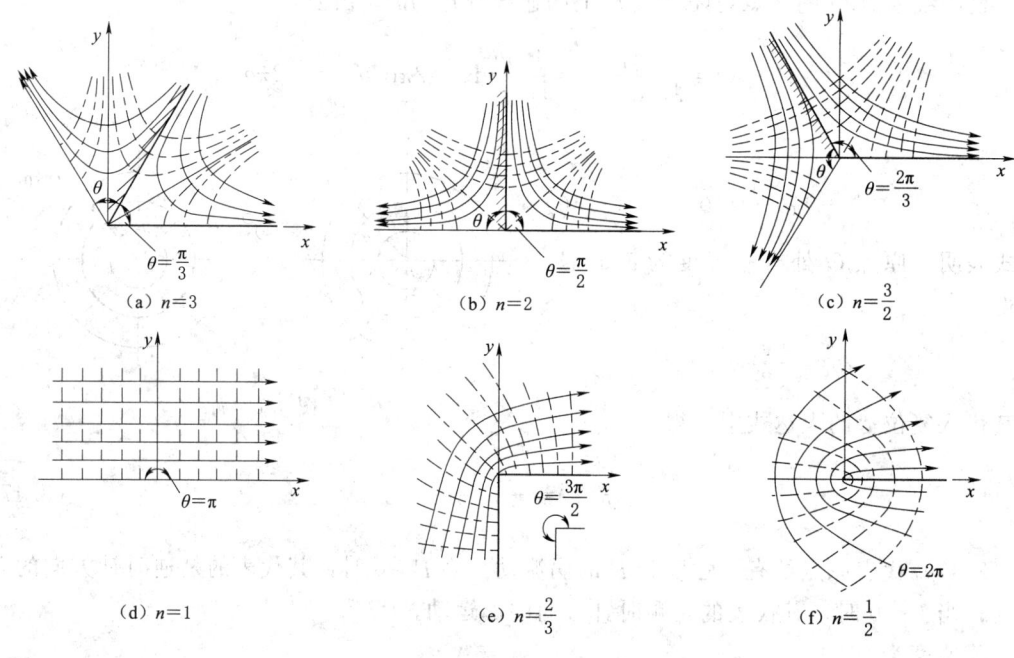

图 3.8　绕角流动

$n = 1$、$\theta = \pi$ 时即为均匀流动，如图 3.8（d）所示。$n > 1$ 时为绕 $\theta = \pi/n$ 角隅内的流动，如图 3.8 中的（a）、（b）、（c）所示；其中 $n = 2$ 是角隅内流动的一种特殊情形，称为驻点流动（stagnation point flow），如图 3.8（b）所示。$n < 1$ 时为绕锐角外部的流动，$n = 2/3$ 时为绕直角外部的流动，如图 3.8（e）所示；$n = 1/2$ 代表绕平板前缘的流动，这时可以理解为 $\theta = 0$ 和 $\theta = 2\pi$ 为两条零流线，所以是在 2π 角内的流动，如图 3.8（f）所示。

复速度为

$$\frac{\mathrm{d}f}{\mathrm{d}z}=nAz^{n-1}=(nAr^{n-1}\cos n\theta+\mathrm{i}nAr^{n-1}\sin n\theta)\mathrm{e}^{-\mathrm{i}\theta} \tag{3.53}$$

该流动的速度分布为

$$u_r=\frac{\partial\varphi}{\partial r}=nAr^{n-1}\cos n\theta \tag{3.54a}$$

$$u_\theta=\frac{\partial\varphi}{r\partial\theta}=-nAr^{n-1}\sin n\theta \tag{3.54b}$$

3.3.5 偶极子

一对相同强度的源与汇在平面上无限靠近，当它们之间的距离为无穷小量，而强度与距离的乘积却趋近一个有限值时，这一对源与汇组成一个偶极子 (doublet)。设强度为 Q 的源位于 $x=\varepsilon$ 点，而强度同样为 Q 的汇位于 $x=-\varepsilon$ 点，这时在 x 轴上形成正向流动，如图 3.9 (a) 所示。定义该源与汇为正偶极子，其复势为

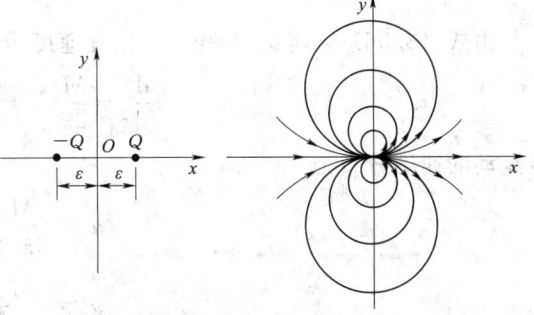

(a) 源与汇　　　　(b) 偶极子等势线

图 3.9　偶极子

$$f(z)=\frac{Q}{2\pi}\ln(z-\varepsilon)-\frac{Q}{2\pi}\ln(z+\varepsilon)=\frac{Q}{2\pi}\ln\left(\frac{z-\varepsilon}{z+\varepsilon}\right)=\frac{Q}{2\pi}\ln\left(\frac{1-\frac{\varepsilon}{z}}{1+\frac{\varepsilon}{z}}\right) \tag{3.55}$$

令 $\varepsilon\to 0$ 且 $Q\to\infty$ 使得 $Q(2\varepsilon)=M$ 仍为有限值，M 为偶极子的强度或称偶极矩。对式 (3.55) 中的 $\left(1+\frac{\varepsilon}{z}\right)^{-1}$ 用幂级数展开，代回式 (3.55)，略去二阶以上小量，则偶极子的复势为

$$f(z)=-\frac{M}{2\pi}\frac{1}{z} \tag{3.56}$$

考虑 $z=x+\mathrm{i}y$ 及其共轭 $\bar{z}=x-\mathrm{i}y$，将式 (3.56) 写为

$$f(z)=-\frac{M}{2\pi}\frac{1}{z}=-\frac{M\bar{z}}{2\pi z\bar{z}}=-\frac{M}{2\pi(x^2+y^2)}(x-\mathrm{i}y)$$

即

$$\varphi+\mathrm{i}\psi=-\frac{M}{2\pi}\frac{x}{x^2+y^2}+\mathrm{i}\frac{M}{2\pi}\frac{y}{x^2+y^2}$$

于是

$$\varphi=-\frac{M}{2\pi}\frac{x}{x^2+y^2} \tag{3.57a}$$

$$\psi=\frac{M}{2\pi}\frac{y}{x^2+y^2} \tag{3.57b}$$

流线方程为

$$\psi = \frac{M}{2\pi}\frac{y}{x^2+y^2} = C \tag{3.58a}$$

或

$$x^2 + \left(y - \frac{M}{4\pi C}\right)^2 = \left(\frac{M}{4\pi C}\right)^2 \tag{3.58b}$$

说明流线是一族圆，圆心在 $x=0$，$y=\dfrac{M}{4\pi C}$ 上，而半径 $r=\dfrac{M}{4\pi C}$，如图 3.9（b）所示。

由式（3.56）并考虑 $z=re^{i\theta}$，则复速度为

$$\frac{\mathrm{d}f}{\mathrm{d}z} = \frac{M}{2\pi}\frac{1}{z^2} = \frac{M}{2\pi r^2}e^{-i2\theta} \tag{3.59}$$

该流动的速度分布为

$$u_r = \frac{M}{2\pi r^2}\cos\theta \tag{3.60a}$$

$$u_\theta = \frac{M}{2\pi r^2}\sin\theta \tag{3.60b}$$

绝对速度值为

$$|u| = \sqrt{u_r^2 + u_\theta^2} = \frac{M}{2\pi r^2} \tag{3.61}$$

如果偶极子不在坐标原点 O 而在 z_0 点，则复位势为

$$f(z) = -\frac{M}{2\pi}\frac{1}{z-z_0} \tag{3.62}$$

3.3.6 无环量圆柱绕流

将基本流动进行叠加可以解决某些较复杂的实际流动问题，最基本的例子是用势流叠加法研究圆柱绕流。平面圆柱定常绕流问题是平面绕流问题中最简单的情形，它在实际中经常遇到，例如气流绕过电线的流动、河水绕圆形桥墩的流动。此外，圆柱定常绕流问题在二维机翼理论中具有重要意义，因为利用它可以解决任意翼型绕流问题。

无环量圆柱恒定绕流问题的解可由均匀流和偶极子两个基本流动叠加得到。

将均匀流与位于原点的偶极子叠加，所形成流动的复势由式（3.35）和式（3.56）得到

$$f(z) = Uz + \frac{M}{2\pi}\frac{1}{z} \tag{3.63}$$

这里，均匀流为沿 x 轴的自左向右的均匀流动；偶极子是源点在左、汇点在右形成负方向流动（负偶极子），如图 3.10 所示。

由式（3.63）分出虚数部分，得到流函数方程为

$$\psi = Uy - \frac{M}{2\pi}\frac{y}{x^2+y^2}$$

当 $\psi=0$ 即零流线时，有

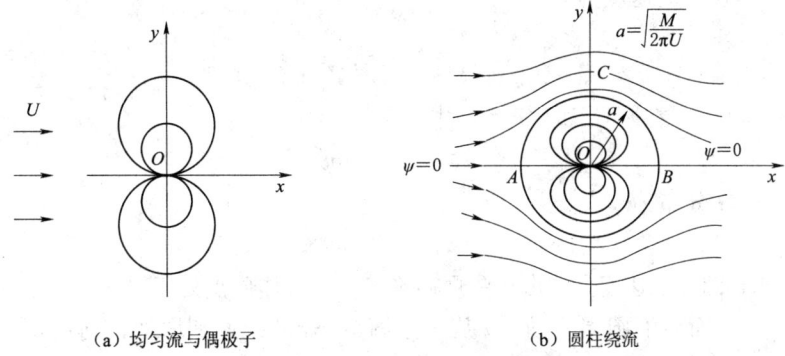

(a) 均匀流与偶极子　　　　　　(b) 圆柱绕流

图 3.10　均匀流与偶极子叠加形成的圆柱绕流

$$\left(U-\frac{M}{2\pi}\frac{1}{x^2+y^2}\right)y=0$$

它由下列两条曲线组合而成，即

$$y=0 \text{ 及 } x^2+y^2=\frac{M}{2\pi U}$$

前者是 Ox 轴，后者是半径为 $a=\sqrt{\dfrac{M}{2\pi U}}$ 的圆周，将此圆想象为一个物面。由此可见，均匀流与偶极子的叠加在圆内是偶极子在圆柱内的流动，在圆外就是绕圆柱的流动。圆柱半径 a、来流速度 U 及偶极矩 M 之间存在着关系式：

$$a=\sqrt{\frac{M}{2\pi U}}$$

如果给定来流速度 U 及半径 a，则偶极矩 M 应取为 $2\pi U a^2$。于是由式（3.63）可知，无穷远处速度为 U 的均匀来流沿 Ox 轴方向绕半径为 a 的圆柱流动的复势为

$$f(z)=U\left(z+\frac{a^2}{z}\right) \tag{3.64}$$

引入 $z=re^{i\theta}$，得

$$f(z)=U\left(re^{i\theta}+\frac{a^2}{r}e^{-i\theta}\right)=\varphi+i\psi \tag{3.65}$$

展开式（3.65）的速度势 φ 及流函数 ψ，即

$$\varphi=U\left(r+\frac{a^2}{r}\right)\cos\theta \tag{3.66a}$$

$$\psi=U\left(r-\frac{a^2}{r}\right)\sin\theta \tag{3.66b}$$

由此得流速分布为

$$u_r=\frac{\partial\varphi}{\partial r}=U\left(1-\frac{a^2}{r^2}\right)\cos\theta \tag{3.67a}$$

$$u_\theta=\frac{\partial\varphi}{r\partial\theta}=-U\left(1+\frac{a^2}{r^2}\right)\sin\theta \tag{3.67b}$$

根据式（3.64）复速度为

$$\frac{\mathrm{d}f}{\mathrm{d}z}=U\left(1-\frac{a^2}{z^2}\right) \tag{3.68}$$

由式（3.67b）可知，在圆柱面上 $r=a$ 时，有

$$u_\theta=-2U\sin\theta \tag{3.69}$$

于是圆周上的速度分布为

$$|v|=2U\sin\theta \tag{3.70}$$

式（3.70）表明，圆周上速度分布由正弦规律确定。当流体质点处于 A 点时，$\theta=\pi$，$|v|=0$；而后沿圆周流动，θ 从 π 逐渐减小，$|v|$ 逐渐增加，到达 $\theta=\pi/2$ 的 C 点时达到最大值 $2U$；而后 $|v|$ 又逐渐减小，到达 $\theta=0$ 的 B 点处，速度又为 0，如图 3.11 所示。点 A 与 B 称为驻点，A 为前驻点，B 为后驻点。

对于圆柱绕流，伯努利方程可写为

$$p+\frac{\rho u^2}{2}=p_\infty+\frac{\rho U^2}{2}$$

上式等号右端项为无穷远处未受扰动流动的量。已知流速分布 u，可求得流场中一点的压强 p，即

$$p=p_\infty+\frac{\rho U^2}{2}-\frac{\rho u^2}{2} \tag{3.71}$$

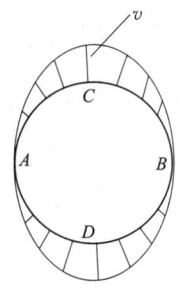

图 3.11 圆柱绕流流速

在圆柱表面，$u_r=0$，$u_\theta=-2U\sin\theta$，压强为

$$p=p_\infty+\frac{\rho U^2}{2}-2\rho U^2\sin^2\theta \tag{3.72}$$

由式（3.72）可知，圆柱表面的压力分布对于 Ox 轴和 Oy 轴都是对称的。因此，圆柱所受的合力为 0。这个结论就是著名的达朗贝尔佯谬（d'Alembert paradox）。显然，该结论与实际情况不符，其原因是没有考虑黏性对圆柱所产生的摩擦阻力和由于边界层分离所产生的压差阻力。

3.3.7 有环量圆柱绕流

先看风洞中的一个实验。一个半径为 a 的圆柱在电机带动下可以绕 Oz 轴转动，该轴固定在可沿 Oy 方向运动的小车上，Ox 方向为风洞吹风的方向，如图 3.12 所示。先开动电机，使圆柱转动，无论转动方向如何，小车不动。让圆柱停止转动，开动风洞吹风，小车也不动。但当即吹风、圆柱也转动时，小车就走动了，当转动方向与 Oz 方向相同时，小车向负 y 方向走动；与 Oz 方向相反时，小车向正 y 方向走动。圆柱转动越快，风速越大，则小车运动得越快。有环量圆柱绕流问题的研究将能解释这一实验现象，即绕流物体的环量将产生作用于该物体的升力。

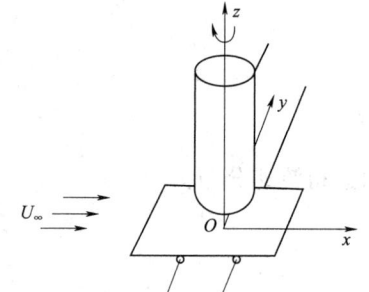

图 3.12 有环量圆柱绕流升力实验[5]

有环量圆柱绕流可以用两个流动的叠加来模拟：无环量圆柱绕流和圆心处强度为 $-\Gamma(\Gamma>0)$ 的涡。有环量圆柱绕流的复势为

$$f(z)=U\left(z+\frac{a^2}{z}\right)+\frac{i\Gamma}{2\pi}\ln z+C$$

上式中加了一项常数 C，原因是在无环量圆柱绕流中 $r=a$ 处流函数等于 0，即流线是零流线 $\psi=0$，但叠加涡以后，在 $r=a$ 处流函数虽为常数但不等于 0，增加常数 C 的目的是使在 $r=a$ 处流函数等于 0，而对流场结果并无影响，从而方便分析。

为确定常数 C，须计算 $r=a$ 处的流函数。令 $z=ae^{i\theta}$，其复势为

$$f(z)=U(ae^{i\theta}+ae^{-i\theta})+\frac{i\Gamma}{2\pi}\ln ae^{i\theta}+C=2Ua\cos\theta-\frac{\Gamma}{2\pi}\theta+\frac{i\Gamma}{2\pi}\ln a+C$$

由此可见，在 $r=a$ 的圆上流函数确是一常数，如使 $C=-\dfrac{i\Gamma}{2\pi}\ln a$，则 $\psi=0$，从而确定了 C 值。最后，有环量圆柱绕流的复势为

$$f(z)=U\left(z+\frac{a^2}{z}\right)+\frac{i\Gamma}{2\pi}\ln\frac{z}{a} \tag{3.73}$$

式（3.73）表示一流速为 U 的均匀流绕一半径为 a 且有一强度为 Γ 的负涡所环绕的圆柱体的流动。将 $z=re^{i\theta}$ 代入，得

$$f(z)=U\left(re^{i\theta}+\frac{a^2}{r}e^{-i\theta}\right)+\frac{i\Gamma}{2\pi}\left(\ln\frac{r}{a}+i\theta\right)$$

则速度势 φ 和流函数 ψ 分别为

$$\varphi=U\left(r+\frac{a^2}{r}\right)\cos\theta-\frac{\Gamma\theta}{2\pi} \tag{3.74a}$$

$$\psi=U\left(r-\frac{a^2}{r}\right)\sin\theta+\frac{\Gamma}{2\pi}\ln\frac{r}{a} \tag{3.74b}$$

复速度为

$$\begin{aligned}\frac{df}{dz}&=U\left(1-\frac{a^2}{z^2}\right)+\frac{i\Gamma}{2\pi}\frac{1}{z}\\&=U\left(1-\frac{a^2}{r^2}e^{-i2\theta}\right)+\frac{i\Gamma}{2\pi r}e^{-i\theta}\\&=\left[U\left(e^{i\theta}-\frac{a^2}{r^2}e^{-i\theta}\right)+\frac{i\Gamma}{2\pi r}\right]e^{-i\theta}\\&=\left\{U\left(1-\frac{a^2}{r^2}\right)\cos\theta+i\left[U\left(1+\frac{a^2}{r^2}\right)\sin\theta+\frac{\Gamma}{2\pi r}\right]\right\}e^{-i\theta}\end{aligned} \tag{3.75}$$

由此得流速分布为

$$u_r=U\left(1-\frac{a^2}{r^2}\right)\cos\theta \tag{3.76a}$$

$$u_\theta=-U\left(1+\frac{a^2}{r^2}\right)\sin\theta-\frac{\Gamma}{2\pi r} \tag{3.76b}$$

则圆柱表面 $r=a$ 上的流速分布为

$$u_r=0 \tag{3.77a}$$

$$u_\theta = -2U\sin\theta - \frac{\Gamma}{2\pi a} \tag{3.77b}$$

根据伯努利方程，圆柱表面的压强为

$$\begin{aligned}
p &= C - \frac{\rho u^2}{2} \\
&= C - \frac{\rho}{2}2\left(U\sin\theta + \frac{\Gamma}{2\pi a}\right)^2 \\
&= C - \frac{\rho \Gamma^2}{8\pi^2 a^2} - 2\rho U^2 \sin^2\theta - \frac{\rho \Gamma U \sin\theta}{\pi a}
\end{aligned} \tag{3.78}$$

圆柱所受合力为

$$\boldsymbol{R} = -\oint p\boldsymbol{n}\,\mathrm{d}s$$

于是升力

$$R_y = -\oint p\cos(n,y)\,\mathrm{d}s = -\int_0^{2\pi} p\sin\theta \cdot a\,\mathrm{d}\theta$$

将式（3.78）代入上式，并考虑到

$$\int_0^{2\pi}\sin\theta\,\mathrm{d}\theta = 0, \quad \int_0^{2\pi}\sin^3\theta\,\mathrm{d}\theta = 0, \quad \int_0^{2\pi}\sin^2\theta\,\mathrm{d}\theta = \pi$$

得到

$$R_y = \rho U\Gamma \tag{3.79}$$

式（3.79）揭示了升力和环量之间的一个重要关系，即升力的大小和环量成正比，并和来流流速及流体密度成比例。这个关系称为儒可夫斯基（Joukowski）定理，在绕流问题中具有普遍意义，不仅对圆柱绕流是正确的，而且对于任意翼型绕流都是正确的。

对不忽略黏性的实际流体，圆柱后部会有分离，除升力外还有阻力，其中升力仍可用式（3.79）计算。

至此，可以很好地解释本节开头的实验现象。旋转圆柱绕流会产生升力的这种现象称为马格努斯（Magnus）效应。马格努斯效应还可以从一个在空气中飞着的削球（乒乓球或网球）看出来，侧旋球、弧圈球所以有那么大的弧度，道理就在此。

利用式（3.77b），可以确定圆柱面上的驻点位置 θ_s，即

$$\sin\theta_s = -\frac{\Gamma}{4\pi Ua} \tag{3.80}$$

环量 Γ 不同时，有不同的驻点位置，从而决定了不同类型的流线图，如图 3.13 所示。当

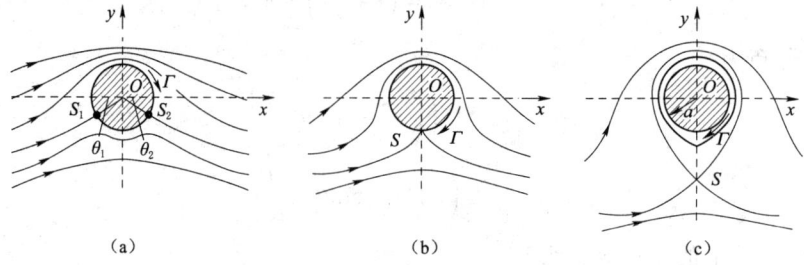

图 3.13 有环量圆柱绕流[6]

$\Gamma<4\pi aU$ 时，圆柱下表面有两个对称于 y 轴的驻点［图 3.13（a）中的 S_1、S_2 点］；当 $\Gamma=4\pi aU$ 时，圆柱下表面的中点为驻点［图 3.13（b）中的 S 点］；当 $\Gamma>4\pi aU$ 时，圆柱上没有驻点，驻点发生在圆柱外的 y 轴上［图 3.13（c）中的 S 点］。

3.4 镜像法

在流场中除被绕流的物体以外还有其他的固体边界（平面的或曲面的），这时固体壁面对流动的影响将改变流动的边界条件，从而改变了绕流物体的复势。对此类问题，可利用镜像法求解。

3.4.1 映射定理

定理：设一无界的不可压缩平面势流中，在 $y>0$ 的域中存在若干奇点（如源、汇、涡或其他奇点），复势为 $f(z)$，则在流场中插入 $y=0$ 的平壁后，在 $y>0$ 的域中的复势为

$$g(z)=f(z)+\overline{f}(\bar{z}) \tag{3.81}$$

$g(z)$ 满足 $y=0$ 平壁上不可穿透的边界条件，$\overline{f}(z)$ 表示对 $f(z)$ 中除自变量 z 以外的各复数均取其共轭值。

证明：因 $f(z)$ 的若干奇点全部位于 $y>0$ 的上半平面，所以它们的镜像点全部位于下半平面。由此可见，在上半平面 $g(z)$ 的奇点和 $f(z)$ 的奇点完全一样，它仍然是除奇点外的解析函数，而且不破坏原有的无穷远处条件，需要证明的是 $y=0$ 即 x 轴是一条零流线。因 x 轴上的点，其坐标均为实数，故

$$z=\bar{z} \tag{3.82}$$

根据式（3.81）及式（3.82），则在 $y=0$ 上有

$$\varphi+\mathrm{i}\psi=f(z)+\overline{f}(\bar{z})=f(z)+\overline{f(z)}=\text{实数}$$

即

$$\psi=0$$

说明 $y=0$ 为一零流线。定理得证。

由此可见，如果 $y>0$ 的半平面内分布奇点，并且 $y=0$ 为一不可穿透的固体边界，这种流动与 $y>0$ 平面内的奇点和以 $y=0$ 为一镜面映射在 $y<0$ 平面内奇点的镜像叠加而成的流场等价。平面壁映射如图 3.14 所示。

例 3.1 设距离地面（取为 x 轴）z_0 处有一强度为 Q 的点源，求地面（取为 x 轴）对该点源强度的影响。根据平面镜像定理，地面存在时的复势为

$$g(z)=\frac{Q}{2\pi}\ln(z-z_0)+\frac{Q}{2\pi}\ln(z-\overline{z_0})$$

相当于在 z_0 的共轭点上放置一同等强度的点源。

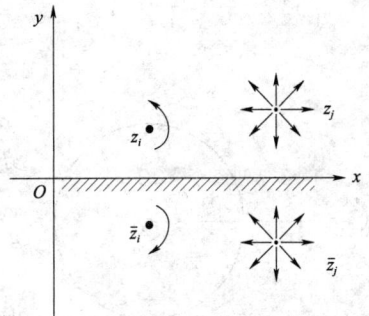

图 3.14 平面壁映射（$y=0$）[6]

3.4.2 圆周定理

定理：设 $f(z)$ 为流体中无固壁时的复势，且在 $|z| \leqslant a$ 中没有奇点。如在此流场中插入 $|z|=a$ 的圆柱面，则圆柱面外的复势改变为

$$g(z)=f(z)+\overline{f}\left(\frac{a^2}{z}\right) \tag{3.83}$$

式中的 $\overline{f}\left(\dfrac{a^2}{z}\right)$ 表示对 $f(z)$ 中除 z 以外的各复数均取其共轭值而 z 以 $\dfrac{a^2}{z}$ 代替之。

证明：因 $f(z)$ 的奇点全部位于圆外，故 $\overline{f}(a^2/z)$ 的奇点全部在圆内。于是，$g(z)$ 在圆外的奇点完全和 $f(z)$ 的奇点相同，$g(z)$ 是除原奇点外的解析函数，而且满足原有的无穷远处条件。下面证明圆周上 $|z|=a$ 是一条零流线。显然，在圆周上有

$$a^2 = z\bar{z} \tag{3.84}$$

于是在 $|z|=a$ 上有

$$\varphi + \mathrm{i}\psi = f(z) + \overline{f}(\bar{z}) = f(z) + \overline{f(z)} = \text{实数}$$

即

$$\psi = 0$$

说明圆周 $|z|=a$ 是一条零流线，定理得证。

例 3.2 设一与 x 轴成 θ 的均匀流，其复势为

$$f(z) = U\mathrm{e}^{-\mathrm{i}\theta} z$$

在流场中放置一半径为 a 的圆周面，且圆心在坐标原点，则此流动的复势为

$$g(z) = f(z) + \overline{f}\left(\frac{a^2}{z}\right) = U\mathrm{e}^{-\mathrm{i}\theta} z + U\mathrm{e}^{\mathrm{i}\theta}\frac{a^2}{z} = U\left(z\mathrm{e}^{-\mathrm{i}\theta} + \frac{a^2}{z\mathrm{e}^{-\mathrm{i}\theta}}\right)$$

当 $\theta = 0$，即沿 x 轴向的均匀流绕圆周流动时，其复势变为

$$g(z) = U\left(z + \frac{a^2}{z}\right)$$

与式（3.64）相同。

例 3.3 设在 z_0 点有一强度为 Γ 的涡，其复势为

$$f(z) = \frac{\Gamma}{2\pi \mathrm{i}} \ln(z - z_0)$$

在流场中插入半径为 a 的圆周 $|z|=a$ 后，则此流动的复势为

$$g(z) = \frac{\Gamma}{2\pi \mathrm{i}} \ln(z - z_0) - \frac{\Gamma}{2\pi \mathrm{i}} \ln\left(\frac{a^2}{z} - \overline{z_0}\right) = \frac{\Gamma}{2\pi \mathrm{i}} \ln\left[\frac{z(z-z_0)}{a^2 - z\overline{z_0}}\right]$$

说明为了使圆周保持为流线，在 z_0 的映射点 $a^2/\overline{z_0}$ 上应放置一强度为 $-\Gamma$ 的涡，如图 3.15 所示。

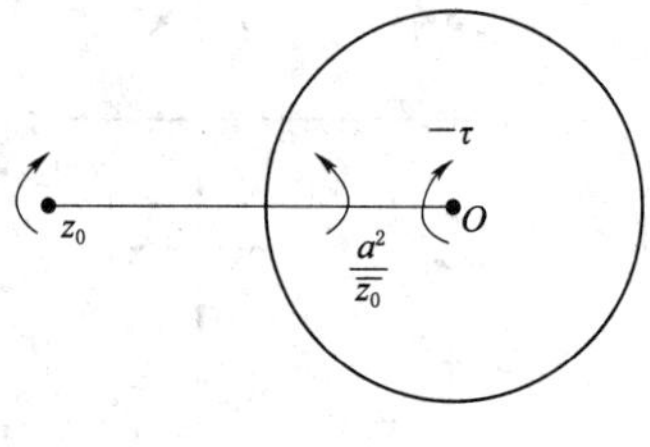

图 3.15 圆周映射

3.5 保角变换法

3.5.1 保角变换基本原理

设在 $z=x+iy$ 平面上一个复杂的流动边界,借助于某一解析变换函数

$$\zeta = g(z) \tag{3.85}$$

可以变换到 $\zeta=\xi+i\eta$ 平面上另外的流动边界。我们称 $z=x+iy$ 平面为原平面或物理平面,也简称为 z 平面;$\zeta=\xi+i\eta$ 为变换平面或辅助平面,也简称为 ζ 平面。由于解析函数的性质,这种变换是一一对应的,因此 z 平面上的各点与 ζ 平面上各点通过式(3.85)的关系一一对应,如图 3.16 中的 z_0 点与 ζ_0 点。式(3.85)的逆变换为

$$z = g^{-1}(\zeta) \tag{3.86}$$

式中:g^{-1} 表示 g 的反函数。

由式(3.85)得

$$d\zeta = g'(z)dz \tag{3.87}$$

显然,z 平面上一个微小线段 dz 映射到 ζ 平面的 $d\zeta$ 应符合上述关系,所以 $g'(z)$ 是两个微小线段变换时的长度比尺和角度的旋转。因为每一个点只有一个 $g'(z)$ 值,因而同一点上的微小线段的变换比尺是相同的,旋转角度也是一样的。但是,因 $g'(z)$ 是 z 的函数,它的值随 z 的位置不同而变化,所以变换比尺是随 z 而变化的。因为同一点两个线段的夹角在变换过程中保持不变,所以称这种变换为保角变换(conformal transformation)或保角映射(conformal mapping)。说明如下:

在 z 平面上 z_0 处有两个微小线段 $(dz)_1$ 和 $(dz)_2$,如图 3.17 所示,通过变换式(3.85)变换到 ζ 平面上,对应点 ζ_0 处有两个微小线段 $(d\zeta)_1$ 和 $(d\zeta)_2$,因复变函数求导与方向无关,则

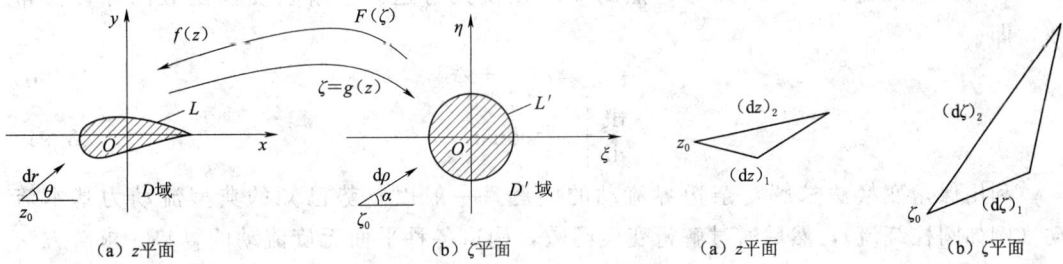

图 3.16 保角变换法原理　　图 3.17 保角变换关系

$$\frac{(d\zeta)_1}{(dz)_1} = \frac{(d\zeta)_2}{(dz)_2} = g'(z_0)$$

令 $g'(z_0)=\sigma e^{i\beta}$,则 $(dz)_1$ 和 $(d\zeta)_1$ 的映射关系为 $(d\zeta)_1 = \sigma e^{i\beta}(dz)_1$,表示 $(d\zeta)_1$ 大小等于 $(dz)_1$ 的 σ 倍,σ 成为放大系数或变换比尺;$(d\zeta)_1$ 的方位幅角为 $(dz)_1$ 的幅角再向正方向旋转一个 β 角。$(dz)_2$ 和 $(d\zeta)_2$ 的映射关系为 $(d\zeta)_2 = \sigma e^{i\beta}(dz)_2$,意义同前。因

此，z 平面上一个微元三角形映射到 ζ 平面上必为一个相似的微元三角形。

在 ζ 平面上的复势为 $F(\zeta)=\Phi+i\Psi$，这个函数是在 D' 域和边界线 L' 上连续且在 D' 域内的解析函数（图 3.16），其中速度势函数 Φ 和流函数 Ψ 均为调和函数，分别满足拉普拉斯方程。可以证明，ζ 平面上的复势 $F(\zeta)$ 通过保角变换以后在 z 平面上仍然是复势，z 平面上的复势为 $f(z)=\varphi+i\psi$，反之亦然。这意味着，若对于某些简单形状物体在某一平面上的解是已知的，则通过解析变换式（3.83）就可以得到复杂形状物体的复势。

通过式（3.86）可以把 ζ 平面变换到 z 平面，即
$$f(z)=f[g^{-1}(\zeta)]=F(\zeta) \tag{3.88}$$

在 ζ 平面和 z 平面的对应点上有 $\varphi+i\psi=\Phi+i\Psi$，因此 $\varphi=\Phi$ 和 $\psi=\Psi$，说明物理平面上一点的速度势 φ 和流函数 ψ 分别与辅助平面上对应点的速度势 Φ 和流函数 Ψ 对应。保角变换中对应点上的复势可将变换关系直接代入即可求得。

对于复速度，则由式（3.88），将 $f(t)$ 看作是 $F(\zeta)$ 及 $\zeta=g(t)$ 的复合函数，对 z 微分，并利用式（3.87），则

$$\frac{df}{dz}=\frac{dF}{d\zeta}\frac{d\zeta}{dz}=\frac{dF}{d\zeta}g'(z)$$

$$\frac{dF}{d\zeta}=\frac{1}{g'(z)}\frac{df}{dz} \tag{3.89}$$

式中：$\dfrac{dF}{d\zeta}$ 为 ζ 平面上的复速度；$\dfrac{df}{dz}$ 为 z 平面上的复速度。

式（3.89）表明，两个平面上的复速度并不相同，但它们互成比例并相差一定的角度，这个比例就是所研究点处 $\dfrac{1}{g'(z)}$ 的模，而相差的角度即是该点处 $\dfrac{1}{g'(z)}$ 的辐角。

可以证明，保角变换对于源、汇和涡的强度没有影响，变换前后两个平面上流场中速度环量和流体动能均不变。

把一个平面上的流动变换到另一个平面上，为保证变换一一对应，解析变换函数（3.85）应满足：两平面无穷远点的对应以及无穷远处该解析变换函数的导数为常数，即

$$z|_\infty=\zeta|_\infty=\infty \tag{3.90}$$

$$\left.\frac{d\zeta}{dz}\right|_\infty=\text{const.} \tag{3.91}$$

利用保角变换法求解复杂边界流动的问题，一般以复势已知的典型流动为基本流动（例如圆柱绕流），然后通过解析变换函数，构造各种平面无旋流动的复势。求解方法分为反问题方法和正问题方法。反问题方法是先给出解析变换函数，然后确定对应这种变换的绕流物面型线。正问题方法是先给定绕流物面的型线，然后确定满足式（3.90）和式（3.91）的解析变换式。一般说来，反问题比较易于解决。

3.5.2 简单解析函数及反问题

1. 线性函数

$$\zeta=A(z-z_0) \tag{3.92}$$

式中：A 为复数。

这一线性关系表示坐标平移、放大和旋转。z_0 是坐标原点的平移。$A=me^{-i\theta_0}$ 表示坐标的放大（放大倍数为 m）和坐标的旋转（旋转角度为 θ_0）。

例如在 ζ 平面的圆柱绕流，其复势为

$$F(\zeta)=U_\infty^*\left(\zeta+\frac{a^2}{\zeta}\right)+\frac{i\Gamma}{2\pi}\ln\frac{\zeta}{a}$$

式中，U_∞^* 为 ζ 平面中无穷远来流的速度，其方向与 ξ 轴平行；a 为圆柱半径，圆柱圆心位于 ζ 平面的原点。通过式（3.92）的线性变换，将 ζ 平面的圆柱绕流变换到 z 平面上去，z 平面上流动复势为

$$f(z)=U_\infty^* A(z-z_0)+\frac{U_\infty^* a^2}{A(z-z_0)}+\frac{i\Gamma}{2\pi}\ln\frac{A(z-z_0)}{a} \tag{3.93}$$

现在来考察 z 平面上这个新的复势所代表的流动。ζ 平面上圆周线方程 $\zeta=ae^{i\alpha}$ 经线性变换式（3.92）变换后，得 z 平面上绕流物体的周线方程为

$$z-z_0=\frac{a}{A}e^{i\alpha}=\frac{a}{m}e^{i\alpha+\theta_0} \tag{3.94}$$

式（3.94）表明，变换到 z 平面上仍然是一个圆，半径 $r=a/m$，圆心在 $z=z_0$。在 ζ 平面上以坐标原点为圆心、a 为半径的圆周线上、角度为 α 的点，经变换后，对应在 z 平面上以 z_0 为圆心、a/m 为半径的圆周上、角度为 $\theta_0+\alpha$ 的点。

z 平面上的复速度为

$$\frac{df}{dz}=U_\infty^* A-U_\infty^*\frac{a^2}{A}(z-z_0)^{-2}+\frac{i\Gamma}{2\pi}(z-z_0)^{-1} \tag{3.95}$$

在无穷远处 $z\to\infty$ 的复速度为

$$\frac{df}{dz}=U_\infty-iV_\infty=U_\infty^* A=U_\infty^* me^{-i\theta_0} \tag{3.96}$$

因此在 z 平面上无穷远来流的速度为

$$\boldsymbol{U}_\infty=U_\infty+iV_\infty=U_\infty^* me^{i\theta_0} \tag{3.97}$$

式（3.97）说明，$\boldsymbol{U}_\infty$ 的大小是 U_∞^* 的 m 倍，方向为 x 轴的正向，即逆时针方向旋转 θ_0 角度。上述变换如图 3.18 所示。

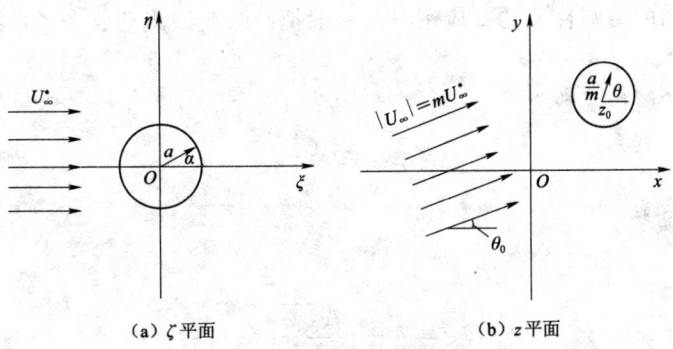

(a) ζ 平面　　(b) z 平面

图 3.18　圆柱绕流线性变换[6]

2. 幂函数

$$z = b\zeta^n \tag{3.98}$$

式中：b 和 n 均为实数。

令 $z = re^{i\theta}$，$\zeta = \rho e^{i\alpha}$，由 $z = re^{i\theta}$ 及幂函数变换式（3.98）得

$$\zeta = b^{-\frac{1}{n}} r^{\frac{1}{n}} \left[\cos\left(\frac{\theta}{n}\right) + i\sin\left(\frac{\theta}{n}\right)\right] \tag{3.99}$$

式（3.99）说明，幂函数将 z 平面上的射线 $\theta = C$ 变换到 ζ 平面上的射线 $\alpha = C/n$。当 $n = 1$ 时，该变换是线性变换，z 平面上的无限长直线（$\theta = 0$，$\theta = \pi$）变换到 ζ 平面上仍是无限长直线。当 $1/2 < n < 1$ 时，z 平面上的无限长直线（$\theta = 0$，$\theta = \pi$）变换到 ζ 平面上的外角（$\alpha = 0$，$\alpha = \pi/n < 2\pi$）。当 $n > 1$ 时，z 平面上的无限长直线（$\theta = 0$，$\theta = \pi$）变换到 ζ 平面上的内角（$\alpha = 0$，$\alpha = \pi/n < \pi$），如图 3.19 所示。

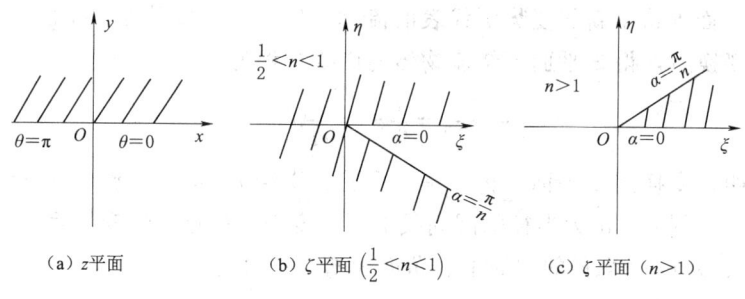

图 3.19　幂函数变换[6]

z 平面上的均匀流动 $f(z) = Uz$，用幂函数式（3.98）变换到 ζ 平面上就是前面所讨论过的绕角流动，其复势为

$$F(\zeta) = bU\zeta^n \tag{3.100}$$

3.5.3　儒可夫斯基变换

在研究理想流体平面势流运动中，应用保角变换的方法是一个将复杂流动变为比较典型的流动，从而得到理论解的重要方法。儒可夫斯基变换（Joukowski transformation）是保角变换中一个十分重要的变换函数，它可以将绕椭圆柱流动、绕平板流动以及绕翼型流动等变换为已知的绕圆柱流动。应用时，一般把已知典型流动放在 ζ 平面，待求绕流放在 z 平面。

儒可夫斯基的解析函数为

$$z = \zeta + \frac{C^2}{\zeta} \tag{3.101}$$

式中：常数 C 为实数。

逆变换式为

$$\zeta = \frac{z}{2} \pm \sqrt{\frac{z^2}{4} - C^2} \tag{3.102}$$

显然它是多值函数，z 平面上的一个点对应 ζ 平面上的两个点。如果只讨论 $z \to \infty$ 对

应于 $\zeta \to \infty$，也就是求解 z 平面上绕流物体周线以外的流动区域对应 ζ 平面上圆周以外的流动区域，则逆变换式取正号，即

$$\zeta = \frac{z}{2} + \sqrt{\frac{z^2}{4} - C^2} \tag{3.103}$$

下面以圆柱绕流为基本流动，利用儒可夫斯基解析函数，求解无穷远处速度为 U 的均匀流以冲角 α_0 流向椭圆的绕流问题。

在辅助平面 ζ 平面上，无穷远处速度为 U，来流沿 ξ 轴，圆柱圆心在原点，圆柱半径为 a，则绕圆柱流动的复势为

$$F(\zeta) = U\left(\zeta + \frac{a^2}{\zeta}\right)$$

若无穷远处速度为 U，来流与 ξ 轴夹角为 α_0，此时绕圆柱流动的复势应为

$$F(\zeta) = U\left(\zeta e^{-i\alpha_0} + \frac{a^2}{\zeta} e^{i\alpha_0}\right) \tag{3.104}$$

首先，利用儒可夫斯基解析函数，将 ζ 平面上、圆心在原点、半径为 $a(a>C)$ 的圆周线转换到 z 平面。将圆周 $\zeta = ae^{i\alpha}$ 代入式 (3.101)，得

$$z = \zeta + \frac{C^2}{\zeta} = ae^{i\alpha} + \frac{C^2}{a}e^{-i\alpha} = \left(a + \frac{C^2}{a}\right)\cos\alpha + i\left(a - \frac{C^2}{a}\right)\sin\alpha = x + iy$$

因此

$$x = \left(a + \frac{C^2}{a}\right)\cos\alpha, \quad y = \left(a - \frac{C^2}{a}\right)\sin\alpha$$

消去 α，得 z 平面上的流动边界曲线方程为

$$\frac{x^2}{\left(a + \frac{C^2}{a}\right)^2} + \frac{y^2}{\left(a - \frac{C^2}{a}\right)^2} = 1 \tag{3.105}$$

由此可见，在 z 平面上是一个椭圆，其长轴位于 x 轴，半轴长为 $\left(a + \frac{C^2}{a}\right)$，短轴位于 y 轴，半轴长为 $\left(a - \frac{C^2}{a}\right)$。

其次，求椭圆绕流的复势。将式 (3.103) 代入式 (3.105)，无穷远处速度为 U 的均匀流以冲角 α_0 流向椭圆绕流的复势为

$$f(z) = U\left[z e^{-i\alpha_0} + \left(\frac{a^2}{C^2} e^{i\alpha_0} - e^{-i\alpha_0}\right)\left(\frac{z}{2} - \sqrt{\frac{z^2}{4} - C^2}\right)\right] \tag{3.106}$$

在 ζ 平面上，绕圆柱流动的驻点位于 $\zeta = ae^{i\alpha_0}$ 和 $\zeta = ae^{i(\alpha_0+\pi)}$，即 $\zeta = \pm ae^{i\alpha_0}$。由式 (3.101) 可得在 z 平面上与圆柱绕流驻点相应的位置为 $x = \pm\left(a + \frac{C^2}{a}\right)\cos\alpha_0$，$y = \pm\left(a - \frac{C^2}{a}\right)\sin\alpha_0$。

图 3.20 给出了上述变换。当 $\alpha_0 = 0$ 时，为一水平方向的均匀流动绕水平放置的椭圆体的流动；当 $\alpha_0 = \pi/2$ 时，为一铅直方向的均匀流动绕水平放置椭圆体的流动。

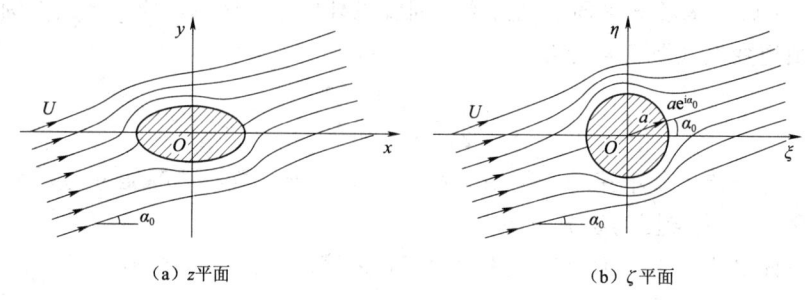

(a) z 平面   (b) ζ 平面

图 3.20 椭圆绕流

3.5.4 施瓦兹-克里斯托弗变换

对于具有简单封闭式多边形边界的流动，其主要形状如图 3.21 所示，可以通过施瓦兹-克里斯托弗变换（Schwarz–Christoffel transformation），简称 S-C 变换，变化成半平面的中流动，从而获得理论解。S-C 变换是一个很重要的保角变换。

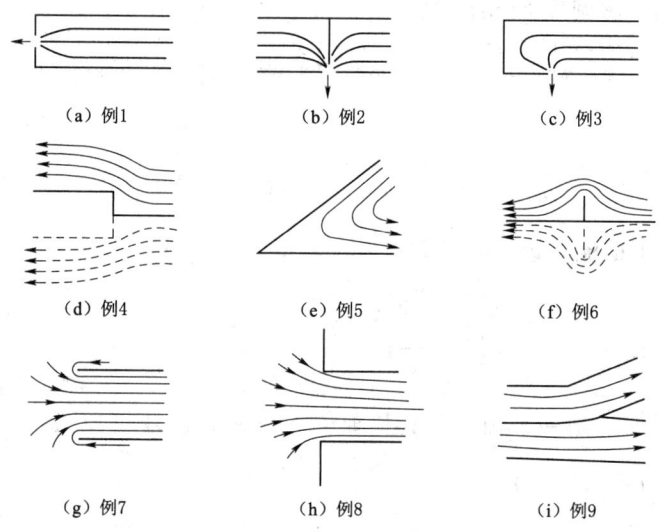

(a) 例1   (b) 例2   (c) 例3

(d) 例4   (e) 例5   (f) 例6

(g) 例7   (h) 例8   (i) 例9

图 3.21 简单封闭式多边形举例[2]

1. 简单封闭式多边形

这类简单封闭式多边形具有下述特性：①边界由直线组成；②全部边界依次连接在一起，沿边界可从边界上一个点走到边界另一个点，也就是说边界是连通的，没有互不连接的独立边界；③边界将平面划分成两个区域，即内区和外区；④当沿边界作逆时针方向的运移时，位于左侧的区域称为内区；⑤内区都是联通在一起的，即内区中任何两点，总可以用一条不经过边界的线把这两点连接起来，外区也是如此；⑥边界的顶点可以有一个或几个位于无穷远处。

满足上述条件的边界都可用 S-C 变换求解，即利用 S-C 变换，可使 z 平面上任何简单封闭式多边形的边界变换为 ζ 平面上的实轴，这时多边形的内区变换为 ζ 平面得上半平面。多边形内部的流动相应地变为 ζ 平面上半平面的流动。

2. 施瓦兹-克里斯托弗变换

设 a、b、$c\cdots$ 是 ζ 平面实轴上的 n 个点，并且 $a<b<c<\cdots$。α、β、$\gamma\cdots$ 是 z 平面有 n 个顶点 A、B、$C\cdots$ 的简单封闭式多边形的内角，如图 3.22 所示，并且

$$\alpha+\beta+\gamma+\cdots=(n+2)\pi$$

则施瓦兹-克里斯托弗变换式为

$$\frac{\mathrm{d}z}{\mathrm{d}\zeta}=k(\zeta-a)^{\frac{\alpha}{\pi}-1}(\zeta-b)^{\frac{\beta}{\pi}-1}(\zeta-c)^{\frac{\gamma}{\pi}-1}\cdots \tag{3.107}$$

这一变换可以把 z 平面上的封闭多边形变为 ζ 平面上的实轴，多边形的顶点 A、B、$C\cdots$ 对应 ζ 平面上的 a、b、$c\cdots$ 点。当多边形为简单多边形时，多边形的内部变换为 ζ 平面实轴以上的上半平面。式（3.107）中的 k 是复数，$k=\sigma\mathrm{e}^{\mathrm{i}\lambda}$，$\sigma$ 和 λ 为实数。当 $\zeta\to a$，则 $\dfrac{\mathrm{d}z}{\mathrm{d}\zeta}$ 不是等于 0 就是趋于无穷大，视 $\dfrac{\alpha}{\pi}$ 的数值而定，$\alpha>\pi$，$\dfrac{\mathrm{d}z}{\mathrm{d}\zeta}=0$；$\alpha<\pi$，$\dfrac{\mathrm{d}z}{\mathrm{d}\zeta}\to\infty$。在上半平面以 a、b、$c\cdots$ 为中心，半径为 ε 作半圆从而把 a、b、$c\cdots$ 等点从实轴上避开，如图 3.22 所示。中心在 a 的小半圆周与实轴相交于 a_1、a_2 两点，当 ξ 沿实轴增加时不经过点 a 而沿 a_1 经过小半圆周至 a_2，从而避开 a 点。同样处理 b、c 等点。对应于 ζ 平面上的 a_1、a_2、b_1、$b_2\cdots$ 在 z 平面上是 A_1、A_2、B_1、$B_2\cdots$。

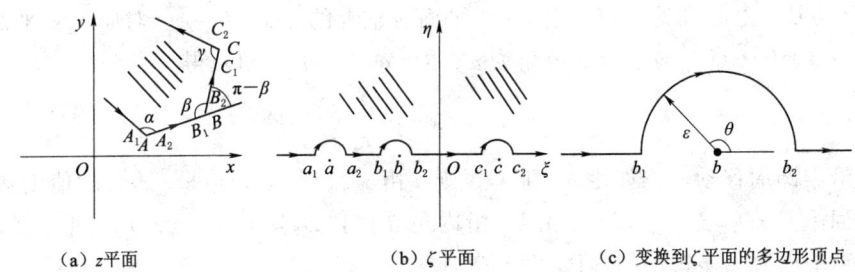

(a) z 平面　　　(b) ζ 平面　　　(c) 变换到 ζ 平面的多边形顶点

图 3.22　S-C 变换[6]

S-C 变换的证明包含以下三点：①当 ζ 增加时，例如由 a_2 增加到 b_1 时，在 z 平面上为一由 A_2 到 B_1 的直线；②当 ζ 再增加时，由 b_1 到 b_2，越过 b 点时，在平面上的直线折转 $(\pi-\beta)$ 角度；③ζ 平面的上半平面对应于 z 平面多边形的内区。

从 S-C 变换式（3.107），得等式两端的辐角为

$$\arg(\mathrm{d}z)-\arg(\mathrm{d}\zeta)=\lambda+\left(\frac{\alpha}{\pi}-1\right)\arg(\zeta-a)+\left(\frac{\beta}{\pi}-1\right)\arg(\zeta-b)+\left(\frac{\gamma}{\pi}-1\right)\arg(\zeta-c)+\cdots \tag{a}$$

当 ζ 由 a_2 向 b_1 移动时，$\mathrm{d}\zeta$ 的辐角保持为 0，即 $\arg(\mathrm{d}\zeta)=0$。$(\zeta-a)$ 应有实的正值，因此 $\arg(\zeta-a)=0$。而所有 $(\zeta-b)$、$(\zeta-c)\cdots$ 均为实的负值，因此 $\arg(\zeta-b)=\arg(\zeta-c)=\cdots=\pi$。于是在 $a_2 b_1$ 这一段实轴上，式（a）为

$$\arg(\mathrm{d}z)=\lambda+(\beta-\pi)+(\gamma-\pi)+\cdots=\mathrm{const.} \tag{b}$$

说明 $A_2 B_1$ 为 z 平面上的一条直线，其辐角为常数。依同理，当 ζ 从 b_2 向 c_1 移动可得

$$\arg(\mathrm{d}z)=\lambda+(\gamma-\pi)+\cdots=\mathrm{const.} \tag{c}$$

说明 z 平面上 B_2C_1 为一条直线。

B_2C_1 直线与 A_2B_1 直线之间的夹角应由式 (c) 减式 (b) 得到，即 $-(\beta-\pi)=\pi-\beta$，这就证明了当 ζ 由 b_1 移动到 b_2，z 平面的直线折转了 $(\pi-\beta)$ 角度。

由 b_1 至 b_2，在 ζ 平面上是经过小的半圆，如图 3.22 所示。令

$$\zeta-b=\varepsilon\,\mathrm{e}^{\mathrm{i}\theta} \tag{d}$$

则

$$\mathrm{d}\zeta=\varepsilon\,\mathrm{e}^{\mathrm{i}\theta}\cdot\mathrm{i}\mathrm{d}\theta$$

当 $\zeta\to b$，$\varepsilon\to 0$，由式 (3.107) 得

$$\frac{\mathrm{d}z}{\mathrm{i}\varepsilon\,\mathrm{e}^{\mathrm{i}\theta}\mathrm{d}\theta}=\sigma\mathrm{e}^{\mathrm{i}\lambda}(b-a)^{\frac{\alpha}{\pi}-1}\varepsilon^{\frac{\beta}{\pi}-1}\mathrm{e}^{\mathrm{i}\theta\left(\frac{\beta}{\pi}-1\right)}(b-c)^{\frac{\gamma}{\pi}-1}\cdots$$

$$\mathrm{d}z=\mathrm{i}\,\sigma\mathrm{e}^{\mathrm{i}(\lambda+\theta)}\varepsilon^{\frac{\beta}{\pi}}\mathrm{e}^{\mathrm{i}\theta\left(\frac{\beta}{\pi}-1\right)}(b-a)^{\frac{\alpha}{\pi}-1}(b-c)^{\frac{\gamma}{\pi}-1}\cdots\mathrm{d}\theta=\mathrm{i}\varepsilon^{\frac{\beta}{\pi}}\mathrm{e}^{\mathrm{i}\lambda}\mathrm{e}^{\mathrm{i}\theta\frac{\beta}{\pi}}E\mathrm{d}\theta \tag{e}$$

其中

$$E=\sigma(b-a)^{\frac{\alpha}{\pi}-1}(b-c)^{\frac{\gamma}{\pi}-1}\cdots$$

对式 (e) 积分得

$$z=\frac{\pi}{\beta}\varepsilon^{\frac{\beta}{\pi}}\mathrm{e}^{\mathrm{i}\left(\theta\frac{\beta}{\pi}+\lambda\right)}E+z_1 \tag{f}$$

z_1 为积分常数。此外，因为 β 角为正，当 $\varepsilon\to 0$，$z\to z_1$，即 z_1 点对应于直线 A_2B_1 与 B_2C_1 的交点 B。由此可见 S-C 变换使 ζ 平面实轴上的点 a、b、c…对应于 z 平面多边形的顶点 A、B、C…点，多边形的内角为 α、β、γ…。由式 (f) 得

$$\arg(z-z_1)=\lambda+\theta\frac{\beta}{\pi}+\arg E$$

在 ζ 平面沿半圆周移动，例如由 b_1 到 b_2，则 θ 由 π 减到 0，$\arg(z-z_1)$ 的值则减小了 β。由于 z 平面上是简单多边形，z 点由 B_1 沿内角 β 移到 B_2，$\arg(z-z_1)$ 减小了 β，证明 ζ 平面的上半平面对应多边形的内区。

对式 (3.107) 积分，可得 S-C 变换式的如下形式

$$z=kg(\zeta)+z_0 \tag{3.108}$$

其中，$k=\sigma\mathrm{e}^{\mathrm{i}\lambda}$，$z_0$ 是一个复数，它可以确定 z 平面上坐标原点，换句话说，通过适当选取 z 平面的坐标原点也可以消去 z_0。σ 为一实常数，它可以改变多边形的比尺，而 λ 的变化会引起多边形方位的变化。由此得到，对应于给定值 a、b、c…和 α、β、γ…的所有多边形是彼此相似的。a、b、c 等 n 个常数中有三个是可以任意选取的，一般选为 -1、0、1，而其余的实常数则决定于多边形的形状。

当多边形的一个顶点对应于 ζ 平面实轴上无穷远点的情形，例如 a 点趋于 $-\infty$，当 $k=\sigma\mathrm{e}^{\mathrm{i}\lambda}(-a)^{-\frac{\alpha}{\pi}+1}$ 时，由式 (3.107) 得

$$\frac{\mathrm{d}z}{\mathrm{d}\zeta}=\sigma\mathrm{e}^{\mathrm{i}\lambda}(-a)^{-\frac{\alpha}{\pi}+1}(\zeta-a)^{\frac{\alpha}{\pi}-1}(\zeta-b)^{\frac{\beta}{\pi}-1}\cdots$$

当 $a\to-\infty$，$(-a)^{-\frac{\alpha}{\pi}+1}(\zeta-a)^{\frac{\alpha}{\pi}-1}=\left(\dfrac{\zeta-a}{-a}\right)^{\frac{\alpha}{\pi}-1}\to+1$ 时，式 (3.107) 变为

$$\frac{dz}{d\zeta}=\sigma e^{i\lambda}(\zeta-b)^{\frac{\beta}{\pi}-1}(\zeta-c)^{\frac{\gamma}{\pi}-1}\cdots \tag{3.109}$$

由此可见，对应于 $a=-\infty$ 的因子 $(\zeta-a)^{\frac{\alpha}{\pi}-1}$ 在变换式中消失，并且变换式中不出现 α 角。

3. S-C 变换举例

这里以突出边界的绕流为例说明 S-C 变换的应用。设边壁有一个突出物，突出长度为 L，如图 3.23（a）所示，理论分析只限于突出边界后面不发生脱离的情况，该情况类似于建筑物基础中地下水绕板桩流动。

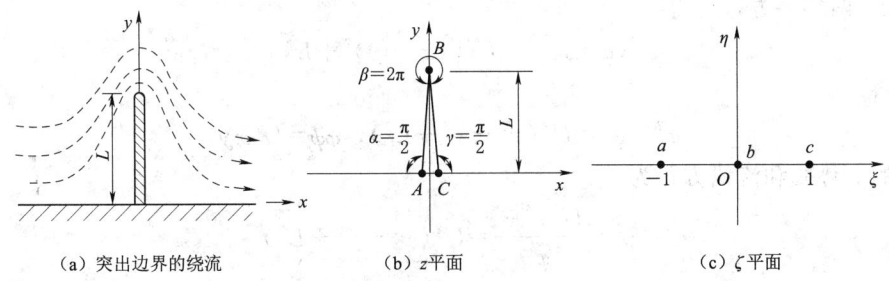

(a) 突出边界的绕流　　(b) z 平面　　(c) ζ 平面

图 3.23　突出边界绕流的 S-C 变换

该突出边界在 z 平面上如图 3.23（b）所示。沿 x 轴由 $-\infty$ 至 A，再沿平板 AB、BC，然后由 C 至 $+\infty$ 是一条零流线。A、B、C 三点在 ζ 平面上可任选为位于 $\zeta=-1$、0、1 的 a、b、c 三点与之对应。图中 $\alpha=\frac{\pi}{2}$，$\beta=2\pi$，$\gamma=\frac{\pi}{2}$，因此 S-C 变换式为

$$\frac{dz}{d\zeta}=k(\zeta+1)^{-\frac{1}{2}}(\zeta-0)^{1}(\zeta-1)^{-\frac{1}{2}}$$

化简得

$$\frac{dz}{d\zeta}=k\frac{\zeta}{\sqrt{\zeta^2-1}} \tag{a}$$

积分后得

$$z=k\sqrt{\zeta^2-1}+z_0 \tag{b}$$

式中：z_0 为积分常数，是一复数。

由 A、B、C 与 a、b、c 的对应关系可求 k 与 z_0，它们是当 $\zeta=1$、$z=0$ 时 $z_0=0$；当 $\zeta=-1$、$z=0$ 时 $z_0=0$；当 $\zeta=0$、$z=iL$ 时，$z_0=0$，$k=L$，于是变换式为

$$z=L\sqrt{\zeta^2-1} \tag{c}$$

在 ζ 平面中流动为均匀直线流动。当 $\zeta\to\infty$ 时，$z\to L\zeta$，因此 $\frac{dz}{d\zeta}=L$，所以在无穷远处 $\frac{dF(\zeta)}{d\zeta}=L\frac{df(z)}{dz}$，在 z 平面上流速 U 相应于在 ζ 平面流速为 LU。ζ 平面均匀流的复势为

$$F(\zeta)=LU\zeta \tag{d}$$

由式（c）可得

$$\zeta = \pm\sqrt{\left(\frac{z}{L}\right)^2 + 1} \tag{e}$$

由于要使 $\zeta \to \infty$，$z \to \infty$，因此必须取"＋"号，即

$$\zeta = \sqrt{\left(\frac{z}{L}\right)^2 + 1} \tag{f}$$

代入式（d）得 z 平面的复势为

$$f(z) = U\sqrt{z^2 + L^2} \tag{g}$$

由式（g）两端平方，可得

$$(\varphi + \mathrm{i}\psi)^2 = U^2[(x+\mathrm{i}y)^2 + L^2]$$

展开后得

$$\varphi^2 - \psi^2 = U^2(x^2 - y^2 + L^2), \quad \varphi\psi = U^2 xy$$

则流动的等势线和流线方程为

$$\varphi^2 - \frac{U^4 x^2 y^2}{\varphi^2} = U^2(x^2 - y^2 + L^2)$$

$$\frac{U^4 x^2 y^2}{\psi^2} - \psi^2 = U^2(x^2 - y^2 + L^2)$$

第 4 章 黏性流体运动

实际流体（黏性流体）具有黏性，只有当黏性力比惯性力小得很多时，才可忽略黏性影响而视流体为"理想流体"（非黏性流体）。在某些情况下，我们可以将有黏性的实际流体近似按无黏性的理想流体来处理，所得结果与实际结果相符。但当我们研究与黏性或与能量耗损有关的流动现象时，就不能忽略流体的黏性，应按实际流体（黏性流体）处理。本章介绍黏性流体运动的基本方程以及若干典型流动的求解方法。

4.1 基本方程及求解途径

4.1.1 基本方程

1. 连续性方程

对于均质不可压缩的流体，认为密度为不变量，则连续性方程按式（2.6a）的形式为

$$\frac{\partial u_x}{\partial x}+\frac{\partial u_y}{\partial y}+\frac{\partial u_z}{\partial z}=0 \tag{4.1}$$

2. 运动方程

不可压缩黏性流体的运动微分方程，即 N-S 方程，按式（2.14e）的形式为

$$\left.\begin{aligned}\frac{\mathrm{d}u_x}{\mathrm{d}t}&=f_x-\frac{1}{\rho}\frac{\partial p}{\partial x}+\nu\nabla^2 u_x\\ \frac{\mathrm{d}u_y}{\mathrm{d}t}&=f_y-\frac{1}{\rho}\frac{\partial p}{\partial y}+\nu\nabla^2 u_y\\ \frac{\mathrm{d}u_z}{\mathrm{d}t}&=f_z-\frac{1}{\rho}\frac{\partial p}{\partial z}+\nu\nabla^2 u_z\end{aligned}\right\} \tag{4.2a}$$

用流体动力黏滞系数 μ 代替运动黏滞系数 ν，$\nu=\mu/\rho$，则式（4.2a）可化为

$$\left.\begin{aligned}\rho\frac{\mathrm{d}u_x}{\mathrm{d}t}&=\rho f_x-\frac{\partial p}{\partial x}+\mu\nabla^2 u_x\\ \rho\frac{\mathrm{d}u_y}{\mathrm{d}t}&=\rho f_y-\frac{\partial p}{\partial y}+\mu\nabla^2 u_y\\ \rho\frac{\mathrm{d}u_z}{\mathrm{d}t}&=\rho f_z-\frac{\partial p}{\partial z}+\mu\nabla^2 u_z\end{aligned}\right\} \tag{4.2b}$$

式（4.2b）中的质量力 f_x、f_y、f_z 一般就是重力，故用 g_x、g_y、g_z 代替，式（4.2b）改写为

$$\left.\begin{array}{l}\rho \dfrac{\mathrm{d}u_x}{\mathrm{d}t}=\rho g_x-\dfrac{\partial p}{\partial x}+\mu\nabla^2 u_x\\[4pt] \rho \dfrac{\mathrm{d}u_y}{\mathrm{d}t}=\rho g_y-\dfrac{\partial p}{\partial y}+\mu\nabla^2 u_y\\[4pt] \rho \dfrac{\mathrm{d}u_z}{\mathrm{d}t}=\rho g_z-\dfrac{\partial p}{\partial z}+\mu\nabla^2 u_z\end{array}\right\} \quad (4.2\mathrm{c})$$

在求解问题时，如果压强不是边界条件，则可把质量力合并在压强项中，即定义一个修正压强 $p_r = p + \rho g z$，z 为垂直向上的坐标。但为简单起见，仍用 p 代表修正压强。则运动方程可简化为

$$\left.\begin{array}{l}\rho \dfrac{\mathrm{d}u_x}{\mathrm{d}t}=-\dfrac{\partial p}{\partial x}+\mu\nabla^2 u_x\\[4pt] \rho \dfrac{\mathrm{d}u_y}{\mathrm{d}t}=-\dfrac{\partial p}{\partial y}+\mu\nabla^2 u_y\\[4pt] \rho \dfrac{\mathrm{d}u_z}{\mathrm{d}t}=-\dfrac{\partial p}{\partial z}+\mu\nabla^2 u_z\end{array}\right\} \quad (4.2\mathrm{d})$$

3. 边界条件和初始条件

(1) 边界条件。

1) 固定边界：在固定边界上要满足黏附条件，即各流速分量都应等于 0，即

$$u_x = u_y = u_z = 0$$

2) 运动边界：若边界是运动的，在边界上应满足流体速度与固体边界速度相等，即

$$V_\text{流} = V_\text{固}$$

3) 自由表面：自由表面边界应满足 $p = p_0$；$\tau = 0$。

(2) 初始条件。对非恒定流动，在初始时刻 $t=0$ 时，各处的流速应等于给定值，即

$$t=0,\ u_x=u_{x0}(x,y,z),\ u_y=u_{y0}(x,y,z),\ u_z=u_{z0}(x,y,z)$$

4.1.2 求解途径

N-S 方程中的压力项及黏性项都是线性的，而惯性项是非线性的，因而方程组是一个二阶非线性偏微分方程组，目前还没有普遍的求解方法。现有的求解途径可分为三类：解析解（准确解）、近似解和数值解。

1. 解析解

只有在某些特殊流动情况下，例如当非线性项为 0 时，可以求得精确解析解。但是具有精确解的情况为数不多。

2. 近似解

黏性流动，在雷诺数很小和很大的两种极端情况下，略去方程中某些次要项，得到近似方程，求其近似解。

(1) 小雷诺数情况，流动中的惯性项较黏性项小很多，从而可以忽略惯性项得到线性的运动方程。

（2）大雷诺数情况，黏性影响只限于贴近物体的一薄层内，这一薄层即为边界层。这是大雷诺数黏性流动的一个极为重要的特性。边界层之外按势流运动求解，边界层附近流动按边界层求解。

3. 数值解

利用数值方法直接求解，随着数值方法及计算机的发展，这是一种非常有效的途径。

4.1.3 黏性流体运动的基本性质

从 N-S 方程可以得出黏性流体运动的普遍特性：运动的有旋性、机械能量的耗损性、涡量的扩散性。

1. 运动的有旋性

理想流体运动可以是无旋的，也可以是有旋的。当质量力有势，流体是正压的条件下，如果初始时刻运动是无旋的，以后各个时刻运动一直保持无旋。在恒定运动时，如果在某一截面上（如无穷远处）运动是无旋的，则整个流场都是无旋的。这是因为理想流体无旋运动的解可以满足 N-S 方程。但是在不可压缩黏性流体中，固定边界应满足无滑移边界条件。除极个别的无界流动，要同时满足 N-S 方程和无滑移边界条件的无旋流动的解是不存在的。因此，不可压缩黏性流体的运动一般不可能是无旋的，至少在边界附近是有旋的。

2. 机械能量的耗损性

由能量方程可知，黏性不可压缩流体在运动中，由于黏性应力的存在，质量力和表面力所做的功只有一部分变成动能，而另外一部分则用来改变流体的内能，即用来改变流体的体积（对可压缩流体而言）及其形状，使其产生变形，从而改变流动的温度，也就是机械能量的耗散。如果流体中没有任何变形，只有平移和旋转，则机械能就没有损耗，所以机械能与变形有密切关系。

3. 涡量的扩散性

黏性流体运动总是有旋的，而且涡旋不守恒，它可以产生、发展、衰减或消失。此外，涡旋还具有扩散性，即由涡旋强度大的地方向涡旋强度小的地方扩散，最终涡旋强度分布达到均衡。黏性流动中的涡量像温度不同的介质中的热量一样在介质中扩散。

4.2 黏性流体运动的解析解

在少数的情况下，黏性流动的基本方程组可以有解析解。这是由于流动条件简单，可以给出质点的运动轨迹，从而可以将运动方程简化，并求得方程的解。对于平行流动（parallel flow），由于质点的运动轨迹是平直的直线，因此可以将方程组简化，求其解析解。下面对此类平行流动进行研究，并给出几种典型流动的解析解。

设某一平行流动沿 x 轴正方向流动，三个坐标方向的分速度分别为 u_x、u_y、u_z，其流动应符合连续性方程式（4.1）和运动方程式（4.2a），方程组写为如下形式：

$$\frac{\partial u_x}{\partial x} + \frac{\partial u_y}{\partial y} + \frac{\partial u_z}{\partial z} = 0$$

$$\left.\begin{aligned}\frac{\partial u_x}{\partial t}+u_x\frac{\partial u_x}{\partial x}+u_y\frac{\partial u_x}{\partial y}+u_z\frac{\partial u_x}{\partial z}&=-\frac{1}{\rho}\frac{\partial p}{\partial x}+\nu\nabla^2 u_x\\ \frac{\partial u_y}{\partial t}+u_x\frac{\partial u_y}{\partial x}+u_y\frac{\partial u_y}{\partial y}+u_z\frac{\partial u_y}{\partial z}&=-\frac{1}{\rho}\frac{\partial p}{\partial y}+\nu\nabla^2 u_y\\ \frac{\partial u_z}{\partial t}+u_x\frac{\partial u_z}{\partial x}+u_y\frac{\partial u_z}{\partial y}+u_z\frac{\partial u_z}{\partial z}&=-\frac{1}{\rho}\frac{\partial p}{\partial z}+\nu\nabla^2 u_z\end{aligned}\right\} \quad (4.3)$$

因流动沿 x 轴正方向,显然有 $u_y=u_z=0$。因此,连续性方程式(4.1)简化为

$$\frac{\partial u_x}{\partial x}=0$$

说明速度分量 u_x 在 x 方向不发生变化,并且 $u_x=u_x(y,z,t)$。

运动方程式(4.3)中的第二式和第三式简化为

$$0=-\frac{1}{\rho}\frac{\partial p}{\partial y}$$

$$0=-\frac{1}{\rho}\frac{\partial p}{\partial z}$$

上两式说明,压强 p 只是 x 的函数,即 $p=p(x)$。运动方程式(4.3)中的第一式简化为

$$\frac{\partial u_x}{\partial t}=-\frac{1}{\rho}\frac{\partial p}{\partial x}+\nu\left(\frac{\partial^2 u_x}{\partial y^2}+\frac{\partial^2 u_x}{\partial z^2}\right) \quad (4.4)$$

式(4.4)为 u_x 的二阶偏微分方程。因此,求解这类平行流动问题归结为求解方程式(4.4)。

当所考虑的问题中运动是恒定的,则式(4.4)可变为

$$\frac{1}{\rho}\frac{\partial p}{\partial x}=\nu\left(\frac{\partial^2 u_x}{\partial y^2}+\frac{\partial^2 u_x}{\partial z^2}\right) \quad (4.5)$$

等式右边是 y、z 的函数,等式左边是 x 的函数,两者相等的唯一可能是等于常数,说明流动方向的压强降落是一个常数。式(4.5)可写为

$$\frac{\partial^2 u_x}{\partial y^2}+\frac{\partial^2 u_x}{\partial z^2}=\frac{1}{\mu}\frac{\partial p}{\partial x}=\text{const.} \quad (4.6)$$

式(4.6)即为泊松(Poisson)方程。因此,求解这类恒定流动问题归结为求解这个泊松方程。

4.2.1 两平行平板间的层流

首先讨论两平行平板间流体的恒定运动。如图 4.1(a)所示,上下两平行平板间充满了黏度为 μ 的不可压缩流体,两平板间距离为 $2h$。下平板固定,上平板以速度 U 相对于下平板运动,并带动流体流动;取 x 轴方向与平板运动方向一致,y 轴垂直于平板,坐标原点位于两板中间。此时,流体速度只有 x 方向的分量 u_x,而且 $u_x=u_x(y)$,在其余两轴上的速度分量为 0。

由式(4.6)得

$$\frac{\mathrm{d}^2 u_x}{\mathrm{d} y^2}=\frac{1}{\mu}\frac{\mathrm{d} p}{\mathrm{d} x}=\text{const.} \quad (4.7)$$

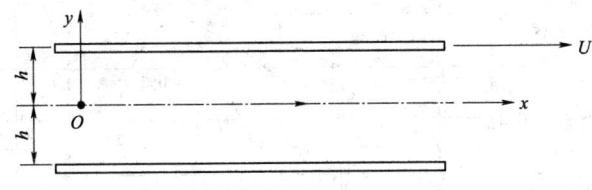
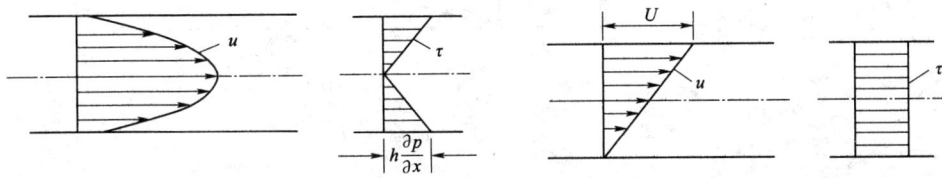

(a) 平板位置和运动

(b) 流速分布和切应力分布（由压缩梯度引起）　　(c) 流速分布和切应力分布（由上板相对运动引起）

图 4.1　两平行板间的层流

积分式（4.7）得

$$u_x = \frac{1}{2\mu}\frac{\mathrm{d}p}{\mathrm{d}x}y^2 + C_1 y + C_2$$

考虑边界条件：$y=-h$，$u_x=0$；$y=h$，$u_x=U$，代入上式，得积分常数

$$C_1 = \frac{1}{2h}U, \quad C_2 = \frac{1}{2}U - \frac{1}{2\mu}\frac{\mathrm{d}p}{\mathrm{d}x}h^2$$

将积分常数回代，得流速分布为

$$u_x = -\frac{1}{2\mu}\frac{\mathrm{d}p}{\mathrm{d}x}(h^2 - y^2) + \frac{1}{2}\frac{y}{h}U + \frac{1}{2}U \tag{4.8}$$

式（4.8）等式右边第一项为由于压强差所产生的抛物线形的流速分布 [图 4.1（b）]，后两项系上平板拖动引起的直线流速分布。说明流速为两部分叠加而成。

将式（4.8）写成无量纲形式：

$$\frac{u_x}{U} = \frac{h^2}{2\mu U}\frac{\mathrm{d}p}{\mathrm{d}x}\left(1 - \frac{y^2}{h^2}\right) + \frac{1}{2}\left(1 + \frac{y}{h}\right)$$

设 $P = -\frac{h^2}{\mu U}\frac{\mathrm{d}p}{\mathrm{d}x}$ 表示压力梯度的无量纲数，则上式改写为

$$\frac{u_x}{U} = \frac{P}{2}\left(1 - \frac{y^2}{h^2}\right) + \frac{1}{2}\left(1 + \frac{y}{h}\right) \tag{4.9}$$

对式（4.9）取不同 P 值，其结果示于图 4.2。当 $P>0$ 时，即 $\frac{\mathrm{d}p}{\mathrm{d}x}<0$，压强沿流动方向逐渐降低，称为顺压梯度（favourable pressure gradient），各处速度均为正。当 $P<0$ 时，即 $\frac{\mathrm{d}p}{\mathrm{d}x}>0$，压强沿流动方向增大，称为逆压梯度（adverse pressure gradient），则在静止壁面附近可能产生倒流。当 $P=0$ 时，即 $\frac{\mathrm{d}p}{\mathrm{d}x}=0$，不存在压强梯度，流速为线性分布，流动只是由上平板带动而引起的。

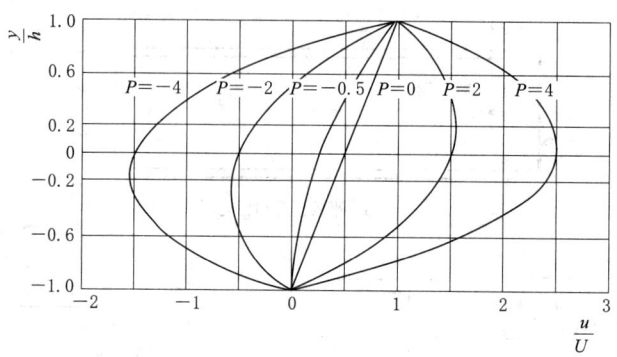

图 4.2 两平行板间的流速分布[2]

根据黏性流体切应力公式 $\tau = \mu \dfrac{du_x}{dy}$，将式（4.8）对 y 求导，得两平行板间流动中切应力的表达式为

$$\tau = \frac{dp}{dx}y + \frac{\mu}{2h}U \tag{4.10}$$

式（4.10）表明，τ 由两部分组成：一部分是由压强梯度引起，相应于抛物线速度分布的切应力，沿 y 方向呈线性分布 [图 4.1（b）]；另一部分是由上平板移动引起的，相应于直线流速分布的切应力，为一常数 [图 4.1（c）]。

设两平板间单位宽度的流量为 q，对式（4.8）积分得

$$q = \int_{-h}^{+h} u_x dy = -\frac{2}{3\mu}\frac{dp}{dx}h^3 + Uh \tag{4.11}$$

式（4.11）表明，流量由压差引起的流量和平板平移引起的流量两部分组成。

断面平均速度为

$$v = \frac{q}{2h} = -\frac{1}{3\mu}\frac{dp}{dx}h^2 + \frac{1}{2}U \tag{4.12}$$

对于两平行的无限平板间的定常流动，当 $\dfrac{dp}{dx}=0$，即流动仅由上平板移动引起的，通常称为简单剪切流动（simple shear flow），有时亦称这种流动为库埃特流（Couette flow）。严格地讲，库埃特流应指两个共轴转桶间的流动。

4.2.2 泊肃叶流

下面继续讨论两平板间的流动。与上节所述情况不同之处在于，流体的运动不是由平板运动引起的，而是由沿 x 方向的压强梯度推动的，通常称这种流动为泊肃叶流（Poiseuille flow）。设两平行平板均固定不动，两平板间充满了黏度为 μ 的不可压缩流体，流动方向为 x 轴，原点放于两板中间，两平板间距离为 $2h$，如图 4.3 所示。

将 $U=0$ 代入式（4.8）得流速分布

$$u_x = -\frac{1}{2\mu}\frac{dp}{dx}(h^2 - y^2) \tag{4.13}$$

式（4.13）说明，由压强差引起的流速是抛物线分布。则平均流速为

$$v = \frac{1}{2h}\int_{-h}^{+h} u_x \mathrm{d}y = -\frac{h^2}{3\mu}\frac{\mathrm{d}p}{\mathrm{d}x} \quad (4.14)$$

两平板间单位宽度的流量为

$$q = 2hv = -\frac{2h^3}{3\mu}\frac{\mathrm{d}p}{\mathrm{d}x} \quad (4.15)$$

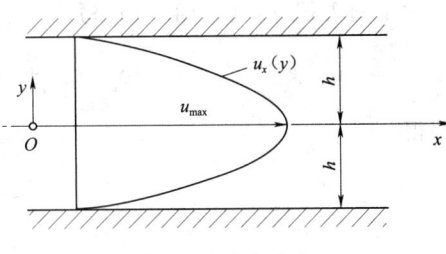

图 4.3　泊肃叶流

两平行板间流动中切应力的表达式为

$$\tau = \frac{\mathrm{d}p}{\mathrm{d}x} y \quad (4.16)$$

因此，最大的切应力发生在边壁处，即

$$\tau_0 = \pm h \frac{\mathrm{d}p}{\mathrm{d}x} \quad (4.17)$$

由式（4.15）可得流动所必需的压力梯度为

$$\frac{\mathrm{d}p}{\mathrm{d}x} = -3\mu \frac{v}{h^2} \quad (4.18)$$

阻力系数为

$$C_f = \frac{|\tau_0|}{\frac{1}{2}\rho v^2} = \frac{2h}{\rho v^2}\left|\frac{\mathrm{d}p}{\mathrm{d}x}\right| = \frac{2h}{\rho v^2}\left|-3\mu\frac{v}{h^2}\right| = \frac{6}{Re} \quad (4.19)$$

将式（4.19）阻力系数 C_f 和雷诺数 Re 的关系绘于双对数坐标中，C_f 和 Re 呈直线关系。

直线的运动轨迹、抛物线的流速分布、阻力系数 C_f 和 Re 在双对数坐标的直线关系等是泊肃叶流的主要特点，这些特点在其他边界固定的层流运动中，具有普遍意义。

4.2.3　哈根-泊肃叶流

平行流动中的另一典型是长圆管中的恒定流，这种流动由沿流动方向的压强梯度推动，通常称为哈根-泊肃叶流（Hagen - Poiseuille flow）。令 x 轴与管道轴线重合，用 D 和 R 分别表示管道的直径和半径，如图 4.4 所示。采用圆柱坐标系，$u_r = 0$，$u_\theta = 0$，只有 x 方向的流速 $u_x = u(r, \theta)$。

将式（4.6）改成圆柱坐标表示，即

$$\frac{\partial^2 u_x}{\partial r^2} + \frac{1}{r}\frac{\partial u_x}{\partial r} + \frac{1}{r^2}\frac{\partial^2 u_x}{\partial \theta^2} = \frac{1}{\mu}\frac{\partial p}{\partial x} \quad (4.20)$$

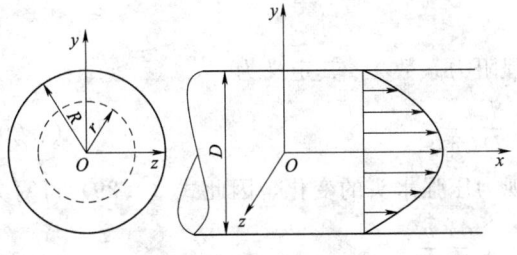

图 4.4　圆管中的层流

在圆管流动中，流动系轴对称，故 $\frac{\partial u_x}{\partial \theta} = 0$。所以，式（4.20）可简化为

$$\frac{\mathrm{d}^2 u_x}{\mathrm{d}r^2} + \frac{1}{r}\frac{\mathrm{d}u_x}{\mathrm{d}r} = \frac{1}{\mu}\frac{\partial p}{\partial x} \quad (4.21)$$

边界条件为：当 $r = R$，即在管壁处，$u_x = 0$。

为了便于积分，将 (4.21) 写成

$$\frac{1}{r}\frac{d}{dr}\left(r\frac{du_x}{dr}\right)=\frac{1}{\mu}\frac{\partial p}{\partial x} \tag{4.22}$$

积分得

$$\frac{du_x}{dr}=\frac{r}{2\mu}\frac{\partial p}{\partial x}+\frac{C_1}{r}$$

则

$$u_x=\frac{r^2}{4\mu}\frac{\partial p}{\partial x}+C_1\ln r+C_1$$

当 $r=0$ 时，如 $C_1\neq 0$，则 u_x 将为无穷大，当然这是不可能的。所以 $C_1=0$。再应用上述边界条件，可得 $C_2=-\frac{R^2}{4\mu}\frac{\partial p}{\partial x}$。最后得圆管层流的流速分布为

$$u_x=-\frac{1}{4\mu}\frac{\partial p}{\partial x}(R^2-r^2) \tag{4.23}$$

式 (4.23) 表明，圆管层流动流速按抛物线分布，与两板间流动的流速分布规律相同。

断面平均流速为

$$v=\frac{1}{\pi R^2}\int_0^R u_x\cdot 2\pi r\,dr=-\frac{R^2}{8\mu}\frac{\partial p}{\partial x} \tag{4.24}$$

最大流速发生在管轴处，将 $r=0$ 代入式 (4.23)，则最大流速为

$$u_{\max}=\frac{R^2}{4\mu}\left(-\frac{\partial p}{\partial x}\right)=2v \tag{4.25}$$

式 (4.25) 表明，平均流速 v 是管轴处最大流速 $u_{\max}$ 的一半。

黏性流体切应力为

$$\tau=\mu\frac{du_x}{dr}=\frac{r}{2}\frac{\partial p}{\partial x} \tag{4.26}$$

流量为

$$Q=\int_0^R 2\pi r u_x\,dr=2\pi\int_0^R u_x r\,dr=\frac{\pi R^4}{8\mu}\left(-\frac{\partial p}{\partial x}\right) \tag{4.27}$$

根据式 (4.19) 阻力系数 C_f 的定义，把式 (4.26) 及式 (4.24) 代入，则

$$C_f=\frac{|\tau_0|}{\frac{1}{2}\rho v^2}=\frac{16}{\frac{\rho v D}{\mu}}=\frac{16}{Re} \tag{4.28}$$

其中，雷诺数 $Re=\frac{\rho v D}{\mu}=\frac{vD}{\nu}$，$D$ 为管径。

在工程中，通常采取另外一种形式的沿程阻力系数 λ，其定义为

$$h_f=\lambda\frac{l}{D}\frac{v^2}{2g} \tag{4.29}$$

对于水平放置的管道，沿程水头损失主要表现为压强水头的变化，因此式 (4.29) 可写为

$$-d\left(\frac{p}{\rho g}\right)=\lambda\frac{dx}{D}\frac{v^2}{2g}$$

$$-\frac{dp}{dx} = \lambda \frac{1}{D} \frac{\rho v^2}{2g}$$

将式（4.24）的断面平均流速代入上式，得

$$\lambda = \frac{64}{Re} \tag{4.30}$$

比较式（4.28）和式（4.30），得 $\lambda = 4C_f$。图 4.5 表明 λ 的理论值与实验值符合较好。

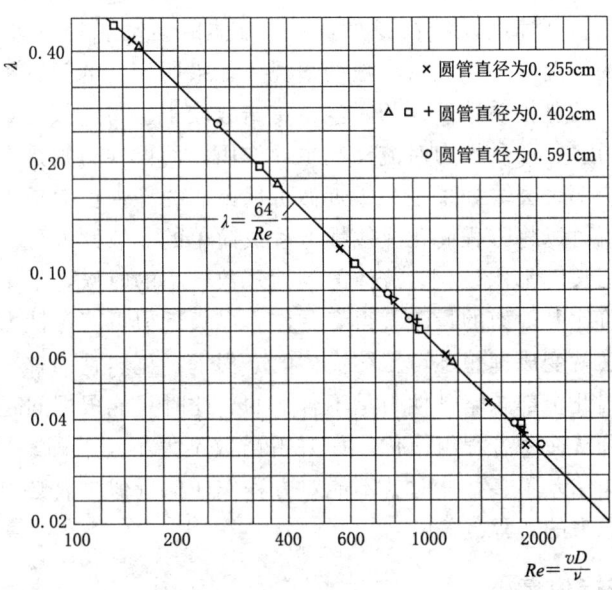

图 4.5 λ 的理论值 $\left(\lambda = \frac{64}{Re}\right)$ 与实验值（不同圆管直径下的实测值）比较[13]

上述的分析结果只在小雷诺数的情况下，即圆管流动为层流（$Re<2300$）时适用。为了在圆管中维持上述的层流运动，除了雷诺数小于临界雷诺数外，还要求离开圆管进口有一定距离。因为流体进入圆管后，需要一段距离使流动调整到适合圆管条件。关于进口段长度，黏性流体力学的专著中有详细讨论，这里不再赘述。根据布辛涅斯克 Boussinesq（1891）及 Tapr（1951）的分析，进口段长度为 $(0.08 \sim 0.13)R$，R 为圆管半径。

比较哈根-泊肃叶流（圆管层流）与泊肃叶流（两固定平行平板间层流），可以看到两种流动有相同规律，如两者的流速分布都是抛物线型，阻力系数都与雷诺数成反比。

4.3 小雷诺数流动的近似解

不可压缩黏性流体方程组的复杂性在于惯性力一项是非线性的，而数学上求解一个非线性方程组是很困难的。对于某些简单的流动问题，根据流动的特点，忽略惯性项使非线性方程化为线性方程，可以得出准确解。但是，对于实际工程中经常遇到的比较复杂的流动问题，必须求解原始的非线性方程，因其复杂性难以求出准确解，所以往往采用近似方

法求解。所谓近似方法就是根据问题的特点，抓住现象发生的主要方面而忽略其次要方面，从而实现方程组或边界条件的简化。

在不可压缩黏性流体中出现在运动方程中一共有三种力，即惯性力、压差力及黏性力（重力可以忽略不计，或考虑在压差力中）。压差力是受惯性力及黏性力制约的反作用力，起平衡作用。所以实际上起主导作用的就只是两种力：惯性力和黏性力。表示这两种力之间的关系的特征参数是雷诺数 $Re=VL/\nu$，表征惯性力和黏性力之比，其中 V 和 L 分别是所研究问题中的特征速度及特征长度，ν 是流体的运动黏性系数。这里存在两个极端：一是小雷诺数的情况，一是大雷诺数的情况。如果所研究的问题中，特征速度和特征长度都比较小，流体的黏性系数较大的时候，雷诺数较小。雷诺数小意味着黏性力的量级比惯性力的量级大得多，即黏性力对流动起主导作用，而惯性力则是次要因素，作为零级近似可以将惯性力全部舍去。如果是一级近似可保留非线性惯性力项中的主要部分而将次要部分略去，这样就可以将方程简化成线性方程或简单的非线性方程。如果所研究的问题中，特征速度和特征长度都比较大，流体的黏性系数较小的时候，雷诺数较大。雷诺数大则表示惯性力的量阶比黏性力的量阶大得多，作为零级近似可将黏性力全部去掉，但是如果将黏性力全部略去就变成理想不可压缩流体的方程了，显然它的解一般说来不能满足黏附性的边界条件，因此全部忽略黏性力是不合适的。此时只能根据问题的特点忽略黏性力项中的某些次要部分从而将方程组简化。如果雷诺数不大不小，即黏性项和惯性项同阶，它们对流动所起的作用差不多，此时就不能对方程作任何近似，而必须从其他途径出发简化问题或者直接解原来的方程。

4.3.1 斯托克斯近似解

不可压缩黏性流体的运动微分方程，即 N-S 方程［式（4.2b）］为

$$\left.\begin{array}{l}\rho\dfrac{\mathrm{d}u_x}{\mathrm{d}t}=\rho f_x-\dfrac{\partial p}{\partial x}+\mu\,\nabla^2 u_x\\[4pt]\rho\dfrac{\mathrm{d}u_y}{\mathrm{d}t}=\rho f_y-\dfrac{\partial p}{\partial y}+\mu\,\nabla^2 u_y\\[4pt]\rho\dfrac{\mathrm{d}u_z}{\mathrm{d}t}=\rho f_z-\dfrac{\partial p}{\partial z}+\mu\,\nabla^2 u_z\end{array}\right\}$$

因流动雷诺数很小，惯性力可以忽略，上述 N-S 方程可以简化。首先将其写成无量纲的形式。为此，设 V、L、T、P、g 为特征速度、特征长度、特征时间、特征压强及特征加速度，则 $u_x=u_x^0 V$，$x=x^0 L$，$t=t^0 T$，$p=p^0 P$，$f_x=f_x^0 g$ …其中变量符号右上角标注"^{0}"者表示该量的无量纲量。将这些代入式（4.2b）的第一式，得到

$$\dfrac{V}{T}\dfrac{\partial u_x^0}{\partial t^0}+V\dfrac{V}{L}\left(u_x^0\dfrac{\partial u_x^0}{\partial x^0}+u_y^0\dfrac{\partial u_x^0}{\partial y^0}+u_z^0\dfrac{\partial u_x^0}{\partial z^0}\right)=gf_x^0-\dfrac{P}{\rho L}\dfrac{\partial p^0}{\partial x^0}+\dfrac{V}{\rho L^2}\mu\nabla^2 u_x^0$$

同理，式（4.2b）的第二式、第三式可得类似方程。将上式各项均除以 V^2/L，则得

$$\dfrac{L}{VT}\dfrac{\partial u_x^0}{\partial t^0}+u_x^0\dfrac{\partial u_x^0}{\partial x^0}+u_y^0\dfrac{\partial u_x^0}{\partial y^0}+u_z^0\dfrac{\partial u_x^0}{\partial z^0}=\dfrac{gL}{V^2}f_x^0-\dfrac{P}{\rho V^2}\dfrac{\partial p^0}{\partial x^0}+\dfrac{\mu}{VL\rho}\nabla^2 u_x^0$$

上式中，$\dfrac{L}{VT}=St$，称为斯特劳哈尔（Strouhal）数；$\dfrac{V^2}{gL}=Fr$，称为弗劳德（Frounde）

数；$\dfrac{P}{\rho V^2}=Eu$，称为欧拉（Euler）数；$\dfrac{VL\rho}{\mu}=Re$，称为雷诺（Reynolds）数。于是上式可写为

$$St \cdot Re \frac{\partial u_x^0}{\partial t^0} + Re\left(u_x^0 \frac{\partial u_x^0}{\partial x^0} + u_y^0 \frac{\partial u_x^0}{\partial y^0} + u_z^0 \frac{\partial u_x^0}{\partial z^0}\right) = \frac{Re}{Fr} f_x^0 - Eu \cdot Re \frac{\partial p^0}{\partial x^0} + \nabla^2 u_x^0 \tag{4.31}$$

从式（4.31）看出，非线性项有乘数 Re，只要 $Re \ll 1$，则非线性项即可忽略不计。忽略非线性项以后的式（4.31）曾由斯托克斯（Stokes）进行过较多的研究，故称之为斯托克斯方程。

在笛卡儿坐标系中，斯托克斯方程为

$$\left. \begin{array}{l} \dfrac{\partial u_x}{\partial t} = f_x - \dfrac{1}{\rho}\dfrac{\partial p}{\partial x} + \nu \nabla^2 u_x \\[4pt] \dfrac{\partial u_y}{\partial t} = f_y - \dfrac{1}{\rho}\dfrac{\partial p}{\partial y} + \nu \nabla^2 u_y \\[4pt] \dfrac{\partial u_z}{\partial t} = f_z - \dfrac{1}{\rho}\dfrac{\partial p}{\partial z} + \nu \nabla^2 u_z \end{array} \right\} \tag{4.32a}$$

或

$$\frac{\partial u_i}{\partial t} = f_i - \frac{1}{\rho}\frac{\partial p}{\partial x_i} + \nu \nabla^2 u_i \tag{4.32b}$$

当不计质量力且流动恒定时，则斯托克斯方程为

$$\frac{\partial p}{\partial x_i} = \mu \nabla^2 u_i \text{ 或 } \nabla p = \mu \nabla^2 \boldsymbol{u} \text{ 或 } \mathbf{grad}\, p = \mu \Delta \boldsymbol{v} \tag{4.33}$$

作为求解斯托克斯方程的一个实例，以下分析绕圆球的黏性流体运动。

设无穷远处来流流速 V_∞，圆球半径为 a（直径为 D），绕流雷诺数 $Re = \dfrac{V_\infty D}{\nu} \ll 1$，如图 4.6 所示。求速度分布、压力分布及圆球所受的阻力。

由于 $Re \ll 1$ 很小，此情况流体运动应满足连续性方程及斯托克斯方程，即

$$\left. \begin{array}{l} \mathrm{div}\,\boldsymbol{v} = 0 \\ \mathbf{grad}\, p = \mu \Delta \boldsymbol{v} \end{array} \right\} \tag{4.34}$$

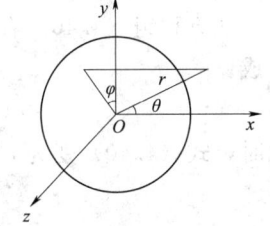

图 4.6 绕圆球的黏性流体均匀流动

采用球坐标系 r、θ、φ，将原点放在球心，θ 的起算轴线 x 的方向取成和来流方向重合。因该恒定圆球绕流问题的轴对称性，有 $\dfrac{\partial}{\partial t}=0$，$\dfrac{\partial}{\partial \varphi}=0$，$v_\varphi = 0$，则式（4.34）写为

$$\left. \begin{array}{l} \dfrac{\partial v_r}{\partial r} + \dfrac{1}{r}\dfrac{\partial v_\theta}{\partial \theta} + \dfrac{v_r}{r} + \dfrac{v_\theta \cot\theta}{r} = 0 \\[4pt] \dfrac{\partial p}{\partial r} = \mu\left(\dfrac{\partial^2 v_r}{\partial r^2} + \dfrac{1}{r^2}\dfrac{\partial^2 v_r}{\partial \theta^2} + \dfrac{2}{r}\dfrac{\partial v_r}{\partial r} + \dfrac{\cot\theta}{r^2}\cdot\dfrac{\partial v_r}{\partial \theta} - \dfrac{2}{r^2}\dfrac{\partial v_\theta}{\partial \theta} - \dfrac{2v_r}{r^2} - \dfrac{2\cot\theta}{r^2}v_\theta\right) \\[4pt] \dfrac{1}{r}\dfrac{\partial p}{\partial \theta} = \mu\left(\dfrac{\partial^2 v_\theta}{\partial r^2} + \dfrac{1}{r^2}\dfrac{\partial^2 v_\theta}{\partial \theta^2} + \dfrac{2}{r}\dfrac{\partial v_\theta}{\partial r} + \dfrac{\cot\theta}{r^2}\dfrac{\partial v_\theta}{\partial \theta} + \dfrac{2}{r^2}\dfrac{\partial v_r}{\partial \theta} - \dfrac{v_\theta}{r^2 \sin^2\theta}\right) \end{array} \right\} \tag{4.35}$$

这是一个由三个偏微分方程组成的线形偏微分方程组，有三个未知数 $v_r(r, \theta)$、$v_\theta(r,$

θ)、$p(r, \theta)$。

边界条件如下。

(1) 在圆球 $r=a$ 上：
$$v_r=0, \quad v_\theta=0 \tag{4.36}$$

(2) 在无穷远处：
$$v_r=V_\infty\cos\theta, \quad v_\theta=-V_\infty\sin\theta \tag{4.37}$$

用分离变量法解此方程组，首先将未知函数表示为下述形式：
$$v_r=f(r)F(\theta), \quad v_\theta=g(r)G(\theta), \quad p=\mu h(r)H(\theta)+p_\infty \tag{4.38}$$

将式（4.38）代入式（4.37）中，可以得到
$$V_\infty\cos\theta=f(\infty)F(\theta), \quad -V_\infty\sin\theta=g(\infty)G(\theta)$$

由此推出
$$F(\theta)=\cos\theta, \quad G(\theta)=-\sin\theta, \quad f(\infty)=V_\infty, \quad g(\infty)=V_\infty$$

因此有
$$v_r=f(r)\cos\theta, \quad v_\theta=-g(r)\sin\theta \tag{4.39}$$

将式（4.39）及式（4.38）中 p 的表达式代入式（4.35）和式（4.36）中，得到
$$\left.\begin{array}{l}\cos\theta\left(f'-\dfrac{g}{r}+\dfrac{2f}{r}-\dfrac{g}{r}\right)=0 \\[2mm] H(\theta)h'(r)=\cos\theta\left(f''-\dfrac{f}{r^2}+\dfrac{2f'}{r}-\dfrac{f}{r^2}+\dfrac{2g}{r^2}-\dfrac{2f}{r^2}+\dfrac{2g}{r^2}\right) \\[2mm] H'(\theta)\dfrac{h}{r}=\sin\theta\left(-g''+\dfrac{g}{r^2}-\dfrac{2g'}{r}-\dfrac{g}{r^2}\cot^2\theta-\dfrac{2f}{r^2}+\dfrac{2g}{r^2}\csc^2\theta\right)\end{array}\right\} \tag{4.40}$$

从方程组（4.40）看出，要将 θ 变数分离出来，$H(\theta)$ 应取成 $\cos\theta$，于是式（4.38）变成
$$v_r=f(r)\cos\theta, \quad v_\theta=-g(r)\sin\theta, \quad p=\mu h(r)\cos\theta+p_\infty \tag{4.41}$$

此时，式（4.40）变为
$$\left.\begin{array}{l}f'+\dfrac{2(f-g)}{r}=0 \\[2mm] h'=f''+\dfrac{2}{r}f'-\dfrac{4(f-g)}{r^2} \\[2mm] \dfrac{h}{r}=g''+\dfrac{2}{r}g'+\dfrac{2(f-g)}{r^2}\end{array}\right\} \tag{4.42}$$

边界条件是
$$f(a)=0, \quad g(a)=0, \quad f(\infty)=V_\infty, \quad g(\infty)=V_\infty \tag{4.43}$$

式（4.42）中的第一式可用 f 将函数 g 表示出来，即
$$g=\frac{r}{2}f'+f \tag{4.44}$$

将式（4.44）代入式（4.42）中的第三式，则可得到用 f 表达的 h 的表达式，即
$$h=\frac{1}{2}r^2f'''+3rf''+2f' \tag{4.45}$$

将式 (4.44) 和式 (4.45) 代入式 (4.42) 中的第二式,则得到的微分方程为
$$r^3 f'''' + 8r^2 f''' + 8rf'' - 8f' = 0 \tag{4.46}$$
由式 (4.46) 解出 f 后,代入式 (4.44) 和式 (4.45) 中就可以分别求出函数 g 和 h。式 (4.46) 的解具有 r^k 的形式,k 是下列代数方程的解:
$$k(k-1)(k-2)(k-3) + 8k(k-1)(k-2) + 8k(k-1) - 8k = 0$$
解之得 $k = 0, 2, -1, -3$。于是式 (4.46) 的普遍解为
$$f = \frac{A}{r^3} + \frac{B}{r} + C + Dr^2 \tag{4.47}$$
将式 (4.47) 代入式 (4.44) 和式 (4.45) 中,得 g 和 h 的表达式为
$$g = -\frac{A}{2r^3} + \frac{B}{r} + C + Dr^2 \tag{4.48}$$
$$h = \frac{B}{r^2} + 10rD \tag{4.49}$$
式 (4.47)~式 (4.49) 中的任意常数 A、B、C、D 由边界条件式 (4.43) 确定。经过简单运算后得
$$A = \frac{1}{2}V_\infty a^3, \quad B = \frac{3}{2}V_\infty a, \quad C = V_\infty, \quad D = 0$$
将 A、B、C、D 代入式 (4.47)、式 (4.48) 和式 (4.49),得到
$$\left.\begin{aligned} f &= \frac{1}{2}V_\infty \frac{a^3}{r^3} - \frac{3}{2}V_\infty \frac{a}{r} + V_\infty \\ g &= -\frac{1}{4}V_\infty \frac{a^3}{r^3} - \frac{3}{4}V_\infty \frac{a}{r} + V_\infty \\ h &= -\frac{3}{2}V_\infty \frac{a}{r^2} \end{aligned}\right\} \tag{4.50}$$
将式 (4.50) 代入式 (4.41),得到最终结果为
$$\left.\begin{aligned} v_r(r,\theta) &= V_\infty \cos\theta \left(1 - \frac{3}{2}\frac{a}{r} + \frac{1}{2}\frac{a^3}{r^3}\right) \\ v_\theta(r,\theta) &= -V_\infty \sin\theta \left(1 - \frac{3}{4}\frac{a}{r} - \frac{1}{4}\frac{a^3}{r^3}\right) \\ p(r,\theta) &= -\frac{3}{2}\mu \frac{V_\infty a}{r^2} \cos\theta + p_\infty \end{aligned}\right\} \tag{4.51}$$
为了求得圆球的流动阻力,先求圆球表面的应力分量。作用在圆球上的黏性力是 p_r,其三个分量表述如下
$$\left.\begin{aligned} p_{rr} &= -p + 2\mu \frac{\partial v_r}{\partial r} \\ p_{r\theta} &= \mu \left(\frac{1}{r}\frac{\partial v_r}{\partial \theta} + \frac{\partial v_\theta}{\partial r} - \frac{v_\theta}{r}\right) \\ p_{r\varphi} &= \mu \left(\frac{\partial v_\varphi}{\partial r} + \frac{1}{r\sin\theta}\frac{\partial v_r}{\partial \varphi} - \frac{v_\varphi}{r}\right) \end{aligned}\right\} \tag{4.52}$$

由对称性 $v_\varphi=0$ 及 $\frac{\partial}{\partial \varphi}=0$，有 $p_{r\varphi}=0$。为求物体表面上 p_{rr} 和 $p_{r\theta}$ 的值，首先要知道 $\frac{\partial v_r}{\partial \theta}$、$\frac{\partial v_r}{\partial r}$、$\frac{\partial v_\theta}{\partial r}$ 和 v_θ 在物体表面上的值。由黏附条件，在球面上 $v_r=v_\theta=0$，于是在球面上 $\frac{\partial v_r}{\partial \theta}=0$，$\frac{\partial v_\theta}{\partial \theta}=0$。进而由方程组式（4.35）中的连续性方程可以推出在球面上 $\frac{\partial v_r}{\partial r}=0$。将这些结果代入式（4.52），可以得到

$$\left. \begin{array}{l} p_{rr}=-p \\ p_{r\theta}=\mu \frac{\partial v_\theta}{\partial r} \\ p_{r\varphi}=0 \end{array} \right\} \quad (4.53)$$

将式（4.51）代入式（4.53），并在球面上取值，得球面上的 p_{rr} 和 $p_{r\theta}$，即

$$p_{rr}=\frac{3}{2}\frac{\mu V_\infty}{a}\cos\theta-p_\infty, \quad p_{r\theta}=-\frac{3\mu V_\infty}{2a}\sin\theta$$

因为流动对 x 轴是对称的，所以与 x 轴垂直的方向合力为 0。作用在圆球上的作用力全部沿着 x 轴，即只有阻力，而无升力。阻力大小为

$$W=\int_S (p_{rr}\cos\theta-p_{r\theta}\sin\theta)\mathrm{d}S$$

其中 S 代表整个球面，在球体坐标系中 $\mathrm{d}S=r\mathrm{d}\theta r\sin\theta\mathrm{d}\varphi=r^2\sin\theta\mathrm{d}\theta\mathrm{d}\varphi$，$\varphi$ 的积分范围为 0 到 2π，θ 的积分范围为 0 到 π，则上式为

$$\begin{aligned} W &= \int_0^\pi (p_{rr}\cos\theta-p_{r\theta}\sin\theta)2\pi a^2\sin\theta\mathrm{d}\theta \\ &= 2\pi a^2 \int_0^\pi \left(\frac{3\mu V_\infty}{2a}\cos^2\theta+\frac{3\mu V_\infty}{2a}\sin^2\theta\right)\sin\theta\mathrm{d}\theta - 2\pi a^2 p_\infty \int_0^\pi \sin\theta\cos\theta\mathrm{d}\theta \\ &= 3\pi\mu V_\infty a \int_0^\pi \sin\theta\mathrm{d}\theta \\ &= 6\pi\mu V_\infty a \end{aligned} \quad (4.54)$$

式（4.54）最先是由斯托克斯得出的，故称为斯托克斯阻力公式。公式表明，圆球所受的阻力和来流的速度 V_∞、圆球半径 a、黏性系数成正比。根据式（4.54）可得出圆球的阻力系数：

$$C_D=\frac{W}{\frac{1}{2}\rho V_\infty^2 \pi a^2}=\frac{24}{Re} \quad (4.55)$$

式中，定义雷诺数 $Re=V_\infty D/\nu$，D 为圆球直径。在图 4.7 中，可以看到只有在 $Re<1$ 的情况下斯托克斯阻力系数公式才与实验数据相符合。另外，斯托克斯近似解所得流场只适用于物体附近的区域。

在一些研究领域经常用到斯托克斯阻力公式，例如，应用斯托克斯阻力公式可以测定流体的黏性系数、求泥沙颗粒在水中均匀沉降速度等。但应当注意斯托克斯阻力公式在 $Re<1$ 时才适用。设 ρ_s 表示泥沙颗粒的密度，d 为圆球颗粒泥沙的直径，泥沙颗粒在水中均匀沉降速度为 ω。考虑泥沙颗粒的重力、浮力和阻力相平衡，即

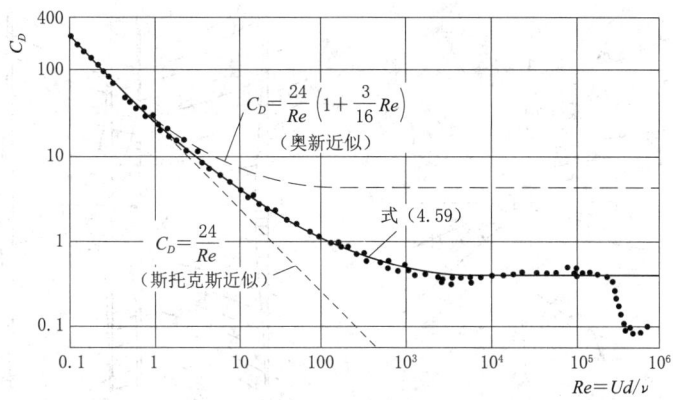

图 4.7 球体的阻力系数[7]

$$\frac{\pi d^3}{6}\rho_s g = \frac{\pi d^3}{6}\rho g + 3\pi\mu\omega d$$

则沉降速度 ω 为

$$\omega = \frac{(\rho_s - \rho)d^2 g}{18\mu}$$

此式只适用于 $Re = \dfrac{\omega d}{\nu} < 1$ 的情况。

4.3.2 奥新近似解

为了改进斯托克斯近似结果中的缺点，奥新（Oseen）提出了"在运动方程中保留主要惯性项，略掉次要惯性项"的修正意见，得到了奥新近似解。他将速度写成 $u_x = V_\infty + u'_x$，$u_y = u'_y$，$u_z = u'_z$，其中 u'_x、u'_y、u'_z 与 V_∞ 相比均是微量。将其代入惯性项 $(\mathbf{v} \cdot \nabla)\mathbf{v}$，并忽略二阶微量项，得

$$(\mathbf{v} \cdot \nabla)\mathbf{v} = V_\infty \frac{\partial \mathbf{v}}{\partial x}$$

上式就是惯性力的主要线性项。以 $V_\infty(\partial \mathbf{v}/\partial x)$ 代替 $\mathrm{d}\mathbf{v}/\mathrm{d}t$ 会得到较好的结果，此时方程组为

$$\left.\begin{aligned} \mathrm{div}\,\mathbf{v} &= 0 \\ V_\infty \frac{\partial \mathbf{v}}{\partial x} &= -\frac{1}{\rho}\mathbf{grad}\,p + \nu\Delta\mathbf{v} \end{aligned}\right\} \quad (4.56)$$

上述方程组仍然是线性的。奥新求出了该方程组在圆球绕流问题时的解。图 4.9 给出了圆球绕流奥新近似解 [图 4.8（a）]，同时也给出了同样问题的斯托克斯近似解 [图 4.8（b）]。从流线来看，斯托克斯近似解在圆球前后的流动是对称的，但奥新近似解则不对称。

根据奥新近似解得出的圆球所受的阻力为

$$W = 6\pi\mu V_\infty a \left(1 + \frac{3aV_\infty}{8\nu}\right) \quad (4.57)$$

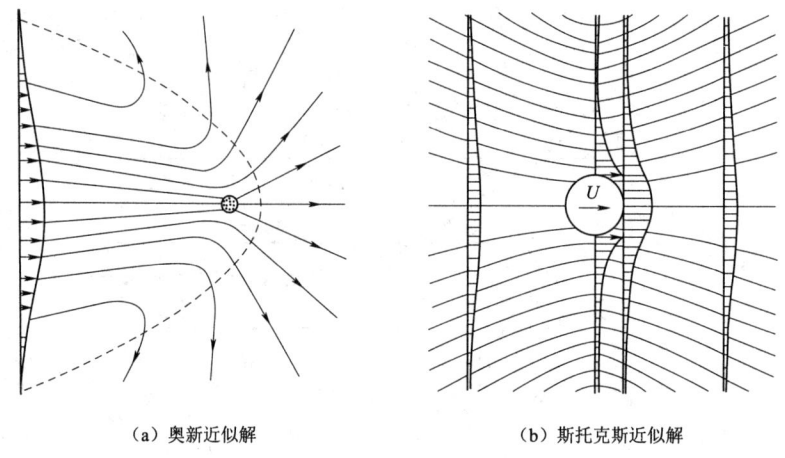

(a) 奥新近似解　　　　　　　　(b) 斯托克斯近似解

图 4.8　圆球绕流近似解[13]

相应的阻力系数为

$$C_D = \frac{W}{\frac{1}{2}\rho V_\infty^2 \pi^2 a^2} = \frac{24}{Re}\left(1 + \frac{3}{16}Re\right) \quad (4.58)$$

式（4.58）称为奥新公式。奥新公式的结果同时绘于图 4.8，奥新公式的应用范围较斯托克斯公式广，在 $Re \leqslant 5$ 时都能采用。但是从阻力角度来看，奥新近似较斯托克斯近似并无特别显著的改进。为了实用，由试验数据拟合，怀特（White，1974）得到了经验公式：

$$C_D = \frac{24}{Re} + \frac{6}{1+\sqrt{Re}} + 0.4 \quad (4.59)$$

式（4.59）适用范围为 $0 < Re \leqslant 2\times 10^5$，其误差在 $\pm 10\%$ 以内。

4.4　大雷诺数流动的边界层理论

4.4.1　边界层的概念

自然界和工程中许多流动问题的主要流体是空气和水，它们的黏性很小，而雷诺数往往可以达到很大的数值。例如，直径为 2cm 的圆管输水，当流速为 50cm/s 时，其雷诺数已达 10^4。因此研究大雷诺数流动具有重大的实际意义。

虽然大雷诺数流动意味着黏性力相对于惯性力很小，若完全忽略黏性而把流体近似为理想流体，则会得出与实际流动不符的结果。例如对于绕流物体，如完全忽略黏性视流体近似为理想流体，则会得出绕流物体阻力为 0 的结论，这个结论与实际情况显然不符；再例如在流体中运动物体的尾部，若忽略流体黏性，得不出涡旋和倒流现象，与实际也常常不一致。究其原因，问题发生在边界条件上，即黏性流体运动应满足固体表面流速为 0 的边界条件（即黏附条件或称无滑移条件）。事实表明，不论流体的黏性多小，在固体表面处,流体与固体都将发生黏结作用,固体表面上的流速也就必然为0。

由于固体边界的无滑移条件,迫使边界附近的流动具有较大的法向流速梯度,因而在边界上形成涡旋。涡旋在边界上形成后,靠黏性作用向外扩散,同时又靠流体的流动向下游输移(对流作用)。当雷诺数很大时,对流作用远较黏性作用强大,涡旋还来不及扩散,已被对流带到了下游。因此,在大雷诺数的流动中,涡旋常被局限于边界附近很薄的流层内,无法向各处扩散。因为有涡旋的流动是有涡流动,无涡旋的流动就是有势流动,因此在大雷诺数的流动中,整个流场常可区分为两个流区:在边界附近的有涡流动薄层和这个薄层以外的有势流动。边界附近的有涡流动必须考虑黏性作用,满足无滑移边界条件,因为这是产生涡旋、成为有涡流动的必要条件。在这流层以外的流区里,流动不受涡旋的影响,可以不考虑黏性作用,当作有势流动对待。这样的处理可以解决完全忽略黏性所引起的各种矛盾,为流体力学的发展开辟了一个新途径。这是普朗特(L. Prandtl)在1904年提出的。普朗特称边界附近必须考虑黏性作用的很薄流层为边界层(boundary layer)。平板壁面涡旋产生及传播示意见图 4.9。

在边界层内虽然需要考虑黏性项,但由于这一层很薄,可以根据其具体情况将N-S方程大大简化。对于远离壁面处的外部流动,由于按理想流体处理,其边界条件不是取流速为0,而是取边界层外边界处的条件。这样,将一个统一的流体运动近似地分成两部分:外部理想流和内部边界层流,并根据其各自的特点分别进行处理。

4.4.2 边界层厚度定义

1. 边界层厚度

设一极薄平板(板厚→0),顺流放置于均匀平行流动中,与未受扰动的来流流速U_∞平行。按理想流体的无黏性流动考虑,极薄平板对均匀流动毫无影响,流体沿平板两侧滑移而过,整个流场仍为流速为U_∞的均匀平行流动。但实际流体是有黏性的,黏性流体流经平板时,紧靠板面的流体质点黏附在板上,平板表面流速为0。由于黏性作用,流体质点之间将存在内摩擦阻力,使平板两侧的流体逐渐减慢,形成壁面附近很大的流速梯度,此流动区域即为边界层(图 4.10)。

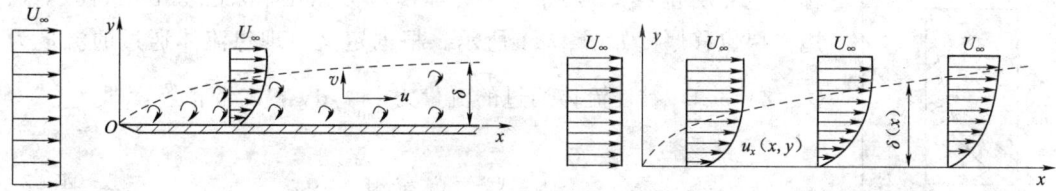

图 4.9 平板壁面涡旋产生及传播示意图[7]   图 4.10 平板壁面边界层

通常定义当地流速$u(x,y)$等于$0.99U(x)$时的y值为边界层的厚度δ,这样定义的边界层厚度也称为边界层的名义厚度(nominal thickness)。$U(x)$为当地壁面处的势流流速。对于平板绕流而言,沿平板方向各点势流流速$U(x)=U_\infty$。将沿平板边界层外缘点连接起来形成一条边界层的外缘线,如图 4.11 中虚线所示。边界层的厚度δ随距平板前缘的距离增加而增加,说明边界层厚度沿流程逐渐发展,即$\delta=\delta(x)$。特别注意,边界层边线不是流线，流线上速度矢量和切线方向重合，而边界层边线是流速与来流相差1%的那些点的连线。两者性质不同，互不相关。实际上流线多与边界层边线相交，穿过它进入边界层。

在边界层内，即 $y \leqslant \delta$ 使流速梯度 $\partial u_x/\partial y$ 比较显著，黏性切应力 $\tau = \mu \partial u_x/\partial y$ 不容忽略，黏性力与惯性力具有相同的数量级。惯性项 $\rho u_x \partial u_x/\partial x$ 具有 $\rho U_\infty^2/L$ 的量级。黏性项 $\mu \dfrac{\partial^2 u_x}{\partial y^2}$ 具有 $\mu \dfrac{U_\infty}{\delta^2}$ 的量级。因此在边界层内，有 $\dfrac{\mu U_\infty}{\delta^2} \sim \dfrac{\rho U_\infty^2}{L}$，从而得到

$$\delta \sim \sqrt{\dfrac{\nu L}{U_\infty}} = \dfrac{L}{\sqrt{Re}} \tag{4.60}$$

式中：$Re = \dfrac{U_\infty L}{\nu}$ 为整个流动的雷诺数；L 为平板长度。

由此可见边界层厚度与雷诺数有关，雷诺数越大边界层越薄。

为了确定距平板前端 x 点的边界层厚度，需要用 x 代替式（4.60）中的平板长 L，即

$$\delta \sim \sqrt{\dfrac{\nu x}{U_\infty}} = \dfrac{x}{\sqrt{Re_x}} \tag{4.61}$$

式中：$Re = \dfrac{U_\infty x}{\nu}$ 为边界层流动的雷诺数；x 为沿流动方向自绕流物体前缘算起的距离。

由此可见，边界层厚度是沿流程增加的。

应当指出，边界层名义厚度的定义并不严格。因为边界层内的流动趋于外部流动是渐近的而不是截然不同的，因此对二者的划分也是不确定的，具有一定的任意性。下面给出更加严格的边界层厚度的定义。

2. 位移厚度

在固体壁面附近边界层中，由于流速受到壁面的阻止而降低，使得在这个区域所通过的流量较之理性流体所通过的流量减少，相当于边界层的固体壁面向流动内部移动了距离 δ_1 后理想流体流动所通过的流量。这个距离 δ_1 称为边界层位移厚度或边界层排挤厚度（displacement thickness）。边界层位移厚度如图 4.11 所示。根据定义，理想流体通过的流量为 $U_\infty(\delta - \delta_1)$，黏性流体通过的流量为 $\int_0^\delta u_x \mathrm{d}y$，二者相等，即

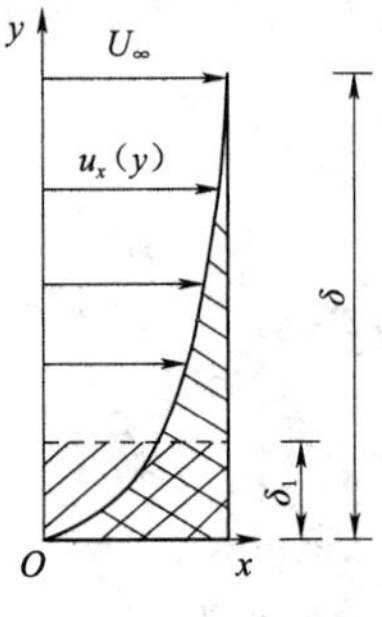

$$U_\infty(\delta - \delta_1) = \int_0^\delta u_x \mathrm{d}y \tag{4.62}$$

图 4.11 边界层位移厚度

所以

$$\delta_1 = \int_0^\delta \left(1 - \dfrac{u_x}{U_\infty}\right) \mathrm{d}y \tag{4.63a}$$

式（4.63a）即为边界层位移厚度的定义及计算公式。由于边界层内速度分布的渐近性，积分上限亦可以取 ∞，积分值相差很小，此时：

$$\delta_1 = \int_0^\infty \left(1 - \frac{u_x}{U_\infty}\right) dy \tag{4.63b}$$

3. 动量损失厚度

考察边界层内的动量通量以及它和边界层上游流量相同的理想流体的动量通量之差。边界层内的动量为 $\int_0^\delta \rho u_x^2 dy$，流量相同的理想流体的动量通量为 $\rho U_\infty^2(\delta - \delta_1)$，因此，由于黏性作用，动量的损失为 $\rho U_\infty^2(\delta - \delta_1) - \int_0^\delta \rho u_x^2 dy$。利用式（4.62），则动量的损失可写为

$$\rho U_\infty^2(\delta - \delta_1) - \int_0^\delta \rho u_x^2 dy = \int_0^\delta \rho u_x U_\infty dy - \int_0^\delta \rho u_x^2 dy = \int_0^\delta \rho u_x (U_\infty - u_x) dy$$

边界层内损失的动量通量相当于理想流体以速度 U_∞ 流过厚度 δ_2 的动量通量 $\rho \delta_2 U_\infty^2$，令二者相等，得到

$$\delta_2 = \int_0^\delta \frac{u_x}{U_\infty}\left(1 - \frac{u_x}{U_\infty}\right) dy \tag{4.64a}$$

式（4.64a）即为边界层动量损失厚度（momentum thickness）的定义及计算公式。若 $\delta \to \infty$，则有

$$\delta_2 = \int_0^\infty \frac{u_x}{U_\infty}\left(1 - \frac{u_x}{U_\infty}\right) dy \tag{4.64b}$$

显然，δ_1、δ_2 和边界层厚度 δ 数量级相同，从式（4.62）、式（4.63a）和式（4.64a）中容易看出，$0 < \delta_1, \delta_2 < \delta$。和边界层厚度 δ 相比，位移厚度 δ_1 和动量损失厚度 δ_2 具有其独特的用途。第一，这两种厚度有明确的物理意义；第二，它们是数学上完全确定的物理量，而边界层厚度具有一定的任意性；第三，在考虑外部流和边界层相互干涉的问题中，有效物体通常取作原有物体加上位移厚度 δ_1，因此考虑边界层对外部流的干扰作用时，位移厚度的概念是不可缺少的。另外，物体所遭受的阻力常和动量损失厚度 δ_2 联系在一起。

4. 能量损失厚度

边界层内的流速降低同样使流体的动能通量减小。设能量损失厚度（energy thickness）为 δ_3，则有

$$\frac{1}{2}\rho U_\infty^3 \delta_3 = \frac{1}{2}\int_0^\delta \rho u_x U_\infty^2 dy - \frac{1}{2}\int_0^\delta \rho u_x^3 dy = \frac{1}{2}\rho \int_0^\delta (u_x U_\infty^2 - u_x^3) dy$$

所以

$$\delta_3 = \int_0^\delta \frac{u_x}{U_\infty}\left(1 - \frac{u_x^2}{U_\infty^2}\right) dy \tag{4.65a}$$

若 $\delta \to \infty$，则

$$\delta_3 = \int_0^\infty \frac{u_x}{U_\infty}\left(1 - \frac{u_x^2}{U_\infty^2}\right) dy \tag{4.65b}$$

由能量损失厚度可以计算流动的水头损失，边界层外的势流区不会有能量损失，能量损失仅产生于边界层内。

4.4.3 普朗特边界层方程

求解大雷诺数问题的基本思想为：把整个流场分为外部流体运动和边界层内流体运动，第一部分流动属于理想流体范围，运动方程为欧拉方程，这一部分的求解是已知的，因此可以认为外部的解已经求出，特别地求出了边界层外部边界上的压力分布和流速分布，作为边界层流动的外边界条件；第二部分流动属于黏性流体范围，运动方程为 N‐S 方程，由于边界层厚度 δ 比特征长度小得多，而且 x 方向速度分量沿法向的变化比切向大得多，所以 N‐S 方程在边界层内可以得到相当大的简化。简化后的方程称为普朗特边界层方程，是处理边界层流动的基本方程。下面通过数学上的推导对上述思想进行具体表述。

在大雷诺数情形下绕流存在两个流动区域：外区是常规几何尺度 L（平板长度）和流动尺度 U_∞（无穷远处来流流速）；内区是靠近固壁很薄区域内（边界层 δ 内），内区流向尺度为 L，横向尺度为 $\delta[\delta\sim\varepsilon L,\varepsilon\ll 1$，根据式（4.61），取 $\varepsilon=1/Re^{1/2}$，$Re=U_\infty L/\nu]$。据此，内外流区的控制方程用不同特征长度构成无量纲表达式。

外区用常规尺度作无量纲化（用上标 "^{0}" 表示无量纲量），即

$$x^0=\frac{x}{L},\quad y^0=\frac{y}{L},\quad u_x^0=\frac{u_x}{U_\infty},\quad u_y^0=\frac{u_y}{U_\infty},\quad p^0=\frac{p}{\rho U_\infty^2},\quad t^0=\frac{tU_\infty}{L}$$

内区（边界层）流向用常规几何尺度 L，横向用边界层尺度 εL 作无量纲化，并用上标 "*" 表示无量纲量，即

$$x^*=\frac{x}{L},\quad y^*=\frac{y}{\varepsilon L},\quad u_x^*=\frac{u_x}{U_\infty},\quad u_y^*=\frac{u_y}{U_\infty},\quad p^*=\frac{p}{\rho U_\infty^2},\quad t^*=\frac{tU_\infty}{L}$$

为了使内外流区的解在全流场连续过渡，内外区流动应满足渐近衔接条件，即内区解的外极限（$y^*\to 0$）应和外区解的内极限（$y^0\to\infty$）相等，表述为

$$\lim_{y^0\to 0}u_x^0=\lim_{y^*\to\infty}u_x^*,\quad \lim_{y^0\to 0}p_x^0=\lim_{y^*\to\infty}p_x^* \tag{4.66}$$

对于外区，将无量纲式代入 N‐S 方程和连续性方程，得

$$\frac{\partial u_x^0}{\partial t^0}+u_x^0\frac{\partial u_x^0}{\partial x^0}+u_y^0\frac{\partial u_x^0}{\partial y^0}=-\frac{\partial p^0}{\partial x^0}+\frac{1}{Re}\left(\frac{\partial^2 u_x^0}{\partial x^{02}}+\frac{\partial^2 u_x^0}{\partial y^{02}}\right)$$

$$\frac{\partial u_y^0}{\partial t^0}+u_x^0\frac{\partial u_y^0}{\partial x^0}+u_y^0\frac{\partial u_y^0}{\partial y^0}=-\frac{\partial p^0}{\partial y^0}+\frac{1}{Re}\left(\frac{\partial^2 u_y^0}{\partial x^{02}}+\frac{\partial^2 u_y^0}{\partial y^{02}}\right)$$

$$\frac{\partial u_x^0}{\partial x^0}+\frac{\partial u_y^0}{\partial y^0}=0$$

当 $Re\gg 1$ 时，作为外区的近似式可略去 N‐S 方程中的黏性项，则有

$$\frac{\partial u_x^0}{\partial t^0}+u_x^0\frac{\partial u_x^0}{\partial x^0}+u_y^0\frac{\partial u_x^0}{\partial y^0}=-\frac{\partial p^0}{\partial x^0} \tag{4.67a}$$

$$\frac{\partial u_y^0}{\partial t^0}+u_x^0\frac{\partial u_y^0}{\partial x^0}+u_y^0\frac{\partial u_y^0}{\partial y^0}=-\frac{\partial p^0}{\partial y^0} \tag{4.67b}$$

$$\frac{\partial u_x^0}{\partial x^0}+\frac{\partial u_y^0}{\partial y^0}=0 \tag{4.67c}$$

上述方程组即为无量纲的欧拉方程［式（4.67a）和式（4.67b）］和连续性方程［式（4.67c）］。

对于内区，将无量纲式代入定常 N-S 方程和连续性方程，得

$$\frac{\partial u_x^*}{\partial t^*}+u_x^*\frac{\partial u_x^*}{\partial x^*}+\frac{u_y^*}{\varepsilon}\frac{\partial u_x^*}{\partial y^*}=-\frac{\partial p^*}{\partial x^*}+\frac{1}{Re}\left(\frac{\partial^2 u_x^*}{\partial x^{*2}}+\frac{1}{\varepsilon^2}\frac{\partial^2 u_x^*}{\partial y^{*2}}\right)$$

$$\frac{\partial u_y^*}{\partial t^*}+u_x^*\frac{\partial u_y^*}{\partial x^*}+\frac{u_y^*}{\varepsilon}\frac{\partial u_y^*}{\partial y^*}=-\frac{1}{\varepsilon}\frac{\partial p^*}{\partial y^*}+\frac{1}{Re}\left(\frac{\partial^2 u_y^*}{\partial x^{*2}}+\frac{1}{\varepsilon^2}\frac{\partial^2 u_y^*}{\partial y^{*2}}\right)$$

$$\frac{\partial u_x^*}{\partial x^*}+\frac{1}{\varepsilon}\frac{\partial u_y^*}{\partial y^*}=0$$

由连续性方程可以导出，内层的法向速度分量必须为 ε 量级，$u_y^*\approx o(\varepsilon)$，否则 $\varepsilon\to 0$ 时 u_y^* 的渐近解等于 0。因为 $\varepsilon\to 0$ 时，连续性方程近似为 $\frac{\partial u_y^*}{\partial y^*}=0$，而由壁面黏附条件 $y^*=0$ 时 $u_y^*=0$，从而场内处处 $u_y^*=0$，这显然不符合内层流动的实际情况。因此内层法向速度的量级应为 εu_y^*，将其代入内层的 N-S 方程和连续性方程后得到

$$\frac{\partial u_x^*}{\partial t^*}+u_x^*\frac{\partial u_x^*}{\partial x^*}+u_y^*\frac{\partial u_x^*}{\partial y^*}=-\frac{\partial p^*}{\partial x^*}+\frac{1}{Re}\left(\frac{\partial^2 u_x^*}{\partial x^{*2}}+\frac{1}{\varepsilon^2}\frac{\partial^2 u_x^*}{\partial y^{*2}}\right)$$

$$\varepsilon\left(\frac{\partial u_y^*}{\partial t^*}+u_x^*\frac{\partial u_y^*}{\partial x^*}+u_y^*\frac{\partial u_y^*}{\partial y^*}\right)=-\frac{1}{\varepsilon}\frac{\partial p^*}{\partial y^*}+\frac{\varepsilon}{Re}\left(\frac{\partial^2 u_y^*}{\partial x^{*2}}+\frac{1}{\varepsilon^2}\frac{\partial^2 u_y^*}{\partial y^{*2}}\right)$$

$$\frac{\partial u_x^*}{\partial x^*}+\frac{\partial u_y^*}{\partial y^*}=0$$

上述方程组第一式右端的黏性项，当 $\varepsilon\ll 1$ 时，$\frac{\partial^2 u_x^*}{\partial x^{*2}}\ll \frac{1}{\varepsilon^2}\frac{\partial^2 u_x^*}{\partial y^{*2}}$，就是说横向的黏性扩散远远大于沿流向的扩散，因此 $\frac{\partial^2 u_x^*}{\partial x^{*2}}$ 可以忽略。因 $\varepsilon=1/Re^{1/2}$，故 x 方向的运动方程近似为

$$\frac{\partial u_x^*}{\partial t^*}+u_x^*\frac{\partial u_x^*}{\partial x^*}+u_y^*\frac{\partial u_x^*}{\partial y^*}=-\frac{\partial p^*}{\partial x^*}+\frac{\partial^2 u_x^*}{\partial y^{*2}}$$

y 方向的运动方程近似为

$$\varepsilon^2\left(\frac{\partial u_y^*}{\partial t^*}+u_x^*\frac{\partial u_y^*}{\partial x^*}+u_y^*\frac{\partial u_y^*}{\partial y^*}\right)=-\frac{\partial p^*}{\partial y^*}+\varepsilon^4\left(\frac{\partial^2 u_y^*}{\partial x^{*2}}+\frac{1}{\varepsilon^2}\frac{\partial^2 u_y^*}{\partial y^{*2}}\right)$$

即

$$\frac{\partial p^*}{\partial y^*}=o(\varepsilon^2)$$

于是，当 $Re\gg 1$ 和 $\varepsilon=1/Re^{1/2}$ 时，边界层内渐进展开的一阶近似方程组为

$$\frac{\partial u_x^*}{\partial t^*}+u_x^*\frac{\partial u_x^*}{\partial x^*}+u_y^*\frac{\partial u_x^*}{\partial y^*}=-\frac{\partial p^*}{\partial x^*}+\frac{\partial^2 u_x^*}{\partial y^{*2}} \tag{4.68a}$$

$$\frac{\partial p^*}{\partial y^*}=0 \tag{4.68b}$$

$$\frac{\partial u_x^*}{\partial x^*}+\frac{\partial u_y^*}{\partial y^*}=0 \tag{4.68c}$$

式(4.68b)表明,在边界层内,压强只沿流向变化,压强沿边界层的法向为常数。对式(4.68b)积分,并应用渐近衔接式(4.66),得到

$$p^*(y^*)=p^*(\infty)=p^0(0)$$

上式说明边界层内压强等于外区势流内边界处的压强。

将以上无量纲边界层方程写成有量纲形式为

$$\frac{\partial u_x}{\partial t}+u_x\frac{\partial u_x}{\partial x}+u_y\frac{\partial u_x}{\partial y}=-\frac{1}{\rho}\frac{\partial p}{\partial x}+\nu\frac{\partial^2 u_x}{\partial y^2} \tag{4.69}$$

$$\frac{\partial u_x}{\partial x}+\frac{\partial u_y}{\partial y}=0 \tag{4.70}$$

式(4.69)即为普朗特边界层方程式。求解边界层流动即是求解上述普朗特边界层方程和连性续方程。

边界条件:① $y=0$ 上满足壁面黏附条件 $u_x=u_y=0$;② 在边界层外部边界 $y=\delta$ 上(或 $y\to\infty$),$u_x=U(x)$,其中 $U(x)$ 是边界层外边界上势流的速度分布。

初始条件:在 $t=t_0$ 时,给出速度函数 u_x 及 u_y。

根据普朗特建议的方法,边界层边线上的压强分布即边界层内的压强分布亦即理想流体绕原物体流动中物面上的压强分布,而理想流体的运动方程在物面上满足下式:

$$\frac{\partial U(x)}{\partial t}+U(x)\frac{\partial U(x)}{\partial x}=-\frac{1}{\rho}\frac{\partial p}{\partial x}$$

于是方程式(4.69)写为

$$\frac{\partial u_x}{\partial t}+u_x\frac{\partial u_x}{\partial x}+u_y\frac{\partial u_x}{\partial y}=\frac{\partial U(x)}{\partial t}+U(x)\frac{\partial U(x)}{\partial x}+\nu\frac{\partial^2 u_x}{\partial y^2} \tag{4.71}$$

通常采用方程式(4.71)和方程式(4.70)求解边界层问题。

边界层方程较之 N-S 方程是大大简化了。首先是 y 方向的方程不存在了,只剩下 x 方向的运动方程。此外在运动方程的黏性项部分舍掉了 $\frac{\partial^2 u_x}{\partial x^2}$ 项,只剩下 $\frac{\partial^2 u_x}{\partial y^2}$ 项,所以方程由椭圆方程变为抛物线方程。问题的求解域由一个二维的无穷域变为一个半无限的长条域。对于前者必须在封闭的边界上给出边值条件,而对于后者下游边界条件则无须给出。但是边界层方程仍然是非线性的,数学上的求解仍然是困难的,只能对一些典型情况求得方程的精确解。

上述推导普朗特边界层方程的方法称为渐近衔接摄动方法,该方法是在普朗特量阶分析方法的基础上发展起来的。下面利用量阶分析方法推导普朗特边界层方程。

以平板绕流为例,以平板前缘为原点,取 x 轴沿平板指向下游,y 轴与壁面垂直,二维流动的 N-S 方程和连续性方程对于边界层流动当然是适用的和准确的。不考虑质量力的平面二维不可压缩流体的 N-S 方程和连续性方程为

$$\frac{\partial u_x}{\partial t}+u_x\frac{\partial u_x}{\partial x}+u_y\frac{\partial u_x}{\partial y}=-\frac{1}{\rho}\frac{\partial p}{\partial x}+\nu\left(\frac{\partial^2 u_x}{\partial x^2}+\frac{\partial^2 u_x}{\partial y^2}\right) \tag{4.72a}$$

$$\frac{\partial u_y}{\partial t}+u_x\frac{\partial u_y}{\partial x}+u_y\frac{\partial u_y}{\partial y}=-\frac{1}{\rho}\frac{\partial p}{\partial y}+\nu\left(\frac{\partial^2 u_y}{\partial x^2}+\frac{\partial^2 u_y}{\partial y^2}\right) \tag{4.72b}$$

$$\frac{\partial u_x}{\partial x}+\frac{\partial u_y}{\partial y}=0 \tag{4.72c}$$

现考虑边界层的特征,使方程式(4.72)得以简化。首先将方程式无量纲化,选特征长度 L、特征速度 U,则各无量纲量阶为

$$x^*=\frac{x}{L},\quad y^*=\frac{y}{L},\quad u_x^*=\frac{u_x}{U},\quad u_y^*=\frac{u_y}{U},\quad p^*=\frac{p}{\rho U^2},\quad t^*=\frac{tU}{L}$$

代入式(4.72)得

$$\frac{\partial u_x^*}{\partial t^*}+u_x^*\frac{\partial u_x^*}{\partial x^*}+u_y^*\frac{\partial u_x^*}{\partial y^*}=-\frac{\partial p^*}{\partial x^*}+\frac{1}{Re}\left(\frac{\partial^2 u_x^*}{\partial x^{*2}}+\frac{\partial^2 u_x^*}{\partial y^{*2}}\right) \tag{4.73a}$$

$$\frac{\partial u_y^*}{\partial t^*}+u_x^*\frac{\partial u_y^*}{\partial x^*}+u_y^*\frac{\partial u_y^*}{\partial y^*}=-\frac{\partial p^*}{\partial y^*}+\frac{1}{Re}\left(\frac{\partial^2 u_y^*}{\partial x^{*2}}+\frac{\partial^2 u_y^*}{\partial y^{*2}}\right) \tag{4.73b}$$

$$\frac{\partial u_x^*}{\partial x^*}+\frac{\partial u_y^*}{\partial y^*}=0 \tag{4.73c}$$

在边界层流动中,$\delta \ll L$,因此无量纲的边界层厚度 $\delta^*=\delta/L$ 是一小量,即 $\delta^* \ll 1$。规定下列量阶:

$$\frac{1}{\delta^{*2}},\quad \frac{1}{\delta^*},\quad 1,\quad \delta^*,\quad \delta^{*2}$$

使用符号"$\sim o(\ )$"表示相当于某一量阶,则

$$x^*=\frac{x}{L}\sim o(1),\quad y^*=\frac{y}{L}\sim o(\delta^*),\quad u_x^*=\frac{u_x}{U}\sim o(1),\quad \frac{\partial u_x^*}{\partial x^*}=\frac{\partial(u_x/U)}{\partial(x/L)}\sim o(1)$$

由连续性方程(4.73c)可得

$$\frac{\partial u_y^*}{\partial y^*}\sim\frac{\partial u_x^*}{\partial x^*}\sim o(1)$$

所以

$$u_y^*\sim y^*\sim o(\delta^*)$$

同理

$$\frac{\partial^2 u_x^*}{\partial x^{*2}}\sim o(1),\quad \frac{\partial^2 u_x^*}{\partial y^{*2}}\sim o\left(\frac{1}{\delta^{*2}}\right)$$

由式(4.60),$\delta\sim\dfrac{L}{\sqrt{Re}}$,则有

$$Re\sim o\left(\frac{1}{\delta^{*2}}\right)$$

所以

$$u_x^*\frac{\partial u_x^*}{\partial x^*}\sim o(1)\cdot o(1)\sim o(1),\quad u_y^*\frac{\partial u_x^*}{\partial y^*}\sim o(\delta^*)\cdot o\left(\frac{1}{\delta^*}\right)\sim o(1),$$

$$\frac{1}{Re}\frac{\partial^2 u_x^*}{\partial x^{*2}}\sim o(\delta^{*2})\cdot o(1)\sim o(\delta^{*2}),\quad \frac{1}{Re}\frac{\partial^2 u_x^*}{\partial y^{*2}}\sim o(\delta^{*2})\cdot o\left(\frac{1}{\delta^{*2}}\right)\sim o(1),$$

$$u_x^*\frac{\partial u_y^*}{\partial x^*}\sim o(1)\cdot o(\delta^*)\sim o(\delta^*),\quad u_y^*\frac{\partial u_y^*}{\partial y^*}\sim o(\delta^*)\cdot o(1)\sim o(\delta^*),$$

$$\frac{1}{Re}\frac{\partial^2 u_y^*}{\partial x^{*2}} \sim o(\delta^{*2}) \cdot o(\delta^*) \sim o(\delta^{*3}), \quad \frac{1}{Re}\frac{\partial^2 u_y^*}{\partial y^{*2}} \sim o(\delta^{*2}) \cdot o\left(\frac{1}{\delta^*}\right) \sim o(\delta^*)$$

在边界层流动中沿流动方向的压强梯度应与惯性项有相同的量阶,即 $\frac{\partial p^*}{\partial x^*} \sim o(1)$。由于 $x^* \sim o(1)$,故 $p^* \sim o(1)$,又因 $u_y^* \sim o(\delta^*)$,所以 $\frac{\partial p^*}{\partial y^*} \sim o\left(\frac{1}{\delta^*}\right)$。

利用上述结果分析式(4.73)中各项的量阶并在下方注明,表述如下:

$$\frac{\partial u_x^*}{\partial t^*} + u_x^* \frac{\partial u_x^*}{\partial x^*} + u_y^* \frac{\partial u_x^*}{\partial y^*} = -\frac{\partial p^*}{\partial x^*} + \frac{1}{Re}\left(\frac{\partial^2 u_x^*}{\partial x^{*2}} + \frac{\partial^2 u_x^*}{\partial y^{*2}}\right) \tag{4.74a}$$

$$\quad 1 \qquad\quad 1 \qquad\qquad 1 \qquad\qquad 1 \qquad\quad \delta^{*2} \qquad\quad 1$$

$$\frac{\partial u_y^*}{\partial t^*} + u_x^* \frac{\partial u_y^*}{\partial x^*} + u_y^* \frac{\partial u_y^*}{\partial y^*} = -\frac{\partial p^*}{\partial y^*} + \frac{1}{Re}\left(\frac{\partial^2 u_y^*}{\partial x^{*2}} + \frac{\partial^2 u_y^*}{\partial y^{*2}}\right) \tag{4.74b}$$

$$\quad \delta^* \qquad\quad \delta^* \qquad\qquad \delta^* \qquad\qquad \frac{1}{\delta^*} \qquad\quad \delta^{*3} \qquad\quad \delta^*$$

$$\frac{\partial u_x^*}{\partial x^*} + \frac{\partial u_y^*}{\partial y^*} = 0 \tag{4.74c}$$

$$\quad 1 \qquad\quad 1$$

在式(4.74a)中,$\frac{1}{Re}\frac{\partial^2 u_x^*}{\partial x^{*2}}$ 项与其他各项比为高阶小量,故忽略。式(4.74b)中,$\frac{\partial p^*}{\partial y^*}$ 项较其他各项均大两个量阶,忽略其他各项。式(4.74c)中,两项量阶相同,予以保留。整理后即得无量纲的普朗特边界层方程,与式(4.67)中各项意义相同。

4.4.4 边界层方程的相似性解

虽然边界层方程已由椭圆型退化为抛物线型,但方程仍然是非线性的,一般情况下很难求出解析解,大多数情况只能求得近似解或数值解。这里介绍一类解析解,称为相似性解。这种方法在流体力学及其他非线性方程的求解中也是很有用的。

1. 相似性解的概念

相似性解(similarity solution)是边界层研究中一个非常重要的概念。当边界层方程具有相似性解时,其流速 $u_x(x,y)$ 分布具有以下性质:如果把任意 x 断面的流速分布图形 u_x-y 的坐标用相应的尺度均化为无量纲坐标,则任意 x 断面的流速分布图形均相同。具体地说,如果以当地势流流速 $U(x)$ 为速度 $u_x(x,y)$ 的尺度因子,取某一函数 $g(x)$ 为坐标 y 的尺度因子,则在无量纲坐标 $y/g(x)$ 上表示的无量纲速度剖面 $u_x(x,y)/U(x)$ 对于不同 x 将完全相同。对于任意两个断面 x_1 和 x_2 的速度剖面的相似性表述为

$$\frac{u_x\left\{x_1, \dfrac{y}{g(x_1)}\right\}}{U(x_1)} = \frac{u_x\left\{x_2, \dfrac{y}{g(x_2)}\right\}}{U(x_2)} \tag{4.75}$$

也就是说,两个相似速度剖面的不同仅仅是按比尺 $U(x)$ 和 $g(x)$ 的伸缩。

2. 相似性解的解法及条件

对于恒定不可压缩流体二维层流边界层运动，其控制方程［参见式（4.71）］及边界条件为

$$u_x \frac{\partial u_x}{\partial x} + u_y \frac{\partial u_x}{\partial y} = U \frac{\partial U}{\partial x} + \nu \frac{\partial^2 u_x}{\partial y^2} \tag{4.76a}$$

$$\frac{\partial u_x}{\partial x} + \frac{\partial u_y}{\partial y} = 0 \tag{4.76b}$$

$$y = 0, u_x = u_y = 0 \tag{4.76c}$$

$$y = \delta (\text{或 } y \to \infty), u_x = U(x) \tag{4.76d}$$

式中：$U(x)$ 为边界层外部边界上势流的速度分布。

如果相似解存在，则下面将要证明，边界层的偏微分方程就可以简化成常微分方程。这为求解边界层方程提供了很大的方便。因此寻求存在相似解的条件是求解边界层的一个重要问题。

考虑不可压缩流体恒定二维边界层流动，引入流函数 $\psi(x, y)$，则

$$\left. \begin{array}{l} u_x = \dfrac{\partial \psi}{\partial y} \\[6pt] u_y = -\dfrac{\partial \psi}{\partial x} \end{array} \right\}$$

将上式代入式（4.76a）～式（4.76d），连续性方程（4.76b）将自动满足，普朗特边界层方程及边界条件变为

$$\frac{\partial \psi}{\partial y} \frac{\partial^2 \psi}{\partial x \partial y} - \frac{\partial \psi}{\partial x} \frac{\partial^2 \psi}{\partial y^2} = U \frac{\mathrm{d}U}{\mathrm{d}x} + \nu \frac{\partial^3 \psi}{\partial y^3} \tag{4.77a}$$

$$y = 0, \quad \frac{\partial \psi}{\partial x} = 0, \quad \frac{\partial \psi}{\partial y} = 0 \tag{4.77b}$$

$$y \to \infty, \quad \frac{\partial \psi}{\partial y} = U \tag{4.77c}$$

引入流函数后，可以用一个函数 $\psi(x, y)$ 代替两个速度分量函数 $u_x(x, y)$ 和 $u_y(x, y)$，使两个偏微分方程式（4.76a）和式（4.76b）缩为式（4.77a）一个。

如果流函数可写为

$$\psi = U(x) g(x) f(\eta) \tag{4.78}$$

其中
$$\eta = y/g(x)$$

于是流速分量应为

$$u_x = \frac{\partial \psi}{\partial y} = \frac{\partial \psi}{\partial \eta} \frac{\partial \eta}{\partial y} = U \frac{\partial f}{\partial \eta} = U f' \tag{4.79}$$

$$u_y = -\frac{\partial \psi}{\partial x} = -\left(\frac{\partial U}{\partial x} g f + U \frac{\partial g}{\partial x} f - \frac{Uy}{g} \frac{\partial g}{\partial x} \frac{\partial f}{\partial \eta} \right) = -(U' g f + U g' f - U g' f' \eta) \tag{4.80}$$

将式（4.78）流函数代入式（4.77a），或者将式（4.79）和式（4.80）代入边界层微分方程（4.76a），均可得到

$$f''' + \alpha f f'' + \beta (1 - f'^2) = 0 \tag{4.81}$$

边界条件为

$$当 \eta=0, \quad f=0, \quad f'=0 \tag{4.82}$$

$$当 \eta \to \infty, \quad f'=1 \tag{4.83}$$

方程式（4.81）中：

$$\alpha=\frac{g}{\nu}\frac{\mathrm{d}}{\mathrm{d}x}(Ug), \quad \beta=\frac{g^2}{\nu}U' \tag{4.84}$$

只有当 α 和 β 都是常数，方程（4.81）才是 $f(\eta)$ 的常微分方程式，也就是说 $f(\eta)$ 只是 η 的函数，而这正是相似解所要求的。式（4.81）首先是由 Falkner 和 Skan（1930）给出的，其解后来曾由 Hartree（1937）作了研究。

留下的问题就是从式（4.84）求出应有的 $U(x)$ 及 $g(x)$。从式（4.84）可以得到

$$2\alpha-\beta=\frac{1}{\nu}\frac{\mathrm{d}}{\mathrm{d}x}(g^2U) \tag{4.85}$$

如 $2\alpha-\beta\neq 0$，对式（4.85）积分，并令积分常数等于 0，得

$$(2\alpha-\beta)\nu x=g^2U \tag{4.86}$$

由式（4.84）中的 β 表达式除以式（4.86），得到

$$\frac{1}{U}\frac{\mathrm{d}U}{\mathrm{d}x}=\frac{\beta}{(2\alpha-\beta)x} \tag{4.87}$$

式（4.87）积分得

$$U(x)=Cx^m \tag{4.88}$$

其中

$$m=\frac{\beta}{2\alpha-\beta} \tag{4.89}$$

式中：C 为积分常数。式（4.88）说明，只有当外部势流流速 $U(x)$ 为幂函数形式时，边界层方程才有相似解，边界层偏微分方程才能转化成常微分方程。

由 α 和 β 的关系同样可以得到 $g(x)$ 的形式。由式（4.86）得

$$g^2=(2\alpha-\beta)\nu\frac{x}{U}$$

$$g(x)=\sqrt{(2\alpha-\beta)\frac{\nu x}{U(x)}} \tag{4.90}$$

从式（4.85）中可以看出，α 和 β 两个常数的公约数对结果并无影响，因此 α 和 β 可视所研究的问题取不同的值。

势流理论研究表明，具有夹角为 $\pi\beta$ 的楔形柱体的绕流（图 4.12）的流速分布就为幂函数的形式，因此各种楔形柱体面上的边界层都具有相似解。若 $\beta=0$，楔形柱体成为平行平板，这时 $m=0$，$U(x)=U_\infty$，所以平行平板的边界层具有相似解。

3. 半无限长板恒定层流边界层解——布拉休斯解

由边界层方程相似性解的讨论中可知，只有当外部势流流速分布为幂函数形式 $U=Cx^m$ 时，边界层方程才有相似解。下面研究半无限长平板的层流边界层，这种情况相当于 $m=0$ 的情形。平板边界层的解最初是由布拉休斯（Blasius）进行研究，1980 年他在博士论文中详细讨论了这个问题。这是第一个应用普朗特边界层理论的具体例子。

4.4 大雷诺数流动的边界层理论

设一个既薄又长的平板平行地放在具有平行速度 U_∞ 的流动中，因平板固定不动，所以在平板两侧都将产生边界层，如图 4.13 所示。取笛卡儿坐标系，原点与平板前缘重合，x 轴方向沿来流方向，y 轴垂直平板。

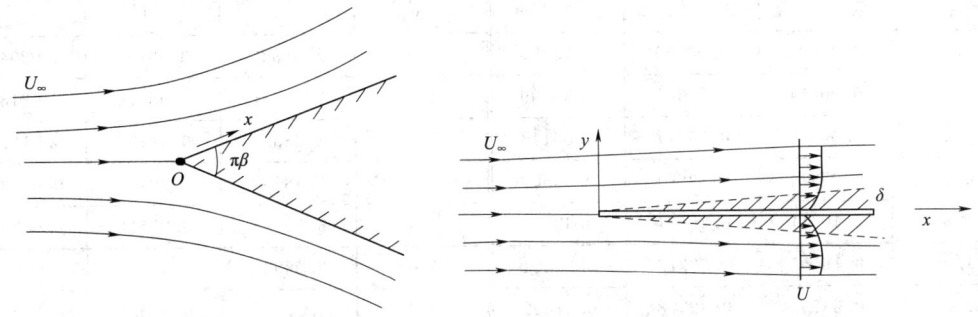

图 4.12　楔形柱体的绕流　　　　图 4.13　平板边界层

对于恒定流情况，因平板没有厚度，当理想流体沿平板方向流过平板时，平板对流动没有扰动，因此外部流的速度场是均匀的且等于常数 U_∞，即平板边界层外部势流流速 $U(x)=U_\infty$。外部势流流速分布为幂函数形式 $U=Cx^m$（$m=0$，$C=U_\infty$），由边界层相似性解的讨论中可知平板边界层存在相似性解。对于平板绕流，$\beta=0$，α 可取 $1/2$，则常微分方程式（4.81）可简化成

$$2f''' + ff'' = 0 \tag{4.91}$$

式（4.91）即是平板边界层的常微分方程。边界条件是

$$\text{当 } \eta=0, \quad f=0, \quad f'=0 \tag{4.92a}$$

$$\text{当 } \eta\to\infty, \quad f'=1 \tag{4.92b}$$

将 $\beta=0$，$\alpha=1/2$ 代入式（4.90）可得 $g(x)$，即

$$g(x)=\sqrt{\frac{\nu x}{U(x)}}=\sqrt{\frac{\nu x}{U_\infty}} \tag{4.93}$$

则相似变量为

$$\eta=\frac{y}{g(x)}=y\sqrt{\frac{U_\infty}{\nu x}} \tag{4.94}$$

根据式（4.78），流函数为

$$\psi = U(x)g(x)f(\eta) = \sqrt{\nu x U_\infty}\, f(\eta) \tag{4.95}$$

根据式（4.79）和式（4.80），流速分量为

$$u_x = U_\infty f' \tag{4.96}$$

$$u_y = U_\infty g'(\eta f' - f) = \frac{1}{2}\sqrt{\frac{\nu U_\infty}{x}}(\eta f' - f) \tag{4.97}$$

$f(\eta)$ 所满足的方程式（4.91）是一个非线性的三阶常微分方程，形式虽然简单，但是无法找出其解析解。布拉休斯当时采用了级数衔接法近似求解了该方程的解，而后托柏弗（Topfer）、哥斯丁（Goldstein）、霍沃斯（Howarth）、哈脱利（Hartree）等分别用数值方法给出了精度不同的解，其中霍沃斯的解精度较高。关于方程的求解过程，

这里不详述,现将霍沃斯的结果引录于表 4.1。

表 4.1 平板边界层霍沃斯解的结果

$\eta=y\sqrt{\dfrac{U_\infty}{\nu x}}$	f	$f'=\dfrac{u_x}{U_\infty}$	f''	$\eta=y\sqrt{\dfrac{U_\infty}{\nu x}}$	f	$f'=\dfrac{u_x}{U_\infty}$	f''
0.0	0.00000	0.00000	0.33206	4.6	2.88826	0.98269	0.02948
0.2	0.00664	0.06641	0.33199	4.8	3.08534	0.98779	0.02187
0.4	0.02656	0.13277	0.33147	5.0	3.28329	0.99155	0.01591
0.6	0.05974	0.19894	0.33008	5.2	3.48189	0.99425	0.01134
0.8	0.10611	0.26471	0.32739	5.4	3.68094	0.99616	0.00793
1.0	0.16557	0.32979	0.32301	5.6	3.88031	0.99748	0.00543
1.2	0.23795	0.39378	0.31659	5.8	4.07990	0.99838	0.00365
1.4	0.32298	0.45627	0.30787	6.0	4.27964	0.99898	0.00240
1.6	0.42032	0.51676	0.29667	6.2	4.47948	0.99937	0.00155
1.8	0.52952	0.57477	0.28293	6.4	4.67938	0.99961	0.00098
2.0	0.65003	0.62977	0.26675	6.6	4.87931	0.99977	0.00061
2.2	0.78120	0.68132	0.24835	6.8	5.07928	0.99987	0.00037
2.4	0.92230	0.72899	0.22809	7.0	5.29926	0.99992	0.00022
2.6	1.07252	0.77246	0.20646	7.2	5.47925	0.99996	0.00013
2.8	1.23099	0.81152	0.18401	7.4	5.67924	0.99998	0.00007
3.0	1.39682	0.84605	0.16136	7.6	5.87924	0.99999	0.00004
3.2	1.56911	0.87609	0.13913	7.8	6.07923	1.00000	0.00002
3.4	1.74696	0.90177	0.11788	8.0	6.27923	1.00000	0.00001
3.6	1.92954	0.92333	0.09809	8.2	6.47923	1.00000	0.00001
3.8	2.11605	0.94112	0.08013	8.4	6.67923	1.00000	0.00000
4.0	2.30576	0.95552	0.06424	8.6	6.87923	1.00000	0.00000
4.2	2.49806	0.96696	0.05052	8.8	7.70923	1.00000	0.00000
4.4	2.69238	0.97587	0.03897				

(1)速度剖面。理论解的纵向流速分布与实测值对比见图 4.14,理论解的横向流速分布绘于图 4.15。

不同断面的纵向流速分布都可归并在一条曲线上(图 4.14),表明平板边界层的解具有相似性。纵向流速 u_x 的分布曲线在 η 值较小时几乎是一条直线;在较大的 η 值时渐近地趋向于 $u_x/U_\infty=1$。实验资料完全验证了理论分析。

横向流速 u_y 从板面上的零值缓慢地增长,然后较快地增大到一个极限值。在边界层外缘处,从表 4.1 可以看出,当 $\eta=7.8$,$f=6.07923$,$f'=u_x/U_\infty=1.0$,这时横向速度为

$$u_y=\frac{1}{2}\sqrt{\frac{\nu U_\infty}{x}}(\eta f'-f)=0.86 U_\infty\sqrt{\frac{\nu}{U_\infty x}} \tag{4.98}$$

这就表明,在边界层外缘边界有流体向外流出,这是由于边界层厚度沿程增长从而把

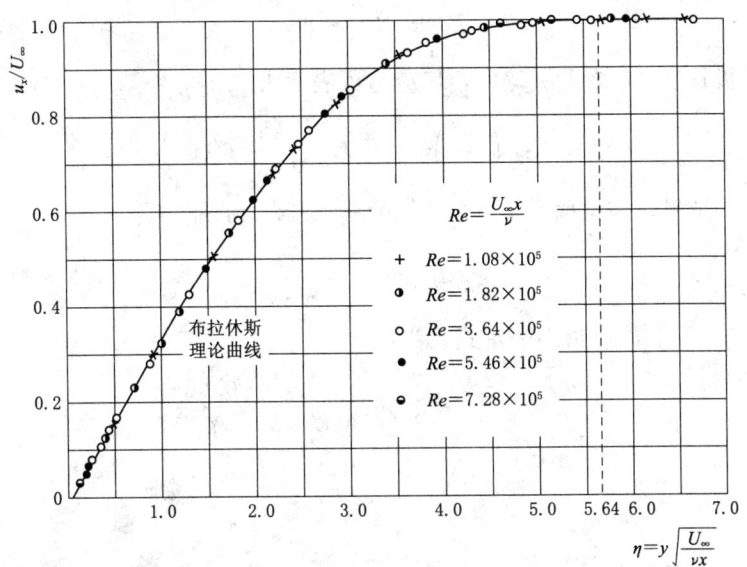

图 4.14 理论解的纵向流速分布与实测值对比[7]

流体从板面附近排挤出去所造成的。应该指出,在边界层外缘边界上,横向速度并不等于外部流的零值,这恰好反映了边界层对外部流的影响。

(2) 边界层厚度。把纵向速度分量与外部当地势流速度相差1%处,即 $u_x/U_\infty = 0.99$,作为边界层外缘,根据表4.1的结果,对应的 $\eta \approx 5$,则边界层的厚度为

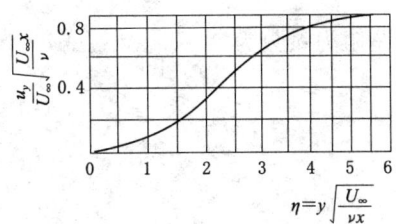

图 4.15 理论解的横向流速分布[5]

$$\delta = 5.0\sqrt{\frac{\nu x}{U_\infty}} \quad (4.99)$$

边界层位移厚度为

$$\delta_1 = \int_0^\infty \left(1 - \frac{u_x}{U_\infty}\right) \mathrm{d}y = \sqrt{\frac{\nu x}{U_\infty}} \int_{\eta=0}^{\eta=\infty} [1 - f'(\eta)] \mathrm{d}\eta = \sqrt{\frac{\nu x}{U_\infty}} [\eta_1 - f(\eta_1)] = 1.7208\sqrt{\frac{\nu x}{U_\infty}} \quad (4.100)$$

其中 η_1 代表边界层以外的一点,按表4.1中的 $f(\eta)$ 值,$\eta_1 - f(\eta_1) = 1.7208$。

边界层动量损失厚度为

$$\delta_2 = \int_0^\infty \frac{u_x}{U_\infty}\left(1 - \frac{u_x}{U_\infty}\right) \mathrm{d}y = \sqrt{\frac{\nu x}{U_\infty}} \int_0^\infty f'(1 - f') \mathrm{d}\eta = 0.664\sqrt{\frac{\nu x}{U_\infty}} \quad (4.101)$$

从上面的结果也可以看出 δ_1、δ_2 和 δ 的确具有相同的量阶,而且 δ_1 和 δ_2 都小于 δ,分别约为 $\frac{1}{3}\delta$ 和 $\frac{1}{8}\delta$。

(3) 摩擦阻力。只要边界层存在就有边界上的摩擦阻力。设 τ_0 为边界表面上的切应力,则平板表面阻力为

$$F_D = 2b \int_0^L \tau_0 \mathrm{d}x$$

式中：L 为平板长度，b 为平板宽度。切应力可表示为

$$\tau_0 = \mu \left(\frac{\partial u_x}{\partial y}\right)_{y=0} = \mu U_\infty \sqrt{\frac{U_\infty}{\nu x}} f''(0)$$

根据表 4.1 结果，在壁面上 $\eta = 0$，$f''(0) = 0.332$，于是

$$\tau_0 = 0.332 \mu U_\infty \sqrt{\frac{U_\infty}{\nu x}} \tag{4.102}$$

切应力系数 c_f，即 τ_0 的无量纲表示式，为

$$c_f = \frac{\tau}{\frac{1}{2}\rho U^2} = 0.664 \sqrt{\frac{\nu}{U_\infty x}} = \frac{0.664}{\sqrt{Re_x}} \tag{4.103}$$

其中

$$Re_x = \frac{U_\infty x}{\nu}$$

因此，平板表面阻力为

$$F_D = 2b \int_0^L \tau_0 \mathrm{d}x = 2f''(0) b \sqrt{\mu \rho U_\infty^3} \int_0^L \frac{\mathrm{d}x}{\sqrt{x}} = 1.328 b \sqrt{\mu \rho U_\infty^3 L} \tag{4.104}$$

于是阻力系数为

$$C_D = \frac{F_D}{\frac{1}{2}\rho U_\infty^2 \cdot 2bL} = \frac{1.328}{\sqrt{Re_L}} \tag{4.105}$$

其中

$$Re_L = \frac{U_\infty L}{\nu}$$

由此可见，表面摩擦阻力与 U_∞ 的 3/2 次方成正比，而在小雷诺数的情况下，表面摩擦阻力与 U_∞ 的一次方成正比，由此可以看出，大雷诺数时的摩擦阻力比较大。另外从式（4.103）可以看出板面摩擦阻力以 $\frac{1}{\sqrt{x}}$ 的规律沿板面衰减，这是因为在平板下游边界层较厚，板面的剪切力相应地减小，因此阻力较前缘为小。但当 $x \to 0$ 时，切应力 $\tau_0 \to \infty$，这当然是不合理的，说明在平板首部边界层近似的前提是不成立的。

布拉休斯结果在层流范围内和试验结果能够很好地符合。图 4.16 是根据利普曼（H. W. Liepman）和达万（S. Dhawan）的资料得出切应力系数与雷诺数的关系。

4.4.5 边界层积分方程

边界层微分方程式的精确解，即使对于一些特定的典型流动，数学上的求解仍然是相当复杂的。对于像绕任意形状物体流动这种实践中常会遇到的流动问题，求解更为困难。为此，在工程计算中往往寻求求解边界层方程式的近似方法，以期较为迅速地得到具有一定精度的计算结果。边界层动量积分方程就是这种方法。这种方法的特点，并不要求边界层内每一个流体质点的运动均需满足边界层微分方程式的要求，而只是除必须满足壁面及边界层外边缘处的边界条件外，在边界层内部只需满足在整个边界层厚度上对边界层微分

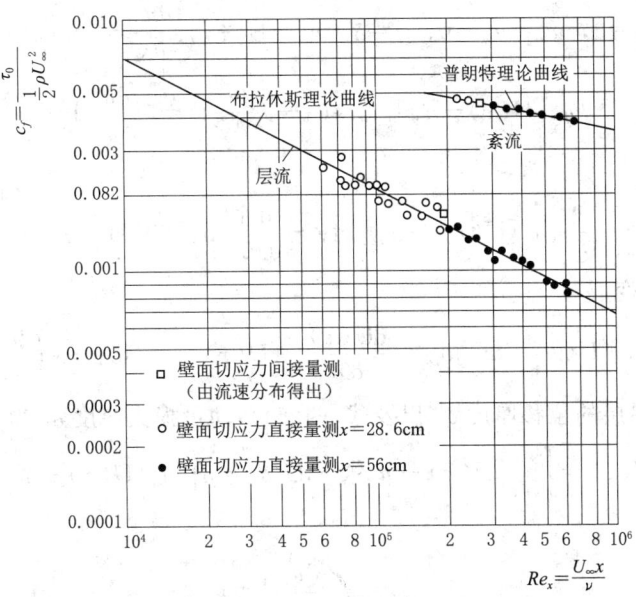

图 4.16 切应力系数与雷诺数的关系[7]

方程式积分所得到的动量方程。也就是说可以假定一个边界层内的流速分布来替代真正的流速分布，只要这个假定的流速分布满足边界层动量方程和边界条件。

1. 边界层动量积分方程

二维恒定不可压缩流体的边界层方程式（4.76a）及连续性方程式（4.76b）为

$$u_x \frac{\partial u_x}{\partial x} + u_y \frac{\partial u_x}{\partial y} = U(x)\frac{\partial U(x)}{\partial x} + \nu \frac{\partial^2 u_x}{\partial y^2}$$

$$\frac{\partial u_x}{\partial x} + \frac{\partial u_y}{\partial y} = 0$$

将连续性方程式（4.76b）乘以 u_x 并和边界层方程式（4.76a）相加得

$$\frac{\partial u_x^2}{\partial x} + \frac{\partial u_x u_y}{\partial y} = U(x)\frac{\mathrm{d}U(x)}{\mathrm{d}x} + \nu \frac{\partial^2 u_x}{\partial y^2}$$

再将连续性方程改写为

$$\frac{\partial [U(x)u_x]}{\partial x} + \frac{\partial [U(x)u_y]}{\partial y} = u_x \frac{\mathrm{d}U(x)}{\mathrm{d}x}$$

上两式相减得

$$\frac{\partial}{\partial x}\{u_x[U(x)-u_x]\} + \frac{\partial}{\partial y}\{u_y[U(x)-u_x]\} + [U(x)-u_x]\frac{\mathrm{d}U(x)}{\mathrm{d}x} = -\nu \frac{\partial^2 u_x}{\partial y^2}$$

将上式对 y 积分，积分下限为 0，上限为 δ 或 ∞，得

$$\int_0^\delta \frac{\partial}{\partial x}\{u_x[U(x)-u_x]\}\mathrm{d}y + \{u_y[U(x)-u_x]\}\big|_0^\delta + \frac{\mathrm{d}U(x)}{\mathrm{d}x}\int_0^\delta [U(x)-u_x]\mathrm{d}y = -\nu \frac{\partial u_x}{\partial y}\big|_0^\delta$$

(4.106)

考虑边界条件，$y=0$，$u_x=u_y=0$；$y=\delta$，$u_x=U(x)$，$\dfrac{\partial u_x}{\partial y}=0$，则

$$\{u_y[U(x)-u_x]\}\big|_0^\delta=0,\quad -\nu\dfrac{\partial u_x}{\partial y}\bigg|_0^\delta=\nu\left(\dfrac{\partial u_x}{\partial y}\right)_{y=0}$$

另外

$$\int_0^\infty \dfrac{\partial}{\partial x}\{u_x[U(x)-u_x]\}\mathrm{d}y=\dfrac{\mathrm{d}}{\mathrm{d}x}\int_0^\infty u_x[U(x)-u_x]\mathrm{d}y$$

于是式（4.106）变成

$$\dfrac{\mathrm{d}}{\mathrm{d}x}\int_0^\delta u_x[U(x)-u_x]\mathrm{d}y+\dfrac{\mathrm{d}U(x)}{\mathrm{d}x}\int_0^\delta [U(x)-u_x]\mathrm{d}y=\nu\left(\dfrac{\partial u_x}{\partial y}\right)_{y=0} \tag{4.107}$$

由式（4.63）边界层的位移厚度 δ_1 以及式（4.64）动量损失厚度 δ_2 得

$$\delta_1 U(x)=\int_{y=0}^\delta [U(x)-u_x]\mathrm{d}y,\quad U^2\delta_2=\rho\int_0^\delta u_x[U(x)-u_x]\mathrm{d}y$$

令

$$\tau_0=\rho\nu\left(\dfrac{\partial u_x}{\partial y}\right)_{y=0}$$

将以上代入式（4.107）得

$$\dfrac{\mathrm{d}}{\mathrm{d}x}[U(x)^2\delta_2]+U\dfrac{\mathrm{d}U(x)}{\mathrm{d}x}\delta_1=\dfrac{\tau_0}{\rho} \tag{4.108a}$$

或

$$\dfrac{\mathrm{d}\delta_2}{\mathrm{d}x}+\dfrac{1}{U(x)}\dfrac{\mathrm{d}U(x)}{\mathrm{d}x}(2\delta_2+\delta_1)=\dfrac{\tau_0}{\rho U(x)^2} \tag{4.108b}$$

引入边界层形状参数 $H_{12}=\delta_1/\delta_2$，式（4.108b）就可以写成

$$\dfrac{\mathrm{d}\delta_2}{\mathrm{d}x}+\dfrac{U(x)'}{U(x)}\delta_2(2+H_{12})=\dfrac{\tau_0}{\rho U(x)^2} \tag{4.108c}$$

式（4.108）称为卡门（von Karman）动量积分方程。它适用于层流或紊流边界层。上述的推导是用数学的方法进行的，直接利用动量定理也可以得出卡门动量积分方程。

2. 边界层能量积分方程

1948 年，维格哈特（K. Wieghardt）推导了边界层能量积分方程。将式（4.76a）乘以 u_x，在 $y=0$ 和 $y=h>\delta(x)$ 之间积分，并通过连续性方程求解 u_y，可以得到

$$\rho\int_0^h\left[u_x^2\dfrac{\partial u_x}{\partial x}-u_x\dfrac{\partial u_x}{\partial y}\left(\int_0^y\dfrac{\partial u_x}{\partial x}\mathrm{d}y\right)-u_x U(x)\dfrac{\mathrm{d}U(x)}{\mathrm{d}x}\right]\mathrm{d}y=\mu\int_0^h u_x\dfrac{\partial^2 u_x}{\partial y^2}\mathrm{d}y \tag{4.109}$$

上式左端第二项可用分部积分，则

$$\int_0^h\left[u_x\dfrac{\partial u_x}{\partial y}\left(\int_0^y\dfrac{\partial u_x}{\partial x}\mathrm{d}y\right)\right]\mathrm{d}y=\dfrac{1}{2}\int_0^h[U(x)^2-u_x^2]\dfrac{\partial u_x}{\partial x}\mathrm{d}y$$

将第一项和第三项合并，得

$$\int_0^h\left[u_x^2\dfrac{\partial u_x}{\partial x}-u_x U(x)\dfrac{\mathrm{d}U(x)}{\mathrm{d}x}\right]\mathrm{d}y=\dfrac{1}{2}\int_0^h u_x\dfrac{\mathrm{d}}{\mathrm{d}x}[u_x^2-U(x)^2]\mathrm{d}y$$

将式（4.109）等号右边用分部积分，等号左边三项合并，可得

$$\frac{1}{2}\rho \frac{\mathrm{d}}{\mathrm{d}x}\int_0^\infty u_x[U(x)^2 - u_x^2]\mathrm{d}y = \mu \int_0^\infty \left(\frac{\partial u_x}{\partial y}\right)^2 \mathrm{d}y \tag{4.110}$$

式 (4.110) 的积分上限把 h 推到∞，因在边界层以外各项都成为 0。式 (4.110) 等号右边一项代表单位体积单位时间内的能量消耗。等号左边的 $\frac{1}{2}\rho[U(x)^2 - u_x^2]$ 代表边界层流动与外部流动对比所损失的能量；$\frac{1}{2}\rho\int_0^\infty u_x[U(x)^2 - u_x^2]\mathrm{d}y$ 代表能量损耗的通量，因而等号左边一项的物理意义为沿流向单位距离内的耗能通量。将式 (4.65) 动量损失厚度 δ_3 代入，则得

$$\frac{\mathrm{d}}{\mathrm{d}x}[U(x)^3\delta_3] = 2\nu \int_0^\infty \left(\frac{\partial u_x}{\partial y}\right)^2 \mathrm{d}y \tag{4.111}$$

式 (4.111) 就是不可压缩流体二维层流边界层的能量积分方程。

3. 动量积分方程的应用

上一节通过求解边界层微分方程得到了平板边界层流动相似性解的结果，下面用动量积分方程求解该问题的近似解。应用动量积分方程求解边界层的核心在于假定一个适宜的流速分布，能够满足主要的边界条件。用动量积分方程求解边界层近似解的精度，依赖于假定的流速分布和实际流速分布的符合程度。

由于平板外无黏性势流是均匀流，所以 $\frac{\mathrm{d}U(x)}{\mathrm{d}x} = 0$，$\frac{\mathrm{d}p}{\mathrm{d}x} = 0$，于是动量积分方程 (4.108) 简化为

$$\frac{\mathrm{d}\delta_2}{\mathrm{d}x} = \frac{\tau_0}{\rho U_\infty^2} \tag{4.112}$$

首先确定流速分布。对平板边界层，利用流速分布具有相似性条件，设速度分布为

$$\frac{u_x}{U_\infty} = f(\eta), \quad \eta = \frac{y}{\delta}$$

其中 δ 为边界层厚度。选取函数 $f(\eta)$ 使其尽量和真实速度剖面相吻合，令

$$f(\eta) = \sum_{n=0}^{n=N} a_n \eta^n$$

其中 $N+1$ 个系数 a_n 由边界条件确定。这里设 $f(\eta)$ 为三次多项式，即

$$f(\eta) = a_0 + a_1\eta + a_2\eta^2 + a_3\eta^3$$

该流速分布必须满足 4 个边界条件，才能确定多项式系数。边界层的边界条件为：壁面 $y=0$ 处 $u_x=0$，由边界层微分方程式 (4.69) 知 $\nu \frac{\partial^2 u_x}{\partial y^2} = \frac{1}{\rho}\frac{\mathrm{d}p}{\mathrm{d}x}$，因平板边界层流动 $\frac{\mathrm{d}p}{\mathrm{d}x} = 0$，因而 $\frac{\partial^2 u_x}{\partial y^2} = 0$；边界层外缘边界 $y=\delta$ 上 $u_x = U_\infty$，故 $\frac{\partial u_x}{\partial y} = 0$。因此 4 个边界条件为

$$u_x\Big|_{y=\delta} = U_\infty, \quad \frac{\partial u_x}{\partial y}\Big|_{y=\delta} = 0, \quad u_x\Big|_{y=0} = 0, \quad \frac{\partial^2 u_x}{\partial y^2}\Big|_{y=0} = 0$$

其中前两个是边界层外缘的渐近条件；第三个是壁面无滑移条件；最后一个是零压强梯度条件。它们可写作 $f(0) = 0$，$f''(0) = 0$，$f(1) = 1$，$f'(1) = 0$，由此得到

$$a_0 = 0, \quad a_1 = \frac{3}{2}, \quad a_2 = 0, \quad a_3 = \frac{1}{2}$$

于是流速分布为

$$\frac{u_x}{U_\infty} = f(\eta) = \frac{3}{2}\eta - \frac{1}{2}\eta^3 \tag{4.113}$$

选择了 $f(\eta)$ 的逼近函数并不意味着完全确定了流速剖面。因为 η 中还包含边界层厚度 δ，它是 x 的函数。也就是说上式流速分布表示带有参数 $\delta(x)$ 的速度剖面族，为完全确定速度剖面，需要用动量积分方程确定 $\delta(x)$。

将速度剖面函数式（4.113）代入动量损失厚度 δ_2 公式（4.64），得到

$$\delta_2 = \int_0^\delta \frac{u_x}{U_\infty}\left(1 - \frac{u_x}{U_\infty}\right) dy = \delta \int_0^1 f(1-f) d\eta$$

$$= \delta \int_0^1 \left(\frac{3}{2}\eta - \frac{1}{2}\eta^3\right)\left(1 - \frac{3}{2}\eta + \frac{1}{2}\eta^3\right) d\eta = \frac{39}{280}\delta(x)$$

根据壁面切应力公式：

$$\tau_0 = \mu\left(\frac{\partial u_x}{\partial y}\right)_{y=0} = \rho\nu \frac{U_\infty}{\delta} f'(0)$$

其中 $f'(0)$ 由式（4.113）得出

$$f'(0) = \left[\frac{3}{2} - \frac{3}{2}\eta^2\right]\bigg|_{\eta=0} = \frac{3}{2}$$

代入上式得

$$\tau_0 = = \frac{3\rho\nu U_\infty}{2\delta}$$

将 τ_0 及 δ_2 代入式（4.112）得到

$$\frac{39}{280}\frac{d\delta}{dx} = \frac{3\nu U_\infty}{2\delta}$$

积分上式，并注意到 $x=0$，$\delta=0$，则有

$$\delta = 4.64\sqrt{\frac{\nu x}{U_\infty}}$$

$$\tau_0 = 0.323\mu U \sqrt{\frac{U_\infty}{\nu x}}$$

所得结果与布拉休斯精确解形式一样，只是系数略有不同，如布拉休斯精确解 $\delta = 5.0\sqrt{\frac{\nu x}{U_\infty}}$；$\tau_0 = 0.332\mu U_\infty\sqrt{\frac{U_\infty}{\nu x}}$，可见动量积分方程方法具有很好的精度。

4.4.6 边界层的分离现象

对于平板边界层，其外部流动沿程没有增速或减速，也不存在压力梯度，这是最简单的情况。如果外部流动有沿程的压强梯度，或者说有正或负的加速度，则边界层的发展会受到影响，可能发生边界层与边壁的脱离，从而改变外部势流的流动图形。现在进一步考

察边界层内的流动。绕流物体的表面上速度等于 0，由边界层微分方程得到

$$\nu\left(\frac{\partial^2 u_x}{\partial y^2}\right)_{y=0} = \frac{1}{\rho}\frac{\partial p}{\partial x}$$

可见壁面附近流速剖面的曲率取决于顺流的压强梯度。根据边界层流向压强梯度 $\frac{\partial p}{\partial x}$，将边界层内的流动分成三种情况，如图 4.17 所示。

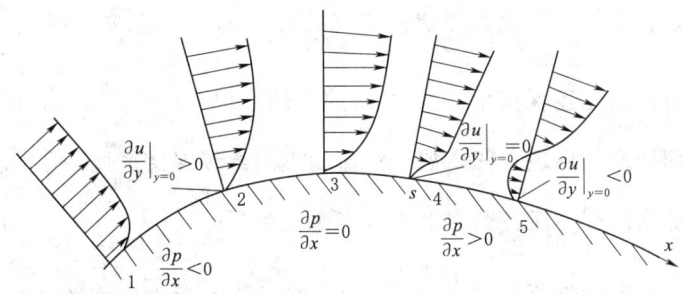

图 4.17　边界层内流动

(1) 流动方向上压强减小，即 $\frac{\partial p}{\partial x}<0$ 的情况，称顺压梯度区，此时 $\left.\frac{\partial^2 u_x}{\partial y^2}\right|_{y=0}<0$，通常这种边界层速度剖面 $u_x(y)$ 的形状是外凸的（图 4.17 中的 1 和 2）。

(2) 当压强达到极限值时，即 $\frac{\partial p}{\partial x}=0$，此时 $\left.\frac{\partial^2 u_x}{\partial y^2}\right|_{y=0}=0$，边界层速度剖面 $u_x(y)$ 在壁面上形成一个拐点（图 4.17 中的 3）。

(3) 流动方向上压强增加，即 $\frac{\partial p}{\partial x}>0$ 的情况，称逆压梯度区，此时 $\left.\frac{\partial^2 u_x}{\partial y^2}\right|_{y=0}>0$，通常这种边界层速度剖面 $u_x(y)$ 的形状是内凹的（图 4.17 中的 4 和 5）。

边界层内的流体质点在运动过程中受到两种力的作用：一是黏性力的作用，它使流体质点减速；二是压力梯度的作用。在第一种情况下，当沿流动方向压强减小即 $\frac{\partial p}{\partial x}<0$ 时，压力作为驱动力将抵消一部分黏性力的作用，使流动不至于减速很大，壁面附近的流体质点仍可向下游运动。在第三种情况下，当沿流动方向压强增加即 $\frac{\partial p}{\partial x}>0$ 时，压力梯度与黏性力同时使流体质点减速，从而可能使壁面附近的流体质点倒流（图 4.17 中的 4 和 5）。

上述分析表明，边界层内的流速分布与流向的压强梯度有密切关系。当 $\frac{\partial p}{\partial x}<0$ 时，整个边界层内的流体质点沿正 x 方向运动，边界层内的速度分布为 $\left.\frac{\partial u}{\partial y}\right|_{y=0}>0$，壁面附近 $\left.\frac{\partial^2 u}{\partial y^2}\right|_{y=0}<0$，边界层外缘附近始终有 $\frac{\partial^2 u}{\partial y^2}<0$，因此边界层速度剖面是外凸的，但 $\frac{\partial u}{\partial y}$ 逐渐

减小，速度逐渐趋近于边界层外势流速度；当 $\frac{\partial p}{\partial x}=0$ 时，边界层速度剖面在壁面上 $\frac{\partial^2 u}{\partial y^2}=0$，即边界层速度剖面在壁面上有拐点，流体质点开始减速，但仍有 $\frac{\partial u}{\partial y}\Big|_{y=0}>0$；当边界层内开始有逆梯度 $\frac{\partial p}{\partial x}>0$ 时，壁面 $\frac{\partial^2 u}{\partial y^2}\Big|_{y=0}>0$，但在边界层外缘附近始终有 $\frac{\partial^2 u}{\partial y^2}<0$，因此边界层内部出现拐点，就是说边界层内必有某处 $\frac{\partial^2 u}{\partial y^2}=0$。在逆压梯度 $\frac{\partial p}{\partial x}>0$ 的起始阶段，边界层内的流体质点还保持沿正 x 方向的运动，仍有 $\frac{\partial u}{\partial y}\Big|_{y=0}>0$，由于 $\frac{\partial^2 u}{\partial y^2}\Big|_{y=0}>0$，壁面附近速度剖面的形状出现内凹。如果沿流动方向继续保持逆压，压力梯度和壁面摩擦都使质点减速，那么就有可能在壁面上某一点 s 达到 $\frac{\partial u}{\partial y}\Big|_{y=0}=0$，在 s 点以后，近壁流体质点在逆压的作用下形成倒流，即 $\frac{\partial u}{\partial y}\Big|_{y=0}<0$，该现象通常称为流动从壁面上分离，$s$ 点称为分离点，s 点后称分离区。

分离区中倒流往往形成涡旋，分离区产生涡旋的同时，边界层迅速增厚。上述分析表明，流动分离是逆压梯度和流体黏性综合作用的结果，通常在顺压区是不会发生分离的，只有在逆压区内才有可能发生分离现象。普朗特边界层方程原则上只能适用于非分离区，在分离区内边界层厚度大大增加，边界层内速度分量的量阶关系发生了变化，不再符合边界层理论的基本假设。也就是说，不存在紧贴壁面的很薄的边界层，分离区常常伴随回流并产生不同于理想流的压强分布。在封闭物型的恒定绕流中，分离流动使物体后部的压强低于理想流的压强，从而产生流动阻力，这部分阻力往往大于壁面剪应力的合力，前者称为压差阻力，后者称为摩擦阻力。

由于边界层分离将造成流量损失和流动阻力的增加，因此人们总是试图避免这种现象的发生。绕流物体上总的阻力由摩擦阻力和压差阻力两部分组成。摩擦阻力主要由黏性作用产生，对大雷诺数层流运动，摩擦阻力约与流动速度的 3/2 次方成正比。而压差阻力是指物体前后的压强分布的合力，压差阻力与分离区大小直接相关。当分离区很大时，压差阻力是流动阻力中的主要成分，因此控制边界层分离是减阻的途径之一。边界层控制是很有意义的实际问题，它是黏性流体力学中的专门课题。

边界层的脱体现象得到了许多实测资料证实。图 4.18 的 8 幅照片展示了同一物体上边界层发展的不同阶段，流动方向为从左向右。

图 4.18（a）给出势流图形。图 4.18（b）中可以看到边界上有些质点停滞不动了，因为边界上开始看到有离散式的白点。图 4.18（c）中看到边界附近的质点从右向左流动，在离边界不远处，有一条由停止不动的质点所组成的线，线外的流动仍然维持自左向右的运动。图 4.18（d）～（h）显示出停滞点所组成的分隔两个方向不同的流动的界线是不稳定的，会破裂而成单独的涡旋。这些涡旋的发展使整个流动图形（包括压强分布）彻底改变。无黏性流体的流动图形之所以与实际流动有很大不同，其原因就在于没有考虑到边界层及其脱离所产生的后果。

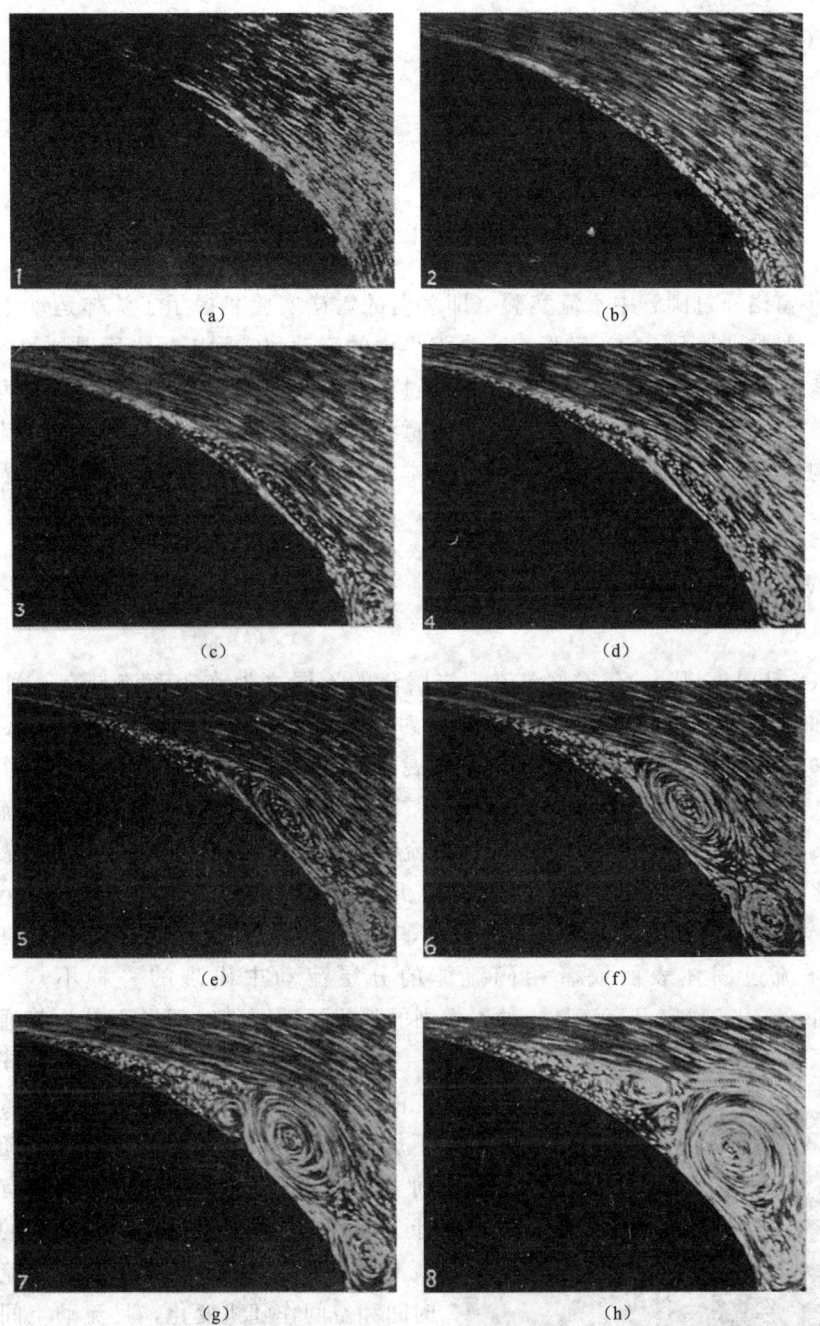

图 4.18 边界层的脱离现象[3]

第5章 紊流运动

1883年雷诺通过圆管中水流实验（即著名的雷诺实验）揭示了流体运动中存在层流和紊流两种性质截然不同的流动形态。自然界中的流动和实际工程中所遇到的各种流体运动大多是紊流。如水在江河中的流动、水绕过各种建筑物的流动、污染物质在河流及海洋中的扩散、大气边界层流动等多为紊流。本章将讨论紊流的特征及其分类、紊流发生过程及紊流结构、紊流的统计平均法、紊流的基本方程、紊流的能量方程、紊流的涡量方程以及紊流模型。

5.1 紊流的特征及其分类

紊流（turbulent flow），或称湍流，与层流的不同之处在于紊流具有一种特殊的性质，通常称为紊动（turbulence），或湍动。对于紊流给出一个严格的定义是困难的，虽然百余年来人类对紊流的研究取得了不少进展并解决了不少工程问题，但是，由于紊流运动的复杂性，其机理至今未被人类所掌握。雷诺在实验中观察到，层流中各层流体互不掺混，流体质点沿平滑路线做规则的运动；紊流中各层流体互相掺混，流体质点做不规则的运动，因此，雷诺把紊流定义为一种蜿蜒曲折、起伏不定的流动（sinuous motion）。泰勒（G. I. Taylor，1937）对紊流进行了定义，并得到卡门（von Karman）的赞同，即紊流是在流体流过固体表面或者相同流体的分层流动中出现的一种不规则的流动。H. L. Dryden（1939）定义紊流是一种不规则的随机运动，随时间做不易为普通量测仪器所觉察的振荡，这种振荡可以认为是叠加在一种恒定运动之上，而其时均特性正是需要研究的。J. O. Hinze定义紊流是流体运动的一种不规则的情形，紊流中各种物理量随时间和空间坐标而呈现随机的变化，因而具有明确的统计平均值。这里对紊流作一归纳性的解释，即紊流是一种不规则的流动形态，其流动参数随时间和空间作随机变化，且流动空间分布着大小和形状各不相同的涡旋。

图5.1为用流动显示方法测取的高雷诺数下圆柱后的紊流图形；图5.2为用流动显示方法测取的紊动射流，图中显示紊流中存在极为复杂的各种涡旋运动；图5.3为用流动显示方法测取的明槽内紊流图形。图5.4为实测的紊流中一个固

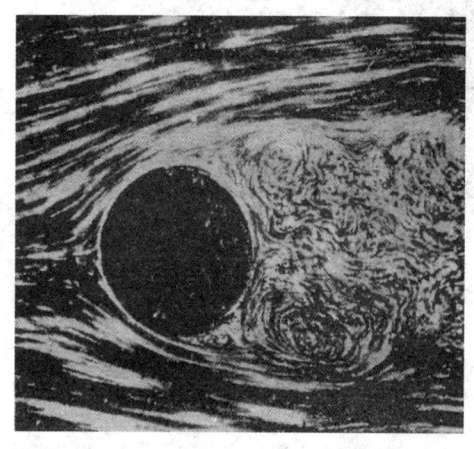

图5.1 高雷诺数下圆柱后的紊流图形[3]

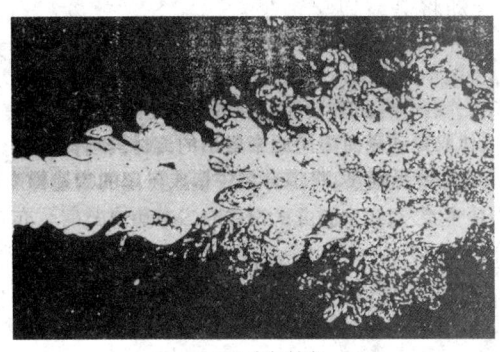 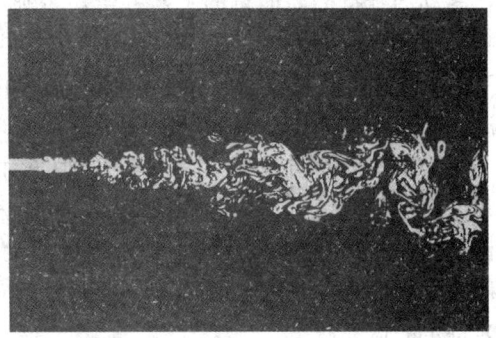

(a) 空气射流　　　　　　　　　　　　　　(b) 水射流

图 5.2　紊动射流[3]

定点的流动参数随时间的变化，图中显示这些流动参数（流速和压强）都随时间随机变化，具有强烈的脉动。

通过上述对紊流的归纳性解释以及对紊流图形的分析，紊流的主要特征归纳如下。

（1）不规则性。紊流中流体质点做极不规则的运动，它的轨迹是一条蜿蜒曲折的线。流场中各种流动参数的值呈现强烈的脉动现象，具有一定的随机性质。

（2）扩散性。紊流的各项特性（如动量、能量、温度和含有物质的浓度等）通过紊动向各方传递，一般从高值处向低值处扩散。紊流可以用来散热和掺混，就是利用紊动的扩散性能。紊流的这个性质在工程技术中常起重要的作用。

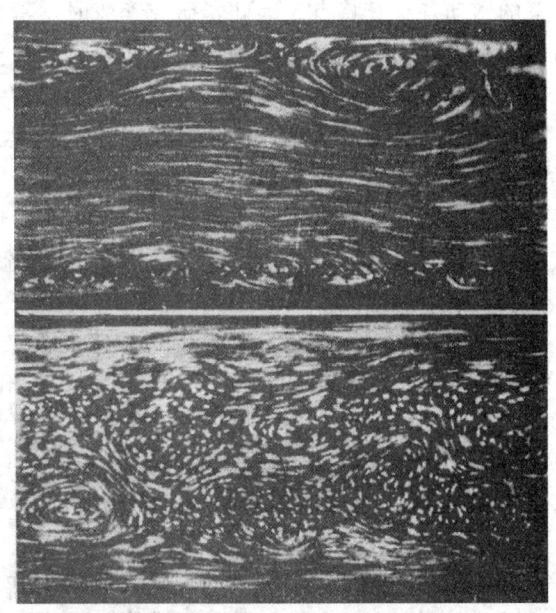

图 5.3　明槽内紊流图形[10]

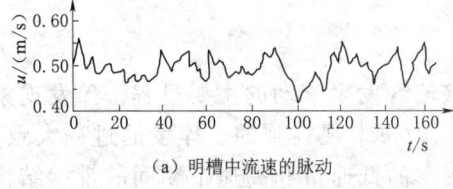 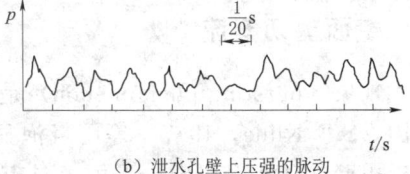

(a) 明槽中流速的脉动　　　　　　　　　　(b) 泄水孔壁上压强的脉动

图 5.4　紊流的脉动现象[10]

（3）连续性。紊流中的质点或涡旋体是连续的，符合连续介质假定。

（4）耗能性。黏性切应力不断地把紊动能量转化为流体内能而散失掉。紊动要消耗能量，紊动的维持需要能量的不断补给，否则，紊动将衰减以至消失。

(5) 三维有涡性。紊流是有涡运动，而且总具有三维的特征。在紊流中各处的涡量不等于 0。涡量还具有随机脉动性，而且涡量的随机脉动不能在二维流场中存在，只能在三维流场中存在。因为涡量脉动有一个重要机理：涡旋的拉伸不能是二维的。

应当指出，紊流并不是完全不规则的随机的运动，在表面看来不规则的运动中隐藏着某些可检测的有序运动，称为拟序运动，或称拟序结构（quasi-orderd structure），亦或称相干结构（coherent structure），这种流动的结构是指在切变紊流场中不规则地触发的一种有序运动，它的起始时刻和位置是不确定的，但一经触发，它就以某种确定的次序发展为特定的运动状态。

紊动是流动的一种特定形态，并不是流体本身固有的一种性质（如黏性）。因此，紊动的规律对各种流体都适用。应当注意，流场的边界条件对紊动有较大影响，不同边界条件下的紊动各有其特点。因此，研究紊流时，常把紊流分成各向同性均匀紊流和剪切紊流两大类，而剪切紊流又可分为自由剪切紊流和边壁剪切紊流两种。

(1) 各向同性均匀紊流。紊动特征（如紊动强度）在流场中各坐标点上是一样的、在各个方向也是一样的紊流，称为各向同性均匀紊流。在这种紊流中没有流速梯度，也就没有剪切应力。这是一种最简单的紊流，在实际中很难找到，它只是为便于理论探讨的一个假想模型。风洞格栅后一定距离处的紊流可作为近似的各向同性均匀紊流来探讨。

(2) 剪切紊流（turbulent shear flow）。有流速梯度因而有剪切力的紊流，称为剪切紊流。实际中的紊流多属于这类。自由剪切紊流（free turbulent shear flow）是指流速梯度是由间断面引起、紊动发展不受边壁限制的紊流，如各种尾流和射流，如图 5.1 和图 5.2 所示。壁面剪切紊流（wall turbulent shear flow）是指流速梯度是由固体边壁引起而形成的紊流，如壁面上紊流边界层、管道和明槽中的紊流都属于这类，如图 5.3 所示。

5.2 紊流发生过程及紊流结构

紊动是通过剪切作用产生的，强大的剪切作用都发生在剪切层（shear layer），因此剪切层是紊动发生的主要场所。所谓剪切层是指在流线的法线方向具有流速梯度的流层。许多流动中流速梯度都集中在较薄的流层内。例如，管道和明槽进口段的边界层，流速不相等的两平行流动间的过渡混合层，淹没射流与周围流体间的流层，绕流物体的边界层和尾流等都是剪切层的实例。

5.2.1 壁面剪切紊流

猝发现象（bursting phenomenon）是近壁流区发生紊动的主要过程。猝发现象最初是克莱因（S. J. Kline，1967）等用氢泡显示流动技术观察到的。猝发的过程大致如下：在很靠近边壁的黏性底层中，平面上具有顺流向的低速带和高速带相间的带状结构。图 5.5 是用氢泡显示流动技术得到的边界层内不同高度上的流动图像，图 5.5 (a) 为 $y^+ = 4.5$ 高度的平面；图 5.5 (b) 中 $y^+ = 50.7$；图 5.5 (c) 中 $y^+ = 101$；图 5.5 (d) 中 $y^+ = 407$ （相当于 $y/\delta \approx 0.85$，δ 为边界层厚度），其中 $y^+ = \dfrac{y u_*}{\nu}$（无量纲）表示自壁面算起的高度，$u_* = \sqrt{\dfrac{\tau_0}{\rho}}$ 为摩阻流速，τ_0 为壁面切应力。图 5.6 为距壁面 $y^+ = 5$ 高度平面实测瞬时流速的横向分布。图中 z 为横向水平距离，u_x 为顺流向的速度，u_z 为横向（沿 z 向，即左右摇摆）的速度，U 为时均速度。瞬时速度大小相间，充分表明低流速带与高流速带相间排列的结构特征。由图 5.5（a）可以清楚地观察到高低速相间的带状流动结构，而且低速带的分布是不均匀的，其形状也不规则。两相邻低速带的平均间距设为 λ，其无量纲距 $\lambda^+ = \dfrac{\lambda u_*}{v}$ 约为 100；低速带出现的无量纲高度一般为 $y^+ = 0 \sim 10$，即发生在黏性底层（黏性底层的厚度一般定义为 $y^+ = 11.6$）。低速带随时均流动向下游移动时，其下游头部缓慢上举，与壁面间的距离逐渐增大，常形成如图 5.7 所示的横向涡旋。涡旋上下产生压差，使涡旋顶着低速带上升，倾角约为 $2° \sim 20°$，涡旋本身则变形成为马蹄形涡（horseshoe vortex），头部上举后进入流速较大的流层，马蹄形涡发生拉伸变形（图 5.8）。涡旋拉伸作用的结果使简单的涡旋形成错综复杂的涡量场。

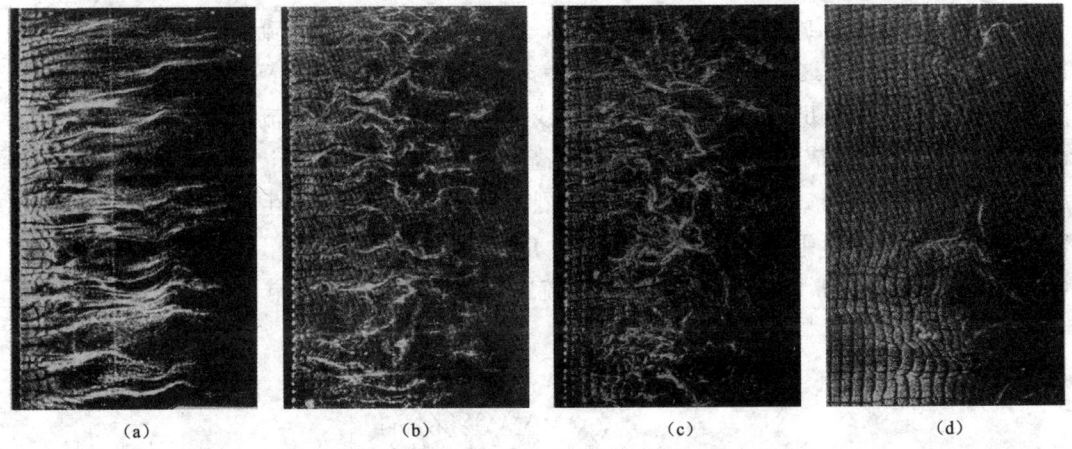

图 5.5 边界层内不同高度上的流动图像[7]

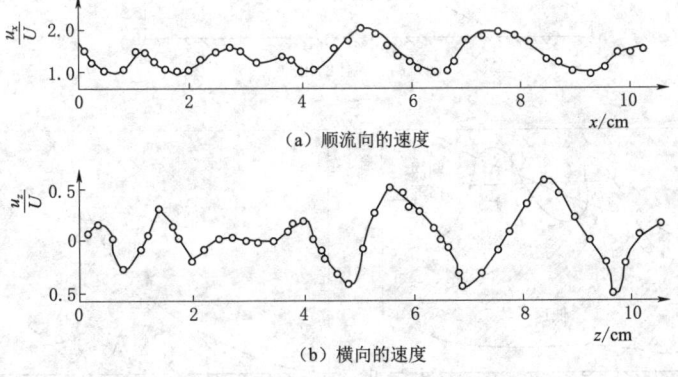

图 5.6 瞬时流速的横向分布[3]

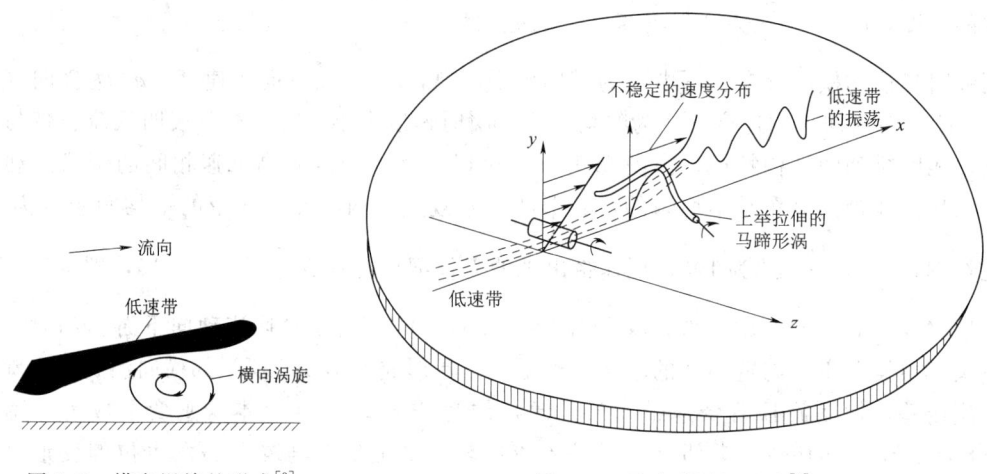

图 5.7 横向涡旋的形成[3]　　　　图 5.8 马蹄形涡的形成[3]

在低速带上举、马蹄涡拉伸变形过程中，还可观察到一股高速流体从上游上层向下游俯冲［图 5.9（a）］，这股高速水流来自 $y^+=20\sim200$ 的流区，在高速流体与低速流体之间形成一个强大的剪切层，瞬时流速分布曲线上出现拐点，增加了流动的不稳定性。马蹄涡头部的上举最终形成低速流体突然向上层高速流体"喷射（ejection）"，如图 5.9（b）所示，在和高速流体掺混过程中产生大量剧烈的紊动，喷射一般发生在 $y^+=10\sim30$ 的流区。同时，高速流体乘机俯冲而入，俯冲角度为 $5°\sim15°$，这个过程可称为"清扫（sweep）"，如图 5.9（c）所示。清扫过后流速分布恢复正常，拐点消失。低速流体的喷

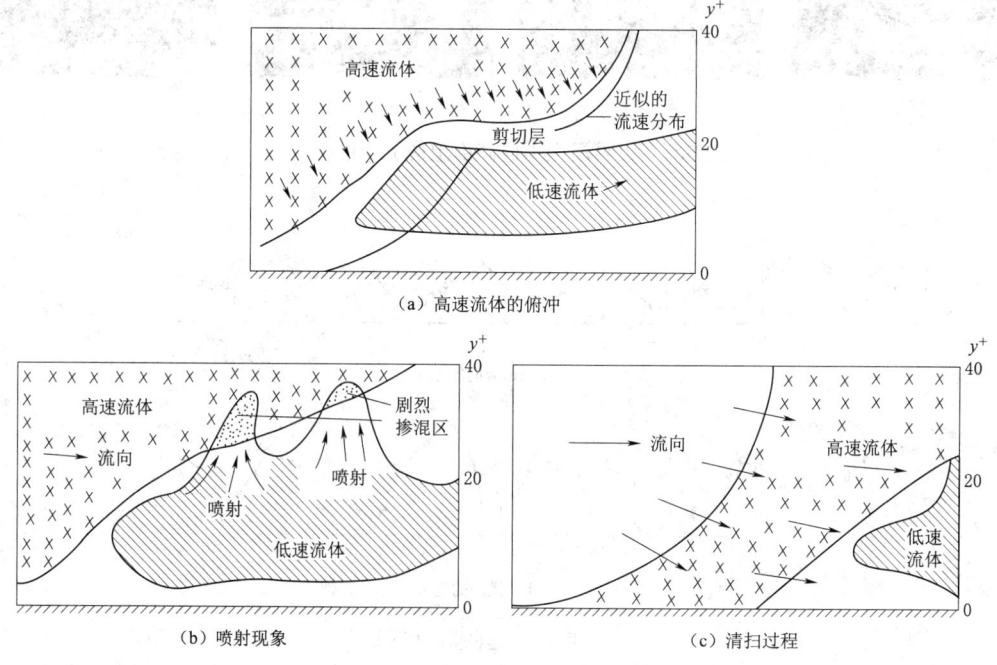

图 5.9 猝发过程的主要现象[3]

射和高速流体的清扫是猝发现象的两个主要组成部分,清扫过后,又是新的低速带的出现而重复以上各个阶段。

图5.10表示猝发现象的过程及各个阶段的流速分布曲线,图中实线为瞬时流速分布,虚线为时均流速分布。清扫过后瞬时的流速分布恢复正常,拐点消失,如图5.10中⑥所示。图5.11则为猝发的喷射阶段和清扫阶段的流速分布曲线,断面瞬时流速呈现相当复杂的状况。

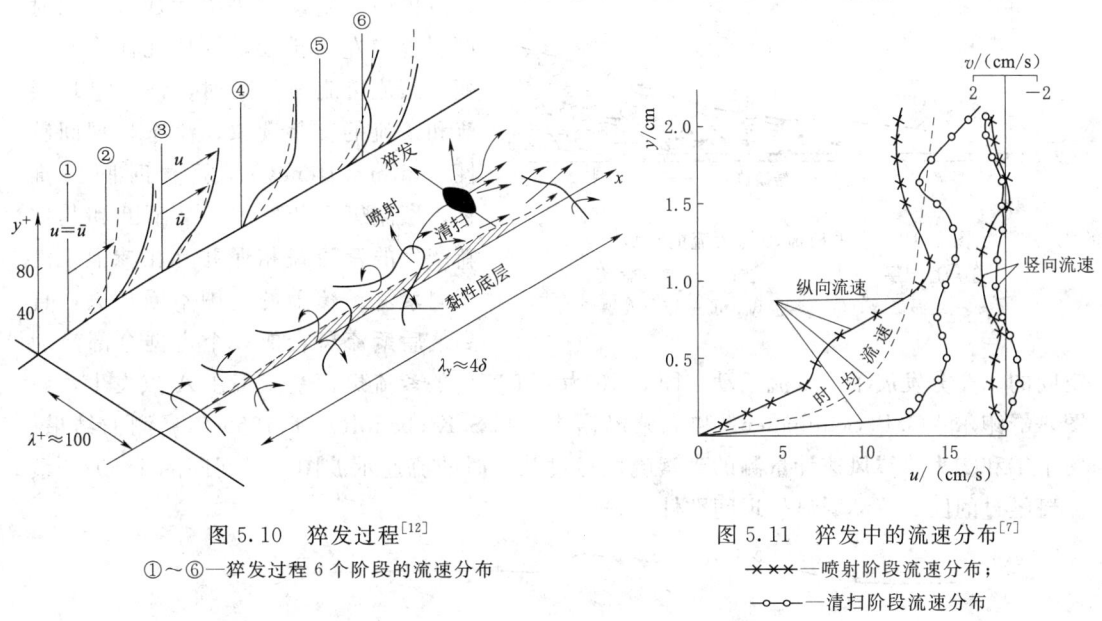

图5.10 猝发过程[12]
①～⑥—猝发过程6个阶段的流速分布

图5.11 猝发中的流速分布[7]
×××—喷射阶段流速分布;
—○—清扫阶段流速分布

总的说来,猝发现象是一种循环性和间歇性的现象,发生的地点和时间又都具有随机性质,至今仍处于不断探索的阶段。资料表明,猝发过程中流速分布和涡量分布都发生剧烈的变动,绝大部分紊动能量产生在猝发期间,所以猝发现象是时均流动能量转化为紊动能量的一种主要方式。

在说明了猝发现象以后,对于固体壁面附近边界层流动中由层流到紊流的发展过程做一总结。图5.12描述了沿平板流动的紊流的形成过程。设来流未扰动流速为U_∞,在平板上游首部,不论U_∞有多大,总有一段距离内为层流边界层流动。尔后流动开始不稳定。初始不稳定表现为二维T/S波(Tollmien - Schlichting波,它是一种波长很长的扰动波,约为边界层厚度的6倍),随着T/S波向下游传播,很快会出现在展向(z方向)的变化,显示出三维特征。流动中产生相间的低速带,并发生马蹄涡的拉伸和变形,进而影响主流的时均流速分布使之弯曲和出现拐点,并引起流速和压强均出现三维的脉动。马蹄涡的破碎、喷射和清扫现象的相继发生从而完成一个猝发的过程。在发生猝发现象的地点,其下游将出现局部的紊流斑(turbulent spot)。猝发和紊流斑的出现在时间上和位置上都是随机的。紊流斑随主流(x方向)向下游扩展,最后紊流部分占据了全部板宽,发展为充分发展紊流。

以下简单介绍紊流斑。紊流斑是在层流中出现的一个紊动体,形状不规则,但各紊流

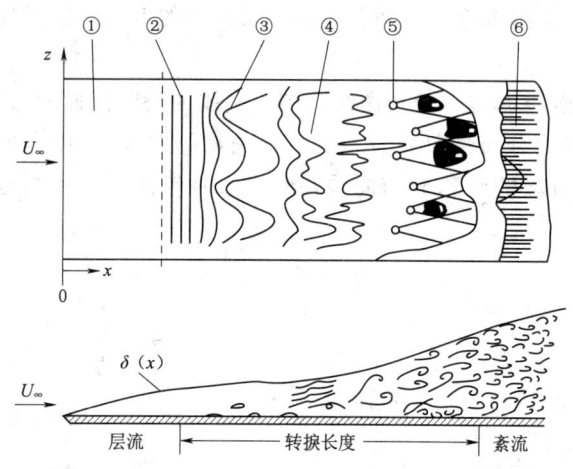

图 5.12 沿平板流动的紊流的形成[7]
①—稳定层流；②—T/S 波；③—展向涡旋；
④—三维涡破碎；⑤—紊流斑；⑥—充分发展紊流

斑具有相似性。在平面上，紊流斑形似箭头，左右对称，中间有一个顺流向的对称面。紊流斑前端的速度大于尾端的速度，左右两翼的速度只有外部速度的一半（$0.5U_\infty$）。因此，在运行过程中，把外部的层流流体卷吸到斑点里面，使紊流斑扩大成长，同时两翼也向左右扩展，维持几何形状不变。紊流斑流经一处时，该处呈现层流和紊流的交替现象，流态呈现间歇性（intermittency）。随着时间的推移，紊流斑不断发展，又不断和其他新产生的紊流斑相遇并互相掺混，沿流向紊流斑覆盖的范围不断扩大，直到最后紊流斑合成一个占据全部流动空间的、充分发展了的紊流运动。图 5.13 为人工产生的紊流斑，紊流斑在 A 点发生，该图是舒鲍尔（G. B. Schubauer）和克莱巴诺夫（P. S. Klebanoff）于 1955 年量测的结果，图中①和②为热线风速计量测的当紊流斑经过某点时的流速示波图，时间间隔 1/60s，紊流斑经过的区域流动明显呈现间歇性[7]。

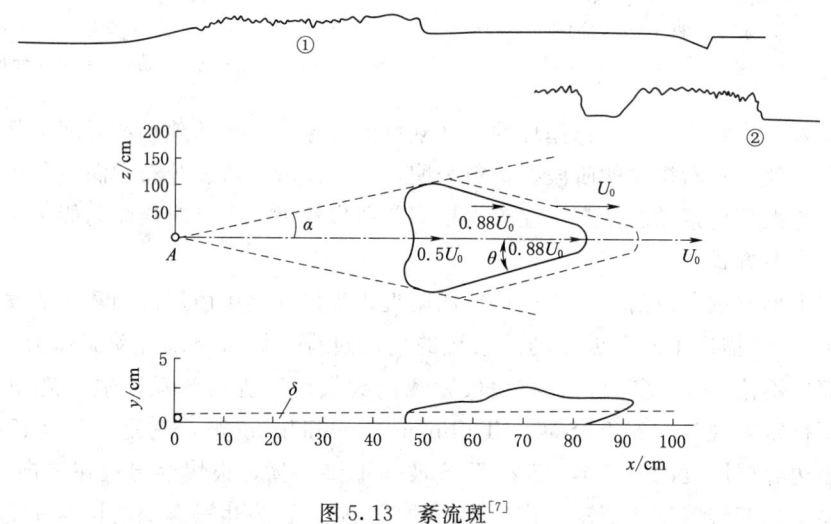

图 5.13 紊流斑[7]

5.2.2 自由剪切紊流

自由剪切紊流的发生是从具有流速差的两层流体的间断面开始的。间断面是不稳定的，一有扰动便形成涡旋，涡旋的形态和性质受各种因素的影响。

二维差流混合层是最简单的一种自由剪切紊流，如图 5.14（a）所示。图 5.14（b）

为用流动显示方法得到的流速不等的两股气体的混合层中的相干结构（Roshko，1967），它是一行明显的涡旋。涡旋向前移动的速度近于相同，约等于 U_1 和 U_2 的平均值。涡旋的尺寸和间距沿程增大，经历一段距离后涡旋即被吞并而消灭，每个涡旋都有它的生存时间或距离。从观测得知，涡旋尺寸和间距的增大是由涡对的合并而实现的，在这个过程中相邻两个涡旋彼此围绕做反向旋转，相互作用，最后合并成为一个较大的涡旋。这种作用是混合层增厚的一个因素，所以涡对的合并被看作是这种流动的一个重要机理。

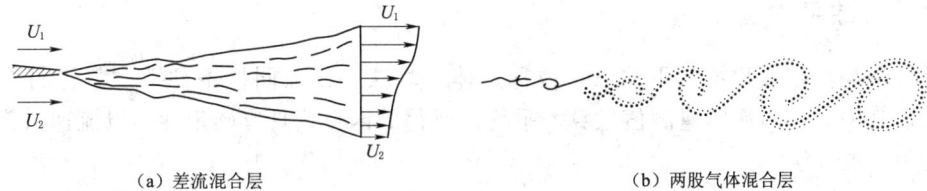

(a) 差流混合层　　　　　　　　　　(b) 两股气体混合层

图 5.14　二维混合层的相干结构[10]

与紊动混合层增厚发展有关的一个重要现象是卷吸（或挟掺）（entrainment），即把周围非紊动的流体挟入到紊动区域之内，或者看作是紊动区域扩展到周围流动中去。这个挟掺过程也可看作是大尺度涡旋相互作用时的吞没作用，周围非紊动的流体在涡旋之间被挟入，随着涡旋的合并而被包进剪切层内。同时由于小尺度紊动作用，发生内部混合而成为紊流。在混合层的边界上也许可能还有一些小尺度紊动的扩散作用，但整个混合层的总体的和时均的特征则应主要决定于大尺度涡旋的作用。

5.3　紊流的统计平均法

紊流中的各物理量（如流速、压强、切应力等）均是随机函数（random function），因此应考虑用处理随机现象的统计方法进行研究。统计平均法是处理紊流运动的一个基本方法。平均的方法有多种，这里介绍紊流研究中常用的两种方法：时间平均法（temporal average）和系综平均法（ensemble average）。

5.3.1　时间平均法

时间平均法（时均法）是将随机变量的瞬时值在一定时段内进行平均。以紊流场中某一点的瞬时流速 u 为例，其中时均值的定义为

$$\overline{u} = \lim_{T \to \infty} \frac{1}{T} \int_{t_0}^{t_0+T} u \, \mathrm{d}t \tag{5.1}$$

根据随机函数的性质，起始时刻 t_0 是任意取值的，它不影响时均值的大小。T 为取平均的时段长，理论上应取 $T \to \infty$，实际处理时 T 应取足够长的时段以保证时均值成为一个稳定值，应视具体问题的性质和精度要求而定。

这样就把瞬时流速 u 分为两部分，即时均流速 $\overline{u}$ 和脉动流速 u'，表述如下：

$$u = \overline{u} + u' \tag{5.2}$$

由定义可知脉动流速的时均值都等于 0，即

$$\overline{u'} = \lim_{T \to \infty} \frac{1}{T} \int_{t_0}^{t_0+T} u' \mathrm{d}t = 0 \tag{5.3}$$

同样，对于紊流中的其他各物理量，如压强、密度等，均可采用时间平均法。应当指出，对于非恒定流动，其物理量不只是因为紊流的随机性质而时有变化，而且因流动本身也在变化，这时时均法就不适用。在紊流运动中所谓流动的恒定是指其在时均的意义上是恒定的。

5.3.2　系综平均法

系综平均法，或称统计平均法，或称总体平均法，是在同样条件下重复进行多次实验，任取其中足够多次的量测值做算术平均，所得的函数值具有确定性。以流速为例，系综平均值 $\langle u \rangle$ 为

$$\langle u \rangle = \lim_{N \to \infty} \frac{1}{N} \sum_{k=1}^{N} u_k \tag{5.4}$$

式中：N 为足够多的重复实验的次数，即样本总数，称为总体（ensemble）；u_k 为第 k 次实验的流速值。

设对流场中某点［如图 5.15（a）中水箱恒定泄流的管内 A 点］进行流速的量测，共测 N 次，则其系综平均值可按式（5.4）计算。

如果流动是非恒定的，在本例是当水箱中水位变化的情况，则 A 点流速随时间变化，其系综平均值的确定需要分时段量测。在每隔一个 Δt 时段测一个 u_A 值，在 $m\Delta t$ 时间内共测 m 个 u_A 值。同样条件下重复 N 次实验，这样就可对每个瞬间得到 N 个 u_A 值，按式（5.4）分别计算其系综平均值。如 Δt 足够短，m 足够多，即可得到 $\langle u \rangle$ 随时间变化的连续曲线，即图 5.15（b）中的 $\langle u \rangle = f(t)$。

由此可见，系综平均的方法对于恒定流动和非恒定流动都是适用的，是一个具有普遍性的平均方法，这是系综平均法之所以较其他平均法优越的地方。在紊流理论中，所谓的平均都指系综平均。至于时间平均法，从它的定义可见，对于非恒定流动严格来说是不适用的。

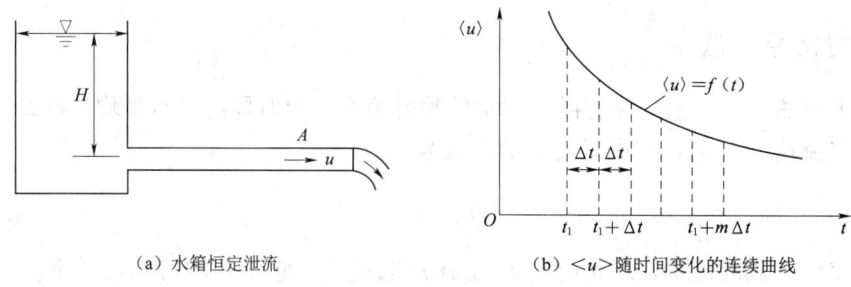

（a）水箱恒定泄流　　　　　（b）<u>随时间变化的连续曲线

图 5.15　系统平均法

式（5.4）还可以写成概率分布（probability distribution）的形式。在 N 个实验中测得流速 u 在 u_0 和 $u_0 + \Delta u$ 之间的个数为 ΔN，即流速值落在 $u_0 < u \leqslant u_0 + \Delta u$ 区间的个数为 ΔN，则其概率为

$$P(u_0 < u \leqslant u_0 + \Delta u) = \frac{\Delta N}{N} \tag{5.5}$$

显然，$P(u_0 < u \leqslant u_0 + \Delta u)$ 的值与 Δu 成正比，Δu 越小则概率 P 的值越小。概率还可以表示为

$$P(u_0 < u \leqslant u_0 + \Delta u) = p(u) \Delta u \tag{5.6}$$

式中：$p(u)$ 为概率密度函数（probability density function）。

比较式 (5.5) 和式 (5.6)，有

$$\Delta N = N p(u) \Delta u$$

根据概率的定义，并利用上式，则平均值可写为

$$\langle u \rangle = \frac{1}{N} \sum u \Delta N = \frac{1}{N} \sum u N p(u) \Delta u = \sum u p(u) \Delta u$$

令 $\Delta u \to 0$，则得

$$\langle u \rangle = \int_{-\infty}^{\infty} u p(u) \mathrm{d}u \tag{5.7}$$

式 (5.7) 和式 (5.4) 的意思是一样的。式 (5.4) 只适用于离散量，而式 (5.7) 适用于连续变量。

系综平均法虽然具有对恒定流动和非恒定流动均适用的优越性，但实际应用中还是有困难的。因为一个变量的概率密度函数常常是事先不知道的。如通过实验的资料来求统计的平均，则需要重复同样的实验许多许多次，一般是很难做到的。实际上容易做到的是从一次实验在一个时段内测得的数据中求平均，实际上是时均法。所以现在的问题是，什么条件下能使简便的时间平均法的结果接近于统计平均值。

从数学上可以证明，当一个随机过程是属于平稳过程（stationary process）而且又具有各态遍历（ergodic），亦即满足遍历定理的必要和充分条件时，其时间平均值与系综平均值是相等的。所谓平稳过程是指随机过程的统计特性不随时间推移而变化的过程。所谓各态遍历是指一个随机变量在许多个相同试验中或一个试验重复多次时出现的所有可能状态，能够在一次试验的相当长的时间或相当大的范围内，以相同的概率出现。

在紊流运动中，遍历假设尚未得到普遍证明。不过在今后处理紊流运动中，所有的平均值，在概念上都是指系综平均值，而实际计算和试验中则均用时间平均值代替。到目前为止，实践证明这是可行的。因此今后的紊流研究中均以时间平均值代替统计平均值。

在采用平均法处理随机变量时，常会遇到对两个变量的平均运算，令 f 及 g 代表两个变量，利用平均的定义关系式 (5.2) 及式 (5.3) 容易得到下列运算法则：

(1) $\overline{f+g} = \overline{f} + \overline{g}$。
(2) $\overline{a \cdot f} = a \cdot \overline{f}$（$a$ 为常数）。
(3) $\overline{f \cdot g} = \overline{f} \cdot \overline{g} + \overline{f' \cdot g'}$（$f'$、$g'$ 为脉动值）。
(4) $\overline{\dfrac{\partial f}{\partial s}} = \dfrac{\partial \overline{f}}{\partial s}$，$s = x$、$y$、$z$、$t$。

其中要特别注意第 (3) 个法则：两变量相乘的平均值等于变量的平均值的乘积加上两变量脉动值的乘积的平均值，即多了后面这一项。

5.4 紊流的基本方程

紊流是黏性流体在一定条件下所产生的一种运动方式,因而描述黏性流体运动的 N-S 方程应该同样适用于紊流。但由于紊流运动极其复杂,企图求解瞬时流动的全部过程,既不可能也无必要。因为紊动是一种随机过程,每一次单独的过程均不完全相同,没有什么意义,有意义的是过程总体的统计特性。最重要的同时也是最简单的统计特征值是平均值。下面按雷诺的平均法,建立紊流的连续性方程和运动方程。

5.4.1 紊流的连续性方程

不可压缩流体的连续方程（2.1节）为

$$\frac{\partial u_i}{\partial x_i}=0 \tag{5.8}$$

用 $u=\overline{u}+u'$ 代入式 (5.8),并进行时间平均,得

$$\overline{\frac{\partial u_i}{\partial x_i}}=\overline{\frac{\partial(\overline{u_i}+u'_i)}{\partial x_i}}=\frac{\partial \overline{u_i}}{\partial x_i}+\frac{\partial \overline{u'_i}}{\partial x_i}=0$$

因 $\overline{u'_i}=0$,由上式得不可压缩流体的紊流时均流动的连续性方程为

$$\frac{\partial \overline{u_i}}{\partial x_i}=0 \tag{5.9}$$

由式 (5.8) 和式 (5.2),得

$$\frac{\partial(\overline{u_i}+u'_i)}{\partial x_i}=\frac{\partial \overline{u_i}}{\partial x_i}+\frac{\partial u'_i}{\partial x_i}=0$$

以式 (5.9) 代入得

$$\frac{\partial u'_i}{\partial x_i}=0 \tag{5.10}$$

即脉动流速也满足同样形式的连续性方程。

5.4.2 紊流的运动方程——雷诺方程

不可压缩黏性流体的 N-S 方程为

$$\frac{\partial u_i}{\partial t}+u_j\frac{\partial u_i}{\partial x_j}=-\frac{1}{\rho}\frac{\partial p}{\partial x_i}+\nu\frac{\partial^2 u_i}{\partial x_j \partial x_j}+f_i \tag{5.11}$$

用 $u_i=\overline{u_i}+u'_i$, $p=\overline{p}+p'$ 代入式 (5.11),得

$$\frac{\partial}{\partial t}(\overline{u_i}+u'_i)+(\overline{u_j}+u'_j)\frac{\partial}{\partial x_j}(\overline{u_i}+u'_i)=-\frac{1}{\rho}\frac{\partial}{\partial x_i}(\overline{p}+p')+\nu\frac{\partial^2}{\partial x_j \partial x_j}(\overline{u_i}+u'_i)+f_i$$

对上式取时间平均,并注意平均运算法则及消去若干等于 0 的项,得

$$\frac{\partial \overline{u_i}}{\partial t}+\overline{u_j}\frac{\partial \overline{u_i}}{\partial x_j}+\overline{u'_j\frac{\partial u'_i}{\partial x_j}}=-\frac{1}{\rho}\frac{\partial \overline{p}}{\partial x_i}+\nu\frac{\partial^2 \overline{u_i}}{\partial x_j \partial x_j}+f_i \tag{5.12}$$

式 (5.12) 等号左端第三项可改写为

$$\overline{u'_j \frac{\partial u'_i}{\partial x_j}} = \overline{\frac{\partial}{\partial x_j}(u'_i u'_j)} - \overline{u'_i \frac{\partial u'_j}{\partial x_j}}$$

根据式 (5.10)，有 $\frac{\partial u'_j}{\partial x_j} = 0$，则上式等号右端第二项为 0，故

$$\overline{u'_j \frac{\partial u'_i}{\partial x_j}} = \frac{\partial}{\partial x_j}(\overline{u'_i u'_j})$$

代入式 (5.12) 并整理得

$$\frac{\partial \overline{u_i}}{\partial t} + \overline{u_j} \frac{\partial \overline{u_i}}{\partial x_j} = -\frac{1}{\rho}\frac{\partial \overline{p}}{\partial x_i} + \frac{1}{\rho}\frac{\partial}{\partial x_j}\left(\mu \frac{\partial \overline{u_i}}{\partial x_j} - \rho \overline{u'_i u'_j}\right) + f_i \tag{5.13}$$

式 (5.13) 即不可压缩紊流时均流动的运动方程。雷诺首先得出这个方程，故称其为雷诺方程 (Reynolds equation)。

把雷诺方程 (5.13) 和 N-S 方程 (5.11) 进行比较可知，雷诺方程中增加了一项 $-\rho \overline{u'_i u'_j}$，它代表了紊流脉动对时均流动产生的影响，称为雷诺应力 (Reynolds stress) 或称紊动应力 (turbulent stress)。当 $i \neq j$ 时雷诺应力为切应力，当 $i = j$ 时则为法向应力。雷诺应力的物理意义是紊动所产生的动量交换。紊动的结果之所以会产生动量交换，是由于流场中流速分布不均匀，而后者反映有迁移加速度的存在。因此可以说，紊动应力起源于迁移加速度。只有各处流速不相等的紊动场里，才有紊动应力存在，这种紊动就是剪切紊动 (shear turbulence)。

雷诺方程还可以写成另一种形式。因为

$$\frac{\partial \overline{u_j}}{\partial x_j} = 0$$

则有

$$\frac{\partial}{\partial x_j}\left(\mu \frac{\partial \overline{u_j}}{\partial x_i}\right) = \frac{\partial}{\partial x_i}\left(\mu \frac{\partial \overline{u_j}}{\partial x_j}\right) = 0$$

将式 (5.13) 等号右端第二项黏性切应力 $\frac{\partial}{\partial x_j}\left(\mu \frac{\partial \overline{u_i}}{\partial x_j}\right)$ 加上上式，有下式成立：

$$\frac{\partial}{\partial x_j}\left(\mu \frac{\partial \overline{u_i}}{\partial x_j}\right) = \frac{\partial}{\partial x_j}\left(\mu \frac{\partial \overline{u_i}}{\partial x_j}\right) + \frac{\partial}{\partial x_j}\left(\mu \frac{\partial \overline{u_j}}{\partial x_i}\right) = \frac{\partial}{\partial x_j}\left[\mu\left(\frac{\partial \overline{u_i}}{\partial x_j} + \frac{\partial \overline{u_j}}{\partial x_i}\right)\right]$$

而 $\left(\frac{\partial \overline{u_i}}{\partial x_j} + \frac{\partial \overline{u_j}}{\partial x_i}\right)$ 是流体质点在时均流动中的变形率 $\overline{\varepsilon_{ij}}$ 的 2 倍 [参见变形张量，式 (1.20)]，即

$$\overline{\varepsilon_{ij}} = \frac{1}{2}\left(\frac{\partial \overline{u_i}}{\partial x_j} + \frac{\partial \overline{u_j}}{\partial x_i}\right) \tag{5.14}$$

$\overline{\varepsilon_{ij}}$ 称为时均变形张量。则可得

$$\frac{\partial}{\partial x_j}\mu\left(\frac{\partial \overline{u_i}}{\partial x_j} + \frac{\partial \overline{u_j}}{\partial x_i}\right) = \frac{\partial}{\partial x_j}(2\mu \overline{\varepsilon_{ij}}) \tag{5.15}$$

再将压强 $\overline{p}$ 和 $2\mu \overline{\varepsilon_{ij}}$ 合在一起，组成一个时均应力张量 [参见牛顿本构方程 (1.38a)]，记为 $\overline{\sigma_{ij}}$，即

$$-\overline{p}\delta_{ij} + 2\mu \overline{\varepsilon_{ij}} = \overline{\sigma_{ij}} \tag{5.16}$$

其中，δ_{ij} 称为克罗内克尔（Kronecker）符号，定义当 $i=j$ 时 $\delta_{ij}=1$，当 $i\neq j$ 时 $\delta_{ij}=0$。

变形张量和应力张量也可以分解为时均值和脉动值，即

$$\varepsilon_{ij}=\overline{\varepsilon_{ij}}+\varepsilon'_{ij} \tag{5.17}$$

$$\sigma_{ij}=\overline{\sigma_{ij}}+\sigma'_{ij} \tag{5.18}$$

经过上述变换后，雷诺方程可写为

$$\frac{\partial \overline{u_i}}{\partial t}+\overline{u_j}\frac{\partial \overline{u_i}}{\partial x_j}=\frac{1}{\rho}\frac{\partial}{\partial x_j}(\overline{\sigma_{ij}}-\rho\overline{u'_i u'_j})+f_i \tag{5.19}$$

现阶段讨论的紊流的时均流动都是恒定的，且质量力仅为重力。在无自由面的流动中，重力可包括在压强梯度之内，不必另行考虑。则雷诺方程又可简化为

$$\overline{u_j}\frac{\partial \overline{u_i}}{\partial x_j}=\frac{1}{\rho}\frac{\partial}{\partial x_j}(\overline{\sigma_{ij}}-\rho\overline{u'_i u'_j}) \tag{5.20}$$

至此，得到了时均紊流的基本方程组：1个连续方程和3个雷诺方程。未知数包括3个时均流速分量、1个时均压强、6个雷诺应力（$-\rho\overline{u'_i u'_j}$ 共有9项，因 $\overline{u'_i u'_j}=\overline{u'_j u'_i}$，独立的只有6个），共10个，远超过方程的数目。因此，时均紊流基本方程组是不封闭的。

5.5 紊流的能量方程

研究紊流中能量的转化过程（即能量如何传递、扩散、最后耗损的过程）是探讨紊流内部机理及紊动的发展与衰减规律的重要内容。为此，应建立瞬时流动、时均流动和脉动的能量方程。

5.5.1 紊流瞬时流动的能量方程

紊流瞬时流动仍由 N-S 方程描述，该方程各项代表作用于单位质量流体的力，因而该方程各项乘以瞬时流速成为力的功率，也就是单位质量流体在单位时间内的各种能量，而乘后的方程成为瞬时能量方程。

为便于讨论，不考虑质量力项，则由式（2.14）得到简化的 N-S 方程为

$$\frac{\partial u_i}{\partial t}+u_j\frac{\partial u_i}{\partial x_j}=-\frac{1}{\rho}\frac{\partial p}{\partial x_i}+\nu\frac{\partial^2 u_i}{\partial x_j \partial x_j} \tag{5.21}$$

考虑到 $\frac{\partial}{\partial x_j}\left(\frac{\partial u_j}{\partial x_i}\right)=\frac{\partial}{\partial x_i}\left(\frac{\partial u_j}{\partial x_j}\right)=0$，则

$$\nu\frac{\partial^2 u_i}{\partial x_j \partial x_j}=\frac{\partial}{\partial x_j}\nu\left(\frac{\partial u_i}{\partial x_j}+\frac{\partial u_j}{\partial x_i}\right)$$

代入式（5.21），并将式中各项乘以 u_i，则有

$$u_i\frac{\partial u_i}{\partial t}+u_i u_j\frac{\partial u_i}{\partial x_j}=-\frac{u_i}{\rho}\frac{\partial p}{\partial x_i}+\nu u_i\frac{\partial}{\partial x_j}\left(\frac{\partial u_i}{\partial x_j}+\frac{\partial u_j}{\partial x_i}\right)$$

而

$$u_i\frac{\partial}{\partial x_j}\left(\frac{\partial u_i}{\partial x_j}+\frac{\partial u_j}{\partial x_i}\right)=\frac{\partial}{\partial x_j}\left[u_i\left(\frac{\partial u_i}{\partial x_j}+\frac{\partial u_j}{\partial x_i}\right)\right]-\left(\frac{\partial u_i}{\partial x_j}+\frac{\partial u_j}{\partial x_i}\right)\frac{\partial u_i}{\partial x_j}$$

代入上式并整理为

$$\frac{\partial}{\partial t}\left(\frac{u_i u_i}{2}\right) + \frac{\partial}{\partial x_j}\left[u_j\left(\frac{u_i u_i}{2}\right)\right] + \frac{\partial}{\partial x_j}\left[u_j\left(\frac{p}{\rho}\right)\right] = \nu \frac{\partial}{\partial x_j}\left[u_i\left(\frac{\partial u_i}{\partial x_j} + \frac{\partial u_j}{\partial x_i}\right)\right] - \nu\left(\frac{\partial u_i}{\partial x_j} + \frac{\partial u_j}{\partial x_i}\right)\frac{\partial u_i}{\partial x_j}$$

最后得到

$$\underbrace{\frac{\partial}{\partial t}\left(\frac{u_i u_i}{2}\right)}_{(\text{I})} = \underbrace{-\frac{\partial}{\partial x_j}\left[u_j\left(\frac{p}{\rho} + \frac{u_i u_i}{2}\right)\right]}_{(\text{II})} + \underbrace{\nu\frac{\partial}{\partial x_j}\left[u_i\left(\frac{\partial u_i}{\partial x_j} + \frac{\partial u_j}{\partial x_i}\right)\right]}_{(\text{III})} - \underbrace{\nu\left(\frac{\partial u_i}{\partial x_j} + \frac{\partial u_j}{\partial x_i}\right)\frac{\partial u_i}{\partial x_j}}_{(\text{IV})}$$

(5.22)

这就是不可压缩流体瞬时流动的能量方程，也是紊流总的能量方程。式（5.22）中各项都是对于单位质量流体在单位时间内的变化量，其物理意义如下：（Ⅰ）为单位质量流体所具有的动能在单位时间内的变化（或当地变化率）；（Ⅱ）为流体质点在单位时间内的位移所引起的单位质量流体的总能量（包括动能和压能）的传递；（Ⅲ）为黏性应力对单位质量流体在单位时间内所做的功，即对能量的传递，称为扩散项；（Ⅳ）为单位质量流体在单位时间内所耗散的能量。它代表黏性应力对变形率做功，称为变形功。变形功把热量转变为热能（流体内能）而散失。（Ⅳ）项为能量的耗散项。

（Ⅲ）项和（Ⅳ）项都是黏性应力做功，但二者意义不同，区分这两项的意义，对紊动机理的理解至关重要。

将紊流各物理量瞬时值代以时均值加脉动值，代入式（5.22）并取时间平均，可得

$$\frac{1}{2}\frac{\partial}{\partial t}(\overline{u_i}\,\overline{u_i}) + \frac{1}{2}\frac{\partial \overline{q^2}}{\partial t} = -\frac{\partial}{\partial x_j}\left[\overline{u_j}\left(\frac{\overline{p}}{\rho} + \frac{1}{2}\overline{u_i}\,\overline{u_i}\right)\right] + \nu\frac{\partial}{\partial x_j}\left[\overline{u_i}\left(\frac{\partial \overline{u_i}}{\partial x_j} + \frac{\partial \overline{u_j}}{\partial x_i}\right)\right] - \nu\left(\frac{\partial \overline{u_i}}{\partial x_j} + \frac{\partial \overline{u_j}}{\partial x_i}\right)\frac{\partial \overline{u_i}}{\partial x_j}$$

$$-\frac{\partial}{\partial x_j}\overline{u'_j\left(\frac{p'}{\rho} + \frac{1}{2}q^2\right)} - \frac{\partial}{\partial x_j}(\overline{u_i}\,\overline{u'_i u'_j}) - \frac{1}{2}\frac{\partial}{\partial x_j}(\overline{u_j}\,\overline{q^2})$$

$$+ \nu\frac{\partial}{\partial x_j}\overline{u'_i\left(\frac{\partial u'_i}{\partial x_j} + \frac{\partial u'_j}{\partial x_i}\right)} - \nu\overline{\left(\frac{\partial u'_i}{\partial x_j} + \frac{\partial u'_j}{\partial x_i}\right)\frac{\partial u'_i}{\partial x_j}}$$

(5.23)

其中 $q^2 = \overline{u'_i u'_i} = \overline{u'^2_1 + u'^2_2 + u'^2_3}$ 为单位质量流体的紊动动能。式（5.23）就是紊流时均的总的能量方程，即时均流能量和紊动流能量的综合。

5.5.2 紊流时均流的能量方程

将描述时均流动的雷诺方程（5.13）各项乘以时均流速 $\overline{u_i}$，即得时均流的能量方程。若不考虑质量力，则这个方程有如下形式：

$$\underbrace{\frac{\partial}{\partial t}\left(\frac{\overline{u_i}\,\overline{u_i}}{2}\right)}_{(\text{I})} + \underbrace{\frac{\partial}{\partial x_j}\left[\overline{u_j}\left(\frac{\overline{p}}{\rho} + \frac{\overline{u_i}\,\overline{u_i}}{2}\right)\right]}_{(\text{II})}$$

$$= \underbrace{-(-\overline{u'_i u'_j})\frac{\partial \overline{u_i}}{\partial x_j}}_{(\text{III})} + \underbrace{\frac{\partial}{\partial x_j}(-\overline{u'_i u'_j}\cdot \overline{u_i})}_{(\text{IV})} + \underbrace{\nu\frac{\partial}{\partial x_j}\left[\overline{u_i}\left(\frac{\partial \overline{u_i}}{\partial x_j} + \frac{\partial \overline{u_j}}{\partial x_i}\right)\right]}_{(\text{V})} - \underbrace{\nu\left(\frac{\partial \overline{u_i}}{\partial x_j} + \frac{\partial \overline{u_j}}{\partial x_i}\right)\frac{\partial \overline{u_i}}{\partial x_j}}_{(\text{VI})}$$

(5.24)

式（5.24）中各项物理意义如下：（Ⅰ）为单位质量流体所具有时均动能的当地变化率，

由时均流动的不恒定所引起。（Ⅱ）为流体质点的时均位移所引起的单位质量流体的总能量（包括动能和压能）的传递，即时均机械能的迁移变化。（Ⅲ）为紊动应力对流体在时均流动中变形所做的功。当 $i \neq j$ 时，$-\overline{u'_i u'_j}$ 为切应力，一般与 $\dfrac{\partial \overline{u_i}}{\partial x_j}$ 同号，故这项为负值，表示时均流动的能量损失。当 $i = j$ 时，$-\overline{u'_i u'_j}$ 为正应力，这项的符号决定于 $\dfrac{\partial \overline{u_i}}{\partial x_j}$，可正可负。在一般情况下，正应力的功远小于切应力的功，这项中的切应力是主要的。所以总的来说是从时均流动取走能量。该部分能量转化为脉动能，故这项是紊动产生项。（Ⅳ）为紊动应力做功的扩散项，即对时均能量的传递。（Ⅴ）为黏性应力做功而传递能量的扩散项。（Ⅵ）为黏性应力所做的变形功。黏性应力的变形功总是消耗时均流动的能量，它将转化为热能而在分子运动中耗散。

应当指出，紊动应力和黏性应力在时均流动中都有传递能量的扩散项及做变形功的耗损项，相应项的量阶比较表明（详见参考文献［3］或参考文献［10］），两个紊动项都约为相应黏性项的 Re 倍。而 Re 是个大数，所以黏性项都较相应的紊动项小得多，而可以忽略。由此可以得出一般结论：紊流结构几乎和黏性无关，或者说黏性对紊动的作用只是间接的。

5.5.3 紊流脉动的能量方程

从紊流的总能量方程（5.23）中减去时均流动部分的能量方程（5.24）即得到紊流脉动部分的能量方程：

$$\frac{1}{2}\frac{\partial \overline{q^2}}{\partial t} + \frac{\overline{u_j}}{2}\frac{\partial \overline{q^2}}{\partial x_j} = -\frac{\partial}{\partial x_j}\overline{u'_j\left(\frac{p'}{\rho}+\frac{q^2}{2}\right)} - \overline{u'_i u'_j} \cdot \frac{\partial \overline{u_i}}{\partial x_j} + \nu\frac{\partial}{\partial x_j}\overline{u'_i\left(\frac{\partial u'_i}{\partial x_j}+\frac{\partial u'_j}{\partial x_i}\right)} - \nu\overline{\left(\frac{\partial u'_i}{\partial x_j}+\frac{\partial u'_j}{\partial x_i}\right)\frac{\partial u'_i}{\partial x_j}}$$

（Ⅰ） （Ⅱ） （Ⅲ） （Ⅳ） （Ⅴ）

(5.25)

其中 $q^2 = u'_i u'_i = u'^2_1 + u'^2_2 + u'^2_3$。

式（5.25）各项物理意义如下：（Ⅰ）为单位质量流体的紊动动能在单位时间内的总变化，包括当地变化和时均流产生的迁移变化；（Ⅱ）为因紊动而产生质点位移所引起的单位质量流体的总紊动能量（包括紊动压能和紊动动能）的扩散；（Ⅲ）为紊动应力对时均流动中的变形所做的功，是紊动的产生项；（Ⅳ）为紊动的黏性应力对单位流体在单位时间内所做的功，即紊动黏性应力对紊动能的扩散；（Ⅴ）为单位质量流体中黏性应力的变形功，即黏性应力对紊动动能的黏性耗散。

现对上述第（Ⅲ）项和第（Ⅴ）作进一步的说明。式（5.25）中第（Ⅲ）项与时均流动的能量方程［式（5.24）］中的第（Ⅲ）项仅差一负号。在时均流动的能量方程［式（5.24）］中，该项是一负值，则在脉动能量方程［式（5.25）］中就是正值。说明在时均流能量中，是支出能量；而在脉动能量中，是收入能量，即从时均流动中得到一部分能量以维持其脉动。

第（Ⅴ）项是黏性应力对紊动变形做的功，总是负值，代表紊动能量的耗损，即紊动能量转化为热能而耗散，它是消耗紊动能量的主要途径，不能忽略。

总的说来，对紊流的能量平衡可以认为某一控制体积流体中机械能的变化主要有两方面，一是由于紊动应力的传递（即扩散）和其他部分流体交换，二是紊动应力对时均流的变形功将部分时均能量转化为紊动能量，最后通过黏性应力的变形功转化为热能而耗损。至于还有小部分黏性应力的传递扩散作用，则是次要的。

5.6 紊流的涡量方程

紊流不仅是一种有涡流动，而且还伴随有涡的脉动。这一点是紊流与其他随机流动的重要区别。例如，海洋中的随机波动是无旋流动。因此，在紊流研究中应对涡量进行深入的探讨。

在紊流中，涡量同样可以表示为时均值与脉动值之和，即

$$\Omega_i = \overline{\Omega}_i + \Omega_i' \tag{5.26}$$

下面推导时均流动以涡量表示的连续方程和运动方程的形式。

5.6.1 紊流连续方程的涡量形式

按式（1.26）涡量的定义，有

$$\left. \begin{aligned} \Omega_z &= \frac{\partial u_y}{\partial x} - \frac{\partial u_x}{\partial y} \\ \Omega_y &= \frac{\partial u_x}{\partial z} - \frac{\partial u_z}{\partial x} \\ \Omega_x &= \frac{\partial u_z}{\partial y} - \frac{\partial u_y}{\partial z} \end{aligned} \right\} \tag{5.27}$$

取涡量的散度，有下式成立：

$$\nabla \cdot \boldsymbol{\Omega} = \frac{\partial \Omega_x}{\partial x} + \frac{\partial \Omega_y}{\partial y} + \frac{\partial \Omega_z}{\partial z} = \frac{\partial^2 u_z}{\partial x \partial y} - \frac{\partial^2 u_y}{\partial x \partial z} + \frac{\partial^2 u_x}{\partial y \partial z} - \frac{\partial^2 u_z}{\partial y \partial x} + \frac{\partial^2 u_y}{\partial z \partial x} - \frac{\partial^2 u_x}{\partial z \partial y} = 0$$

即

$$\frac{\partial \Omega_x}{\partial x} + \frac{\partial \Omega_y}{\partial y} + \frac{\partial \Omega_z}{\partial z} = 0 \tag{5.28a}$$

或写为

$$\frac{\partial \Omega_i}{\partial x_i} = 0 \tag{5.28b}$$

这就是不可压缩流体以涡量表示的连续性方程。可见以涡量表示的连续性方程与以流速表示的连续性方程具有完全的形式。

将式（5.26）代入式（5.28b），并取时间平均，则有

$$\overline{\frac{\partial(\overline{\Omega}_i + \Omega_i')}{\partial x_i}} = \frac{\partial \overline{\Omega}_i}{\partial x_i} + \frac{\partial \overline{\Omega_i'}}{\partial x_i} = 0 \tag{5.28c}$$

因按时均定义 $\overline{\dfrac{\partial \Omega_i'}{\partial x_i}} = 0$，代入上式得

$$\frac{\partial \overline{\Omega_i}}{\partial x_i} = 0 \tag{5.29}$$

式 (5.29) 即紊流时均的涡量连续性方程。

将式 (5.29) 代入式 (5.28c)，得

$$\frac{\partial \Omega_i'}{\partial x_i} = 0 \tag{5.30}$$

式 (5.30) 即紊流脉动的涡量连续性方程。

式 (5.28)~式 (5.30) 表明，不可压缩流体运动中涡量的瞬时值、时均值和脉动值都具有相同形式的连续性方程。

5.6.2 紊流运动方程的涡量形式

涡量的运动方程可以从 N-S 方程导出。若不考虑质量力，去掉式 (2.14f) 中的质量力，不可压缩流体的 N-S 方程表述如下：

$$\left.\begin{array}{l}\dfrac{\partial u_x}{\partial t}+u_x\dfrac{\partial u_x}{\partial x}+u_y\dfrac{\partial u_x}{\partial y}+u_z\dfrac{\partial u_x}{\partial z}=-\dfrac{1}{\rho}\dfrac{\partial p}{\partial x}+\nu\left(\dfrac{\partial^2 u_x}{\partial x^2}+\dfrac{\partial^2 u_x}{\partial y^2}+\dfrac{\partial^2 u_x}{\partial z^2}\right)\\[2mm] \dfrac{\partial u_y}{\partial t}+u_x\dfrac{\partial u_y}{\partial x}+u_y\dfrac{\partial u_y}{\partial y}+u_z\dfrac{\partial u_y}{\partial z}=-\dfrac{1}{\rho}\dfrac{\partial p}{\partial y}+\nu\left(\dfrac{\partial^2 u_y}{\partial x^2}+\dfrac{\partial^2 u_y}{\partial y^2}+\dfrac{\partial^2 u_y}{\partial z^2}\right)\\[2mm] \dfrac{\partial u_z}{\partial t}+u_x\dfrac{\partial u_z}{\partial x}+u_y\dfrac{\partial u_z}{\partial y}+u_z\dfrac{\partial u_z}{\partial z}=-\dfrac{1}{\rho}\dfrac{\partial p}{\partial z}+\nu\left(\dfrac{\partial^2 u_z}{\partial x^2}+\dfrac{\partial^2 u_z}{\partial y^2}+\dfrac{\partial^2 u_z}{\partial z^2}\right)\end{array}\right\} \tag{5.31}$$

对上面第 3 式取 y 的偏导，对第 2 式取 z 的偏导，而后两式相减即消去压强项，整理后并将式 (5.27) 代入，可得

$$\frac{\partial \Omega_x}{\partial t}+u_x\frac{\partial \Omega_x}{\partial x}+u_y\frac{\partial \Omega_x}{\partial y}+u_z\frac{\partial \Omega_x}{\partial z}=\Omega_x\frac{\partial u_x}{\partial x}+\Omega_y\frac{\partial u_x}{\partial y}+\Omega_z\frac{\partial u_x}{\partial z}+\nu\left(\frac{\partial^2 \Omega_x}{\partial x^2}+\frac{\partial^2 \Omega_x}{\partial y^2}+\frac{\partial^2 \Omega_x}{\partial z^2}\right)$$

同理可得另外两个方程，并与上式写在一起，则

$$\left.\begin{array}{l}\dfrac{\partial \Omega_x}{\partial t}+u_x\dfrac{\partial \Omega_x}{\partial x}+u_y\dfrac{\partial \Omega_x}{\partial y}+u_z\dfrac{\partial \Omega_x}{\partial z}=\Omega_x\dfrac{\partial u_x}{\partial x}+\Omega_y\dfrac{\partial u_x}{\partial y}+\Omega_z\dfrac{\partial u_x}{\partial z}+\nu\left(\dfrac{\partial^2 \Omega_x}{\partial x^2}+\dfrac{\partial^2 \Omega_x}{\partial y^2}+\dfrac{\partial^2 \Omega_x}{\partial z^2}\right)\\[2mm] \dfrac{\partial \Omega_y}{\partial t}+u_x\dfrac{\partial \Omega_y}{\partial x}+u_y\dfrac{\partial \Omega_y}{\partial y}+u_z\dfrac{\partial \Omega_y}{\partial z}=\Omega_x\dfrac{\partial u_y}{\partial x}+\Omega_y\dfrac{\partial u_y}{\partial y}+\Omega_z\dfrac{\partial u_y}{\partial z}+\nu\left(\dfrac{\partial^2 \Omega_y}{\partial x^2}+\dfrac{\partial^2 \Omega_y}{\partial y^2}+\dfrac{\partial^2 \Omega_y}{\partial z^2}\right)\\[2mm] \dfrac{\partial \Omega_z}{\partial t}+u_x\dfrac{\partial \Omega_z}{\partial x}+u_y\dfrac{\partial \Omega_z}{\partial y}+u_z\dfrac{\partial \Omega_z}{\partial z}=\Omega_x\dfrac{\partial u_z}{\partial x}+\Omega_y\dfrac{\partial u_z}{\partial y}+\Omega_z\dfrac{\partial u_z}{\partial z}+\nu\left(\dfrac{\partial^2 \Omega_z}{\partial x^2}+\dfrac{\partial^2 \Omega_z}{\partial y^2}+\dfrac{\partial^2 \Omega_z}{\partial z^2}\right)\end{array}\right\} \tag{5.32a}$$

写为矢量形式：

$$\frac{\partial \boldsymbol{\Omega}}{\partial t}+(\boldsymbol{v}\cdot\nabla)\boldsymbol{\Omega}=(\boldsymbol{\Omega}\cdot\nabla)\boldsymbol{v}+\nu\nabla^2\boldsymbol{\Omega} \tag{5.32b}$$

写为张量形式：

$$\frac{\partial \Omega_i}{\partial t}+u_j\frac{\partial \Omega_i}{\partial x_j}=\Omega_j\frac{\partial u_i}{\partial x_j}+\nu\frac{\partial^2 \Omega_i}{\partial x_j\partial x_j} \tag{5.32c}$$

这就是以涡量表示的不可压缩流体的运动方程。该方程是以涡量表示的紊流的瞬时运动方程，即瞬时紊流的涡量方程 (equation of vorticity)。该方程的特点是不出现压强项，可

直接解出涡量场。

将式（5.26）代入式（5.32c），并取时间平均，得

$$\overline{\frac{\partial \Omega_i}{\partial t}} + \overline{u_j \frac{\partial \Omega_i}{\partial x_j}} = \overline{\Omega_j \frac{\partial u_i}{\partial x_j}} + \nu \overline{\frac{\partial^2 \Omega_i}{\partial x_j \partial x_j}} \tag{5.33}$$

先考虑式（5.33）等号左端第二项，该项可写为

$$\overline{u_j \frac{\partial \Omega_i}{\partial x_j}} = \bar{u}_j \frac{\partial \overline{\Omega_i}}{\partial t} + \overline{u'_j \frac{\partial \Omega'_i}{\partial x_j}} \tag{5.34}$$

再考虑式（5.33）等号右端第一项，因为

$$\frac{\partial u_i}{\partial x_j} = \frac{1}{2}\left(\frac{\partial u_i}{\partial x_j} + \frac{\partial u_j}{\partial x_i}\right) + \frac{1}{2}\left(\frac{\partial u_i}{\partial x_j} - \frac{\partial u_j}{\partial x_i}\right) = D_{ij} + R_{ij}$$

其中 $D_{ij} = \frac{1}{2}\left(\frac{\partial u_i}{\partial x_j} + \frac{\partial u_j}{\partial x_i}\right)$，$R_{ij} = \frac{1}{2}\left(\frac{\partial u_i}{\partial x_j} - \frac{\partial u_j}{\partial x_i}\right)$，所以

$$\Omega_j \frac{\partial u_i}{\partial x_j} = \Omega_j D_{ij} + \Omega_j R_{ij}$$

又因为 $D_{ij} = D_{ji}$，$R_{ij} = -R_{ji}$，可以证明 $\Omega_j R_{ij} = 0$。因此，有

$$\Omega_j \frac{\partial u_i}{\partial x_j} = \Omega_j D_{ij}$$

将上式取时间平均，有

$$\overline{\Omega_j \frac{\partial u_i}{\partial x_j}} = \overline{\Omega_j D_{ij}} = \overline{\Omega_j} \overline{D_{ij}} + \overline{\Omega'_j D'_{ij}} \tag{5.35}$$

将式（5.34）和式（5.35）代入式（5.33）得到

$$\frac{\partial \overline{\Omega_i}}{\partial t} + \bar{u}_j \frac{\partial \overline{\Omega_i}}{\partial x_j} = -\overline{u'_j \frac{\partial \Omega'_i}{\partial x_j}} + \overline{\Omega'_j D'_{ij}} + \overline{\Omega_j} \bar{D}_{ij} + \nu \frac{\partial^2 \overline{\Omega_i}}{\partial x_j \partial x_j} \tag{5.36}$$

这就是紊流时均流动的涡量方程。

考虑到 $\frac{\partial u'_i}{\partial x_i} = 0$，$\frac{\partial \Omega'_i}{\partial x_i} = 0$ 的关系，式（5.36）等号右端第一项和第二项可改写为

$$\overline{u'_j \frac{\partial \Omega'_i}{\partial x_j}} = \overline{u'_j \frac{\partial \Omega'_i}{\partial x_j}} + \overline{\Omega'_i \frac{\partial u'_j}{\partial x_j}} = \frac{\partial}{\partial x_j}\overline{(u'_j \Omega'_i)}$$

$$\overline{\Omega'_j D'_{ij}} = \overline{\Omega'_j \frac{\partial u'_i}{\partial x_j}} + \overline{u'_i \frac{\partial \Omega'_j}{\partial x_j}} = \frac{\partial}{\partial x_j}\overline{(\Omega'_j u'_i)}$$

根据上述关系，式（5.36）可改写为

$$\frac{\partial \overline{\Omega_i}}{\partial t} + \bar{u}_j \frac{\partial \overline{\Omega_i}}{\partial x_j} = -\frac{\partial}{\partial x_j}\overline{(u'_j \Omega'_i)} + \frac{\partial}{\partial x_j}\overline{(u'_i \Omega'_j)} + \overline{\Omega_i} \bar{D}_{ij} + \nu \frac{\partial^2 \overline{\Omega_i}}{\partial x_j \partial x_j} \tag{5.37}$$

（Ⅰ） （Ⅱ） （Ⅲ） （Ⅳ） （Ⅴ）

式（5.37）中各项物理意义如下：（Ⅰ）项代表时均涡量的全部变化，包括当地变化和迁移变化；（Ⅱ）项为脉动流速 u'_j 对涡量的传递；（Ⅲ）项为脉动涡量 Ω'_j 与脉动变形率 D'_{ij} 相互作用后产生的时均涡量的变化；（Ⅳ）项为时均涡量与时均变形率相互作用产生的时均涡量的变化；（Ⅴ）项为黏性对涡量的扩散。

5.7 紊流模型

应用紊流时均的连续性方程和雷诺方程解决紊流问题时,未知数包括3个时均流速分量、1个时均压强、6个雷诺应力,共10个,远超过方程的数目。这就造成了时均紊流基本方程组的不封闭。因此,要应用这些方程必须首先解决方程组的封闭问题(closure problem)。根据紊流的运动规律以寻求附加的条件和关系式,从而使方程组封闭可解就是近年来所形成的各种紊流模型(turbulence model)。随着计算机技术的迅速发展,紊流模型的研究已成为近年来紊流研究的一个重要方面,紊流模型已成为解决工程实际紊流问题的一个有效手段。

最初的紊流模型理论是布辛涅斯克(J. V. Boussinesq,1877)提出的用涡黏性系数(eddy viscosity)将雷诺应力与时均流速场联系起来。后来又发展了一系列以普朗特混合长度理论为代表的半经验理论,并得到了广泛应用。这些紊流模型都只是应用紊流的时均方程,并未引入任何有关脉动量的微分方程,因而被称为零方程模型。此后,又发展了一方程模型、二方程模型和多方程模型等,即除时均的雷诺方程和连续方程外增加了有关脉动量的微分方程。若增加一个关于代表紊动动能 $k=\frac{1}{2}\overline{u_i'u_i'}$ 的微分方程,称为 k 方程(k - equation)。进一步再增加一个关于能量耗散率 $\varepsilon=\nu\overline{\frac{\partial u_i'}{\partial x_j}\frac{\partial u_i'}{\partial x_j}}$ 的微分方程,称为 ε 方程(ε - equation)。这样的二方程模型通称为 k-ε 模型。近年来又发展了各种紊流模型。下面概括介绍某些典型的紊流模型,为应用紊流模型计算提供理论基础。

5.7.1 零方程模型

这类模型只需用时均流速的偏微分方程组,不再增加任何脉动量的偏微分方程,但需建立雷诺应力项和时均流速之间的关系。

1. 涡黏性模型

该模型是布辛涅斯克(J. V. Boussinesq,1877)提出的最早的紊流半经验理论。他把紊动应力与黏性应力相对比,认为黏性应力既然等于黏性系数和变形率的乘积,即 $\nu\left(\frac{\partial \overline{u}_i}{\partial x_j}+\frac{\partial \overline{u}_j}{\partial x_i}\right)$,那么,紊动应力也可表示为类似的形式,即

$$\overline{-u_i'u_j'}=\nu_t\left(\frac{\partial \overline{u}_i}{\partial x_j}+\frac{\partial \overline{u}_j}{\partial x_i}\right) \tag{5.38}$$

式中:ν_t 称为紊动黏性系数(turbulent viscosity),或称为涡黏性系数(eddy viscosity)。

布辛涅斯克把紊动黏性系数 ν_t 和黏性系数 ν 比拟,看作一个常数。实际上,两者有着本质的区别,ν 是代表流体的一种物理特性,其值只取决于流体的性质,而与流动状况无关;而 ν_t 是代表紊动的特性,显然和流动状况及边界条件密切相关,各处流动状况不同,其值将不同,一般不能看作常数。这两个概念不能互相类比。此外,分析式(5.38)可知,当 $i=j$ 时,式中等号左端成为 $\overline{u_i'u_i'}$,等于单位质量流体的紊动动能的2倍;而右

端成为 $2\nu_t \frac{\partial \overline{u_i}}{\partial x_i}$。对不可压缩流体 $\frac{\partial \overline{u_i}}{\partial x_i}=0$，$\nu_t$ 为有限值，则右边等于 0，左端动能不等于 0（除非没有脉动），因此该式是不合理的。

虽然涡黏性模型有这些缺点，但这个模型简单，在解决一般简单问题中也能起一定作用，而且后来许多改进的模型常以它为基点，所以有一定的价值。

2. 混合长度模型

该模型是普朗特提出的。普朗特借用气体分子运动自由行程的概念，设想流体质点在横向的脉动过程中，动量保持不变，直到抵达新的位置时，才与周围流体质点相混合，动量才突然改变，并与新位置上原有流体质点所具有的动量一致。对于二维平行流动，当时均流速不相等的两层流体之间由于流速脉动产生动量传递时，按动量定律并设 $u_1' \sim u_2'$，可导出紊动切应力的关系式：

$$-\rho \overline{u_i' u_j'} = \rho l^2 \left| \frac{\mathrm{d} \overline{u_1}}{\mathrm{d} x_2} \right| \frac{\mathrm{d} \overline{u_1}}{\mathrm{d} x_2} \tag{5.39}$$

这就是混合长度理论的表达式，式中 l 为混合长度（mixing length）。比较式 (5.39) 和式 (5.38) 可知，混合长度模型实际上是令涡黏性系数满足下式：

$$\nu_t = l^2 \frac{\mathrm{d} \overline{u_1}}{\mathrm{d} x_2} \tag{5.40}$$

为使式 (5.39) 便于应用，还必须知道 l。为此，普朗特作出假定：

在固体壁面附近：

$$l = \kappa x_2 \tag{5.41}$$

式中：x_2 为离开壁面的法向距离；κ 为常数，由实测资料确定，目前多用 $\kappa=0.4$。

对于远离壁面的自由紊流（如射流），假定在横断面上 l 是一个常数，且与断面上混合区的宽度 b 成正比。取流速梯度近似等于断面上最大流速和最小流速之差除以宽度 b，即

$$\frac{\mathrm{d} \overline{u_1}}{\mathrm{d} x_2} \approx \frac{1}{b} (\overline{u}_{\max} - \overline{u}_{\min})$$

则有

$$-\rho \overline{u_1' u_2'} = \rho \kappa b (\overline{u}_{\max} - \overline{u}_{\min}) \frac{\mathrm{d} \overline{u_1}}{\mathrm{d} x_2} \tag{5.42}$$

混合长度理论曾是应用较广的紊流模型，并取得了很多成果。应当指出，这个模型原则上也还存在不少问题。比如，假定流体微团要经过一定距离才发生混合，这与实际混合是一连续过程不符。此外，紊流既是由许多尺度差别很大的涡旋所组成，混合长度 l 代表哪一种涡旋的尺度是不明确的。再者，在推理中把脉动流速 u_1' 看作只和时均流速梯度有关，以及假定 $u_2' \sim u_1'$，也与实际不符。

3. 涡量传递模型

泰勒（G. I. Taylor）在 1932 年提出了涡量传递理论。考虑一个沿 x_1 方向的二维平行流动，在脉动流速 u_2' 的作用下，具有 Ω_3 涡量的流体被传递至一定距离的流层，和混合长度理论类似，认为存在一个特征长度为 l_ω 的传递距离，流体微团被传递时，在长度 l_ω

以内其涡量保持不变，到达 l_ω 距离才和周围流体混合。由于两个流层的涡量不等，混合结果产生涡量的脉动。这个脉动量可表示为

$$\Omega'_3 = l_\omega \frac{\partial \overline{\Omega}_3}{\partial x_2} \tag{5.43}$$

按涡量定义，有

$$\overline{\Omega}_3 = \frac{\partial \overline{u}_2}{\partial x_1} - \frac{\partial \overline{u}_1}{\partial x_2} = -\frac{\partial \overline{u}_1}{\partial x_2}$$

则

$$\Omega'_3 = -l_\omega \frac{\partial^2 \overline{u}_1}{\partial x_2^2}$$

从连续方程及二维平行流条件可导出雷诺应力的梯度为

$$\frac{\partial}{\partial x_2}(-\rho \overline{u'_1 u'_2}) = \rho \overline{u'_2 \Omega'_3} = -\rho \overline{u'_2} l_\omega \frac{\partial^2 \overline{u}_1}{\partial x_2^2}$$

设

$$u'_2 \sim l_\omega \frac{\partial \overline{u}_1}{\partial x_2}$$

于是有

$$\frac{\partial}{\partial x_2}(-\rho \overline{u'_1 u'_2}) = \rho l_\omega^2 \left|\frac{\partial \overline{u}_1}{\partial x_2}\right| \frac{\partial^2 \overline{u}_1}{\partial x_2^2}$$

把 l_ω 作为常数，将上式积分得到

$$-\rho \overline{u'_1 u'_2} = \frac{1}{2} \rho l_\omega^2 \left(\frac{\partial \overline{u}_1}{\partial x_2}\right)^2 \tag{5.44}$$

这就是涡量传递模型的关系式。

与上述混合长度模型比较，可见两者的形式相同，只是两个特征长度具有下列关系：

$$l_\omega = \sqrt{2}\, l \tag{5.45}$$

实际上，除了在自由紊流情况，l_ω 在 x_2 方向接近常数，因而应用这个理论比较成功以外，一般 l_ω 不大可能是常数，而且得到结果不如混合长度模型结果的简单，所以应用不如混合长度模型广泛。

5.7.2 一方程模型——k 方程模型

雷诺方程中的雷诺应力仍用涡黏性模型，它的普遍形式可类比黏性应力与变形率的关系式写为

$$\overline{-u'_i u'_j} = \nu_t \left(\frac{\partial \overline{u}_i}{\partial x_j} + \frac{\partial \overline{u}_j}{\partial x_i}\right) - \frac{2}{3} k \delta_{ij} \tag{5.46}$$

式中：ν_t 为涡黏性系数；k 为单位质量流动的紊动动能；δ_{ij} 为克罗内克尔符号，$i=j$ 时 $\delta_{ij}=1$，$i \neq j$ 时 $\delta_{ij}=0$。

紊动动能为

$$k = \frac{1}{2} \overline{u'_i u'_i} \tag{5.47}$$

将涡黏性系数 ν_t 与紊动动能 k 联系起来，采用柯尔莫戈罗夫-普朗特表达式，即

$$\nu_t = C'_\mu \sqrt{k}\, L \tag{5.48}$$

式中：C'_μ 为经验常数；L 为特征尺度。

为此要补充一个 k 的微分方程，即 k 方程模型。

将 $k=\frac{1}{2}\overline{q^2}$ 代入紊流脉动能量方程 (5.25)，即得 k 的传输方程。略去黏性应力做功的扩散项，则单位质量流体紊动动能 k 的传输方程写为

$$\frac{\partial k}{\partial t}+\overline{u}_j\frac{\partial k}{\partial x_j}=-\frac{\partial}{\partial x_j}\overline{\left[u'_j\left(\frac{u'_i u'_i}{2}+\frac{p'}{\rho}\right)\right]}-\overline{u'_i u'_j}\frac{\partial \overline{u}_i}{\partial x_j}-\nu\overline{\left(\frac{\partial u'_i}{\partial x_j}+\frac{\partial u'_j}{\partial x_i}\right)\frac{\partial u'_i}{\partial x_j}} \tag{5.49}$$

当地变化　迁移传递　　　扩散传递　　　　紊动产生　　　黏性耗损

式（5.49）中的扩散和损耗项通常采用下列假设：

$$\overline{-u'_j\left(\frac{u'_i u'_i}{2}+\frac{p'}{\rho}\right)}=\frac{\nu_t}{\sigma_k}\frac{\partial k}{\partial x_j} \tag{5.50}$$

$$\overline{\nu\left(\frac{\partial u'_i}{\partial x_j}+\frac{\partial u'_j}{\partial x_i}\right)\frac{\partial u'_i}{\partial x_j}}=C_D\frac{k^{3/2}}{L} \tag{5.51}$$

式中：σ_k、C_D 为经验常数。

式（5.50）包含一个扩散梯度的假定，而式（5.51）则是柯尔莫戈罗夫的观点。按照这些模式，k 方程可写为

$$\frac{\partial k}{\partial t}+\overline{u}_j\frac{\partial k}{\partial x_j}=\frac{\partial}{\partial x_j}\left(\frac{\nu_t}{\sigma_k}\frac{\partial k}{\partial x_j}\right)+\nu_t\left(\frac{\partial \overline{u}_i}{\partial x_j}+\frac{\partial \overline{u}_j}{\partial x_i}\right)\frac{\partial \overline{u}_i}{\partial x_j}-C_D\frac{k^{3/2}}{L} \tag{5.52}$$

这就是紊动能量方程模型中应用最多的高雷诺数形式的 k 传输方程。经验系数 $C'_\mu C_D\approx 0.08$，$\sigma_k=1$。

至于特征长度 L 的确定，可用类似于混合长度情况的经验关系，例如在近壁区（黏性底层除外），为得到断面上流速按对数分布，要求

$$L=\left(\frac{C_D}{C'^3_\mu}\right)^{1/4}kx_2 \tag{5.53}$$

紊动动能 k 方程模型考虑了紊动动能的迁移和扩散的传递以及紊动流速尺度的历史影响，因此比混合长度模型优越，后者只考虑局部平衡关系。但应用此模型仍只限于较简单的剪切层内，因对于较复杂的流动，从经验去确定特征长度 L 的分布仍是很困难的。

5.7.3 二方程模型——k-ε 方程模型

在紊动动能 k 方程外，再增加一个确定紊动特征长度 L 的偏微分方程，即为二方程模型。下面介绍应用广泛的 k-ε 方程模型。

目前提出的方程多不是以 L 为自变量，而是以 $Z=k^m L^n$ 为自变量。其中应用较多的是取 $Z=\varepsilon$，$m=3/2$，$n=-1$，即

$$\varepsilon\propto\frac{k^{3/2}}{L} \tag{5.54}$$

其中 $\varepsilon=\nu\overline{\dfrac{\partial u'_i}{\partial x_j}\dfrac{\partial u'_i}{\partial x_j}}$ 为紊动能量耗损率。由式（5.48），涡黏性系数 ν_t 可写为

$$\nu_t=C_\mu\frac{k^2}{\varepsilon} \tag{5.55}$$

紊动动能 k 方程已在前面给出，为此要补充一个求解 ε 的微分方程。

ε 方程的建立仍是从 N-S 方程出发，可得准确的 ε 传输方程，这里略去推导过程。洛迪（W. Rodi）认为在高雷诺数情况下，可考虑局部各向同性而将 ε 传输方程写为

$$\frac{\partial \varepsilon}{\partial t}+\overline{u}_j \frac{\partial \varepsilon}{\partial x_j}=-\frac{\partial}{\partial x_j}(\overline{u'_j \varepsilon'})-2\nu\overline{\left(\frac{\partial u'_i}{\partial x_k}\frac{\partial u'_i}{\partial x_j}\frac{\partial u'_k}{\partial x_j}\right)}-2\overline{\left(\nu\frac{\partial^2 u'_i}{\partial x_j \partial x_j}\right)^2} \qquad (5.56)$$

当地变化 迁移传递　扩散传递　涡旋拉伸引起的紊动产生　黏性耗损

式中的扩散项、产生项和耗损项都是要求进行紊动模化才能封闭方程组。对扩散项常取梯度假定，可写为

$$\overline{-u'_j \varepsilon'}=\frac{\nu_t}{\sigma_\varepsilon}\frac{\partial \varepsilon}{\partial x_j} \qquad (5.57)$$

对其他两项采用下列模型假定，并可作为剪切流动中的源项：

$$-2\nu\overline{\left(\frac{\partial u'_i}{\partial x_k}\frac{\partial u'_i}{\partial x_j}\frac{\partial u'_k}{\partial x_j}\right)}-2\overline{\left(\nu\frac{\partial^2 u'_i}{\partial x_j \partial x_j}\right)^2}=\left(C_{1\varepsilon}\frac{\pi}{\varepsilon}-C_{2\varepsilon}\right)\frac{\varepsilon^2}{k} \qquad (5.58)$$

式中 π 是 k 的产生项 $\left(-\overline{u'_i u'_j}\frac{\partial u'_i}{\partial x_j}\right)$，$C_{1\varepsilon}$、$C_{2\varepsilon}$ 为经验常数。采用这些假定后，ε 方程成为

$$\frac{\partial \varepsilon}{\partial t}+\overline{u}_j \frac{\partial \varepsilon}{\partial x_j}=\frac{\partial}{\partial x_j}\left(\frac{\nu_t}{\sigma_\varepsilon}\frac{\partial \varepsilon}{\partial x_j}\right)+\left(C_{1\varepsilon}\frac{\pi}{\varepsilon}-C_{2\varepsilon}\right)\frac{\varepsilon^2}{k} \qquad (5.59)$$

当地变化 迁移传递　扩散传递　　产生与耗损

k-ε 模型中的经验常数可由实验求得。表 5.1 的数值是按朗德尔（Launder）和史帕丁（Spalding）的建议，可供参考。

表 5.1　　　　　　　　　　k-ε 模型经验常数建议值

C_μ	$C_{1\varepsilon}$	$C_{2\varepsilon}$	σ_k	σ_ε
0.09	1.44	1.92	1.0	1.3

5.7.4　雷诺平均模拟方法

根据研究紊流的目的和计算条件差异，紊流数值模拟的精细程度有不同的层次。在常用的实际工程应用中，只需要计算紊流的平均速度场、平均标量场和平均作用力时，可以从雷诺平均方程出发，在这一层次上的数值模拟称为雷诺平均数值模拟，即 Reynolds Averaged Navier-Stokes (RANS)。更精细的数值模拟方法，将紊流脉动划分为大尺度脉动和小尺度脉动，大尺度脉动采用直接数值模拟方法直接计算，将小尺度脉动看作对大尺度运动的作用，仅对小尺度脉动的统计输运作模式假设，这种方法称为大涡模拟，即 Large Eddy Simulation (LES)。最精细的数值模拟方法，从完全精确的流动控制方程出发，对所有尺度的紊流运动进行数值模拟，这种最精细的数值模拟方法称为直接数值模拟，即 Direct Numerical Simulation (DNS)。

在相同雷诺数条件下，RANS 方法只能给出平均速度场、雷诺应力、平均压强、平均热通量、平均合力等。DNS 方法可以计算所有紊流脉动，通过统计计算就可以给出所有平均量，如雷诺应力、脉动的能谱、标量输运量等。LES 方法给出的信息少于 DNS，

大于 RANS，它可以给出大于惯性子区尺度的脉动信息，特别是大尺度脉动信息，同时，通过统计计算也可以给出所有平均量。总之，RANS 花费的计算代价最小，获得信息量也最少；DNS 付出的计算量最大，获得的信息也最多；LES 介于两者之间。研究中，必须根据需求选择适合的数值模拟方法。

当前，雷诺平均模拟方法 RANS 仍是工程计算的常用方法。雷诺平均方程是不封闭的，必须引入雷诺应力的封闭模型才可解出平均流场。雷诺应力的主要贡献来自大尺度脉动，而大尺度脉动的性质和流动的边界条件密切相关，因此雷诺应力的封闭模式不可能是普适的，就是说，不存在对一切复杂流动都适用的统一封闭模式。

在 5.4.2 节中已经导出不可压缩紊流时均流动的运动方程——雷诺平均方程，式（5.13）或式（5.19）。在雷诺平均方程中，待封闭项是脉动速度的三阶自相关、压强速度相关、压强变形率相关以及速度梯度相关。为了封闭雷诺平均方程，需要建立雷诺应力和平均速度之间的关系式；为了封闭雷诺应力方程，需要建立脉动速度高阶距和雷诺应力之间的关系。如前所述，5.7.1~5.7.3 节分别介绍了不可压缩紊流的代数涡黏模式、一方程模式、标准 k-ε 方程模式，实现了雷诺平均方程的封闭。

代数模式的最大优点是计算量少，但没有普适性，比较容易针对特定的流动状态做各种修正。在简单的二维薄层紊流中，代数模式的预测结果是满意的，但在三维复杂模拟条件下，代数模式基本上不能获得满意的结果。标准 k-ε 模式的优点是可以计算较为复杂的紊流，但是在定量结果方面并没有比代数涡黏模式有明显的优势。其主要缺点是，标准 k-ε 模式假定的雷诺应力和当时当地的平均切变率成正比，所以它不能准确反映雷诺应力沿流向的历史效应；涡黏性系数是标量，不能反映雷诺正应力的各向异性，尤其是近壁紊流，雷诺正应力具有明显的各向异性；不能反映平均涡量对雷诺应力的分布影响，特别是在紊流分离流中，这种影响是十分重要的。

随着计算机计算能力的提高，在标准 k-ε 模式的基础上发展了非线性 k-ε 模式。将雷诺应力用平均速度梯度展开到二阶近似，根据张量函数的可表性和参照坐标不变性原则，引入 k 和 ε，得如下二次式：

$$-\langle u_i' u_j' \rangle = -\frac{2}{3} k \delta_{ij} + C_\mu \frac{k^2}{\varepsilon} \langle S_{ij} \rangle + \alpha_1 \frac{k^3}{\varepsilon^2} \left(\langle S_{ik} \rangle \langle S_{kj} \rangle - \frac{1}{3} \langle S_{mn} \rangle \langle S_{mn} \rangle \delta_{ij} \right)$$

$$- \alpha_2 \frac{k^3}{\varepsilon^2} \left(\langle \omega_{ik} \rangle \langle \omega_{kj} \rangle - \frac{1}{3} \langle \omega_{mn} \rangle \langle \omega_{mn} \rangle \delta_{ij} \right) - \alpha_3 \frac{k^3}{\varepsilon^2} \left(\langle S_{ik} \rangle \langle \omega_{jk} \rangle + \langle S_{ik} \rangle \langle \omega_{ik} \rangle \right)$$

$$+ \alpha_4 \frac{k^3}{\varepsilon^2} \left(\frac{\partial \langle S_{ij} \rangle}{\partial t} + \langle u_k \rangle \frac{\partial \langle S_{ij} \rangle}{\partial x_k} \right) \tag{5.60}$$

式（5.60）等号右端前两项和标准 k-ε 模式相同，属于线性项；右端第三、四、五项是平均变形率 $\langle S_{ij} \rangle$ 和平均涡量 $\langle \omega_{ij} \rangle$（用反对称张量表示）的二次项；最后一项是变形率的质点导数。非线性 k-ε 模式不仅仅是代数意义上的二次式，它包括了涡黏系数的各向异性、历史效应，以及平均涡量的影响。相较于线性 k-ε 模式只能适用于简单的切变紊流，非线性 k-ε 模式有较大改进。但是，它仍然具有涡黏模式固有的缺陷，如没有包括雷诺应力松弛效应等。此外，在平均切变率很大的流场中 k-ε 模式有可能不满足真实性条件。

5.7.5 大涡模拟方法

大涡模拟方法（large eddy simulation，LES）的基本思想是直接计算大尺度脉动，而只对小尺度脉动作统计输运模式。因此，实现大涡模拟的第一步是将小尺度脉动过滤掉，构造亚格子应力的封闭模式，再进一步直接求解大涡模拟控制方程。三种常用的均匀过滤器有谱空间低通滤波器、物理空间盒式滤波器、高斯过滤器，具体过滤公式可参考大涡模拟相关书籍。

将 N-S 方程作过滤，令 $\overline{u_i u_j} = \overline{u}_i \overline{u}_j + (\overline{u_i u_j} - \overline{u}_i \overline{u}_j)$，并称 $-(\overline{u_i u_j} - \overline{u}_i \overline{u}_j)$ 为亚格子应力，得到大涡模拟控制方程，如下形式：

$$\frac{\partial \overline{u}_i}{\partial t} + \frac{\partial \overline{u}_i \overline{u}_j}{\partial x_j} = -\frac{1}{\rho}\frac{\partial \widetilde{p}}{\partial x_i} + \nu \frac{\partial^2 \overline{u}_i}{\partial x_j \partial x_j} - \frac{\partial (\overline{u_i u_j} - \overline{u}_i \overline{u}_j)}{\partial x_j} \tag{5.61}$$

方程（5.61）和雷诺方程有类似的形式，右端含有不封闭项：

$$\overline{\tau}_{ij} = (\overline{u_i u_j} - \overline{u}_i \overline{u}_j) \tag{5.62}$$

$\overline{\tau}_{ij}$ 即为亚格子应力。与雷诺应力相似，亚格子应力是过滤掉的小尺度脉动和可解尺度紊流间的动量输运，$\overline{u}_i \overline{u}_j$ 是可解尺度的动量输运，$\overline{u_i u_j}$ 是总的动量输运的低通过滤，因此亚格子应力可近似为可解尺度向亚格子尺度的动量输运。

常用的亚格子模型有 Smargorinsky 涡黏模式、尺度相似模式和混合模式、动力模式、谱空间涡黏模式、理性亚格子模式等。下面仅针对应用广泛的 Smargorinsky 涡黏模式进行简要介绍。

假定用各向同性滤波器过滤掉的小尺度脉动是局部平衡的，即由可解尺度向不可解尺度脉动的能量传输等于紊动能耗散，则可以采用涡黏形式的亚格子雷诺应力模式：

$$\overline{\tau}_{ij} = (\overline{u_i u_j} - \overline{u}_i \overline{u}_j) = 2(C_s \Delta)^2 \overline{S}_{ij} (\overline{S}_{ij} \overline{S}_{ij})^{1/2} - \frac{1}{3}\overline{\tau}_{kk}\delta_{ij} \tag{5.63}$$

其中，Δ 为过滤尺度，这种简单的亚格子应力模型称为 Smargorinsky（1963）模式，它相当于混合长度形式的涡黏模式，亚格子涡黏系数 $\nu_t = (C_s \Delta)^2 \overline{S}_{ij} (\overline{S}_{ij} \overline{S}_{ij})^{1/2}$，$C_s \Delta$ 相当于混合长度，C_s 称为 Smargorinsky 常数。

利用高雷诺数各向同性紊流的能谱可以确定 Smargorinsky 常数。Lilly（1966）利用 $-5/3$ 紊动能谱，可得 Smargorinsky 常数如下：

$$C_s = \frac{1}{\pi}\left(\frac{2}{3C_K}\right)^{3/4} \tag{5.64}$$

其中，C_K 是 Kolmogorov 常数，$C_K = 1.4$，于是 $C_s \approx 0.18$。但是，C_K 值来源于 Pond、Stewart 和 Burling 三位学者的风浪实验数据，具有一定局限性。

涡黏型亚格子模式是耗散型的，在各向同性滤波的情况下，它满足模式方程的约束条件。Smargorinsky 模式和黏性流体运动的计算程序有很好的适应性，它是最早应用于大气和工程中大涡模拟的亚格子应力模式。由于 Smargorinsky 和 Lilly 都是研究气象学出身，因此他们在考虑大气湍流数值模拟的时候忽略了壁面对涡流结构和发展的影响。例如，在近壁区和层流到紊流的过渡阶段耗散过大，在近壁区，紊流脉动趋于 0，亚格子应力也应当趋于 0。但是式（5.63）给出的壁面亚格子应力等于有限值，这显然和物理实际不符。为了克服这一缺点，可以考虑近壁阻尼公式对混合长度进行修正。

5.7.6 直接数值模拟方法

直接数值模拟方法（direct numerical simulation，DNS）可以获得紊流场的全部信息，紊流是多尺度的不规则运动，紊流直接数值模拟和层流运动的数值计算有很大区别。由于紊流脉动具有宽带的波数谱和频谱，因此紊流直接数值模拟要求有很高的时间和空间分辨率。为了求得紊流统计特性，需要足够多的样本流动；如果紊流是时间平稳态，就需要足够长的时间序列，通常在充分发展的紊流中，需要 10^5 以上的时间积分步。因此，需要有内存大、速度快的计算机才能实现紊流直接数值模拟。

直接数值模拟实际工程紊流运动时，对网格分辨率的要求很高。例如，计算边界层紊流，横向计算域长度 $L_y \sim o(\delta)$，纵向计算域长度 $L_x \sim 10\delta$，它们都大于紊流脉动的积分尺度 l。三维总网格数则至少应满足

$$N > Re_l^{9/4} \tag{5.65}$$

这是一个天文数字的估计，例如，$Re_l = 10^4$，就要求网格数 10^9 甚至更高数量级的网格数。此外，选定的最小网格长度还和数值算法有关，谱方法的数值精度最高，差分法精度和差分格式有关。

为了保证计算的稳定性，数值计算的时间步长必须满足 CFL 条件，即

$$\delta t < \frac{\Delta}{u'} \tag{5.66}$$

时间推进的长度应当数倍于大涡的特征时间 L/u'，由此可以推算总的计算步数 N_t 应大于 $L/\Delta \sim Re_l^{3/4}$。式（5.66）是显式计算数值稳定性要求，为了减少计算量，可以考虑采用部分隐式推进来增大时间步长。例如，黏性项采用隐式，而对流项仍采用显式。时间步长的选择要通过试算来确定，CFL 条件是模拟的基本要求。

在直接数值模拟时，正确给出流动的初始条件和开边界条件是相当困难的。因为无法预知初始流场，尤其是脉动速度场的空间随机分布；然而，开边界上的速度应是任意瞬间的样本速度，它包括平均速度和脉动速度，脉动速度随时间的变化是不规则的，无法事先知道是何种随机过程。严格来说，随机样本流动的初始场和开边界上的速度分布应该是不规则解的一部分，在未求得数值解前是不可能给出准确的初始场和边界条件的。在进行直接数值模拟时，往往只能近似地给出不违反流动控制方程和相关物理约束的初始条件和边界条件，如不可压缩流动的初始速度场的散度必须等于零。通常情况下，采用"冷启动"来预热模拟，即在恰当的初始条件和边界条件下，数值积分推进上万步以后，流动进入"真实的"紊流状态，然后继续推进足够的时间步获得足够的统计数据为止。也就是说，经过足够长时间后初始场的随机状态对紊流脉动场以后的发展几乎没有影响；空间上，我们可以将边界向外扩展，从计算边界到实际边界间的紊流场不是"真实的"紊流，真实的紊流从计算域下游截面开始。

简单的均匀紊流可以采用周期边界条件进行计算，这时利用傅里叶展开方法是最精确有效的，它属于数值计算中的谱方法。关于谱方法的详细理论可参阅 Canuto 等（1987）的专著。

第6章 涡旋运动

流体运动可分为有旋运动和无旋运动两类。当流场中至少有部分区域速度的旋度 $\text{rot}v \neq 0$ 或 $\omega \neq 0$ 时，则流体的运动称为有旋运动，也称为涡旋运动；当流场整个区域 $\text{rot}v = 0$ 或 $\omega = 0$ 时，则流体的运动被称为无旋运动，也称为势流。

涡旋运动广泛存在于自然界中。如桥墩后的涡旋区和船只运动时船尾后形成的涡旋、气体的旋转运动而形成的龙卷风等，这些涡旋都是显而易见的。但是，绝大多数的涡旋运动并非是用肉眼可以清晰观察到的，如流体边界层内的每一点都是涡旋。至于自然界大量的紊流运动就更充满了尺度不同的涡旋。

研究涡旋具有重要的工程实际意义。当转轮、飞机、轮船等在流体中运动时，其尾部产生的涡旋所消耗的这部分能量是由运动物体付出的，从而形成物体运动的附加阻力。在水利工程中溢流坝下游，经常人为设置一些措施产生涡旋运动以消耗水流动能，从而避免坝下游河床被冲刷。此外，研究涡旋运行亦具有重要的理论意义。由于无旋运动问题往往比有旋运动问题简单，因此需要通过对涡旋运动的进一步研究来确定流体是否有旋；或者在什么条件下有旋运动可以近似看作是无旋运动，以求得在数学处理上的简化。对于涡旋运动的研究，从涡运动学及涡动力学出发常常比用欧拉方程或 N-S 方程研究更加方便。本章将讨论涡旋运动的基本定理和方程，分析涡旋的产生、发展和消亡的规律等。

6.1 涡旋的运动学性质

在 1.6 节已对涡量及涡管的概念进行了介绍。涡量用 Ω 表示，它是一个矢量且在数值上等于速度矢量的旋度。根据数学上矢量场中旋度的概念，在笛卡儿坐标系中，$\Omega(x, y, z, t)$ 可表示为

$$\Omega = \text{rot}v = \nabla \times v = i\Omega_x + j\Omega_y + k\Omega_z = \begin{vmatrix} i & j & k \\ \dfrac{\partial}{\partial x} & \dfrac{\partial}{\partial y} & \dfrac{\partial}{\partial z} \\ v_x & v_y & v_z \end{vmatrix}$$

$$= \left(\frac{\partial v_z}{\partial y} - \frac{\partial v_y}{\partial z}\right)i + \left(\frac{\partial v_x}{\partial z} - \frac{\partial v_z}{\partial x}\right)j + \left(\frac{\partial v_y}{\partial x} - \frac{\partial v_x}{\partial y}\right)k \tag{6.1}$$

涡量在 x 方向、y 方向和 z 方向的分量分别为

$$\Omega_x = (\text{rot}v)_x = \left(\frac{\partial v_z}{\partial y} - \frac{\partial v_y}{\partial z}\right) \tag{6.2a}$$

$$\Omega_y = (\text{rot}v)_y = \left(\frac{\partial v_x}{\partial z} - \frac{\partial v_z}{\partial x}\right) \tag{6.2b}$$

$$\Omega_z = (\mathbf{rot} \mathbf{v})_z = \left(\frac{\partial v_y}{\partial x} - \frac{\partial v_x}{\partial y}\right) \quad (6.2c)$$

在不可压缩流体中，涡量的散度等于 0，即

$$\mathbf{div}\boldsymbol{\Omega} = \frac{\partial \Omega_x}{\partial x} + \frac{\partial \Omega_y}{\partial y} + \frac{\partial \Omega_z}{\partial z} = \nabla \cdot (\nabla \times \mathbf{v}) = 0 \quad (6.3)$$

式（6.3）表明涡量的三个分量相互制约，也说明涡量场是无源场。根据场论中无源场的性质，涡旋的运动学性质可叙述如下。

(1) 涡管中任一横截面上的涡通量保持同一常数，或者给定瞬间流入涡管的涡通量等于流出涡管的涡通量。由于涡通量在涡管中的每一个横截面上都相等，因此可以用它来表征涡管内涡旋的强弱，称之为涡管强度。

(2) 涡管不能在流体中产生或消失。涡管只可能在两种情况下在流体中产生或消失，第一种情形是涡管的截面积在流体中趋于 0，此时涡量将趋于无穷，这在物理上显然是不可能的（图 6.1）；第二种情形是涡管在流体中突然中断或发生，一旦涡管中断或发生，封闭曲面内进入的涡通量将不等于流出的涡通量，这一点与涡旋场是无源场的事实矛盾，所以涡管不能在流体中突然中断和发生。

涡管在流体中的形式为自行封闭形成涡环、其头尾搭在固壁或自由面上、两端延伸到无穷远处，如图 6.2 所示。

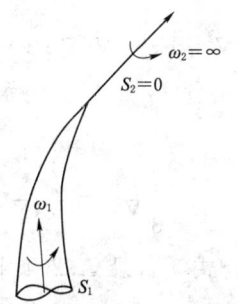
图 6.1 涡管的截面积在流体中趋于 0（不可能发生此种情况）

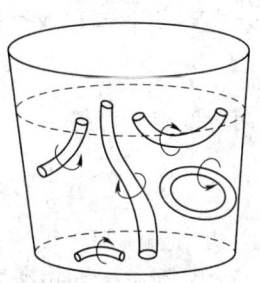
图 6.2 涡管可能存在的形式[11]

应当指出，上述的讨论并未涉及应力，因此，有关涡旋的运动学性质既适用于理想流体也适用于黏性流体。

6.2 涡旋动力学

研究涡旋的动力学性质即涡旋的随体变化规律有两种途径：第一条途径是直接研究涡通量的随体变化规律，它通过速度矢量满足的运动方程而得到；第二条途径是间接研究速度环量的随体变化规律，此途径是通过斯托克斯定理推导出涡旋的随体变化规律，从而得到涡旋矢量满足的涡量方程。

6.2.1 普遍的亥姆霍兹方程

流体运动方程（2.11）的矢量形式为

$$\frac{\mathrm{d}\boldsymbol{v}}{\mathrm{d}t}=\boldsymbol{f}+\frac{1}{\rho}\mathbf{div}\boldsymbol{\sigma} \tag{6.4}$$

而加速度 $\dfrac{\mathrm{d}\boldsymbol{v}}{\mathrm{d}t}$ 可以表示为

$$\frac{\mathrm{d}\boldsymbol{v}}{\mathrm{d}t}=\frac{\partial \boldsymbol{v}}{\partial t}+(\boldsymbol{v}\cdot\nabla)\boldsymbol{v} \tag{6.5a}$$

方程（6.5a）可进一步改写为

$$\frac{\mathrm{d}\boldsymbol{v}}{\mathrm{d}t}=\frac{\partial \boldsymbol{v}}{\partial t}+\mathbf{grad}\,\frac{v^2}{2}+\mathbf{rot}\boldsymbol{v}\times\boldsymbol{v} \tag{6.5b}$$

式（6.5b）中 $\mathbf{rot}\boldsymbol{v}=\boldsymbol{\Omega}$ 即为涡量。式（6.5b）将加速度 $\dfrac{\mathrm{d}\boldsymbol{v}}{\mathrm{d}t}$ 表示成了 $\dfrac{\partial \boldsymbol{v}}{\partial t}$、位势部分 $\mathbf{grad}\,\dfrac{v^2}{2}$ 和涡旋部分 $\boldsymbol{\Omega}\times\boldsymbol{v}$ 的矢量合成。因此，将式（6.5b）代入式（6.4）得

$$\rho\left(\frac{\partial \boldsymbol{v}}{\partial t}+\mathbf{grad}\,\frac{v^2}{2}+\mathbf{rot}\boldsymbol{v}\times\boldsymbol{v}\right)=\rho\boldsymbol{f}+\mathbf{div}\boldsymbol{\sigma} \tag{6.6}$$

式（6.6）就是兰姆-葛罗米柯形式的运动方程（2.18）。将本构方程 $\sigma_{ij}=-p\delta_{ij}+2\mu\varepsilon_{ij}-\dfrac{2}{3}\mu(\nabla\cdot\boldsymbol{v})$ 代入得

$$\frac{\partial \boldsymbol{v}}{\partial t}+\nabla\left(\frac{v^2}{2}\right)+\boldsymbol{\Omega}\times\boldsymbol{v}=\boldsymbol{f}-\frac{1}{\rho}\nabla p+\nu\,\nabla^2\boldsymbol{v}+\frac{1}{3}\nu\,\nabla(\nabla\cdot\boldsymbol{v}) \tag{6.7a}$$

式中：ν 为运动黏滞系数。

将式（6.7a）两边取旋度可得

$$\frac{\partial \boldsymbol{\Omega}}{\partial t}+\nabla\times(\boldsymbol{\Omega}\times\boldsymbol{v})=\nabla\times\boldsymbol{f}-\nabla\times\left(\frac{1}{\rho}\nabla p\right)+\nabla\times(\nu\,\nabla^2\boldsymbol{v})+\frac{1}{3}\nabla\times[\nu\,\nabla(\nabla\cdot\boldsymbol{v})] \tag{6.7b}$$

对式（6.7b）等号左边第二项利用场论中基本运算公式［附录 A.2.4 中（13）］，并考虑到 $\nabla\cdot\boldsymbol{\Omega}=0$，式（6.7b）等号左边可改写为

$$\frac{\partial \boldsymbol{\Omega}}{\partial t}+\nabla\times(\boldsymbol{\Omega}\times\boldsymbol{v})=\frac{\partial \boldsymbol{\Omega}}{\partial t}+(\boldsymbol{v}\cdot\nabla)\boldsymbol{\Omega}-(\boldsymbol{\Omega}\cdot\nabla)\boldsymbol{v}+\boldsymbol{\Omega}(\nabla\cdot\boldsymbol{v})-\boldsymbol{v}(\nabla\cdot\boldsymbol{\Omega})$$

$$=\frac{\mathrm{d}\boldsymbol{\Omega}}{\mathrm{d}t}-(\boldsymbol{\Omega}\cdot\nabla)\boldsymbol{v}+\boldsymbol{\Omega}(\nabla\cdot\boldsymbol{v}) \tag{6.7c}$$

将式（6.7c）代入式（6.7b）有

$$\frac{\mathrm{d}\boldsymbol{\Omega}}{\mathrm{d}t}-(\boldsymbol{\Omega}\cdot\nabla)\boldsymbol{v}+\boldsymbol{\Omega}(\nabla\cdot\boldsymbol{v})=\nabla\times\boldsymbol{f}-\nabla\times\left(\frac{1}{\rho}\nabla p\right)+\nabla\times(\nu\boldsymbol{\Delta v})$$

$$+\frac{1}{3}\nabla\times[\nu\,\nabla(\nabla\cdot\boldsymbol{v})] \tag{6.8a}$$

这就是涡旋运动的基本方程，称为普遍的涡量方程，也称为普遍的亥姆霍兹方程（General Helmholtz equation）。

方程（6.8a）反映了涡量随质点运动的变化。能够引起涡量 $\boldsymbol{\Omega}$ 变化的因素有以下五

个方面。

(1) 外力 f 是影响涡量变化的因素之一。但若外力有势 G，即 $f=\nabla G$，则 $\nabla\times(\nabla G)=0$，即有势的外力对涡量变化不起作用。这点与速度的变化不同。

(2) 压强梯度 $-\dfrac{1}{\rho}\nabla p$ 也是影响涡量变化的因素之一。若流体正压，即密度 ρ 只是压强 p 的函数，则

$$\frac{1}{\rho}\nabla p = \nabla \boldsymbol{\Pi}$$

其中 $\boldsymbol{\Pi}=\displaystyle\int\frac{\mathrm{d}p}{\rho}$，因此 $\nabla\times\left(\dfrac{1}{\rho}\nabla p\right)=\nabla\times(\nabla\boldsymbol{\Pi})=0$，所以正压流体的压强梯度对涡量变化不起作用。这也和速度的变化不同。

(3) 黏滞应力 $\nu\left[\nabla^2 \boldsymbol{v}+\dfrac{1}{3}\nabla(\nabla\cdot\boldsymbol{v})\right]$ 是另外一个影响因素。黏性作用主要表现为涡量的扩散。但对无黏性理想流体而言，$\nu=0$，则黏滞应力不起作用。

由以上三个影响涡量变化因素的分析可知，若流体是理想、正压、外力有势，则方程（6.8a）右边各项皆为 0，方程简化为

$$\frac{\mathrm{d}\boldsymbol{\Omega}}{\mathrm{d}t}-(\boldsymbol{\Omega}\cdot\nabla)\boldsymbol{v}+\boldsymbol{\Omega}(\nabla\cdot\boldsymbol{v})=0 \tag{6.8b}$$

这是理想流体正压、外力有势时的涡量方程。

若流体不可压缩，但有黏性，外力有势，则普遍的涡量方程可简化为

$$\frac{\mathrm{d}\boldsymbol{\Omega}}{\mathrm{d}t}-(\boldsymbol{\Omega}\cdot\nabla)\boldsymbol{v}=\nu\nabla^2\boldsymbol{\Omega} \tag{6.8c}$$

这是黏性流动的涡量方程，是普遍涡量方程的一个特例。

(4) 影响涡量变化的第四个因素是 $\boldsymbol{\Omega}(\nabla\cdot\boldsymbol{v})$。因 $(\nabla\cdot\boldsymbol{v})\dfrac{\partial u_x}{\partial x}+\dfrac{\partial u_y}{\partial y}+\dfrac{\partial u_z}{\partial z}$ 代表质团的膨胀或压缩，所以此项代表了流体的压缩性对涡量变化的作用。但如果流体不可压缩，则 $\nabla\cdot\boldsymbol{v}=0$，这个因素自然就不存在了。

(5) 影响涡量变化的最后一个因素是 $(\boldsymbol{\Omega}\cdot\nabla)\boldsymbol{v}$。它代表了涡量与速度沿涡量方向的变化率的乘积，使涡束有拉伸也有收缩或弯曲。这项在运动方程中没有对应的项，从而使涡量变化具有独特的性质。

综上所述，影响涡量变化的五个因素为：外力，压强梯度，黏性应力，流体体积膨胀或压缩，涡束的拉伸、收缩或弯曲。其中黏性应力和涡束的拉伸、收缩或弯曲是两个主要因素。

6.2.2 开尔文定理

定理：如果理想流体是正压的，且质量力有势，则沿任一封闭物质线的速度环量在运动过程中保持不变。

因为沿封闭曲线的速度环量等于通过以该曲线为边界的曲面的通量（1.6.3 节斯托克斯定理），所以开尔文（Kelvin）定理也表明：在理想正压流体且质量力有势时，通过任

意物质曲面的涡量通量在运动过程中保持恒定不变。现予以证明。

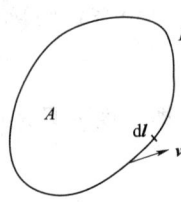

图 6.3 物质线

设任意时刻，在流体中取出一条由流体质点组成的物质线 L，有流体质点组成的物质面 A 张于其上，见图 6.3。于是沿物质线的速度环量

$$\Gamma = \oint_L \boldsymbol{v} \cdot \mathrm{d}\boldsymbol{l}$$

速度环量 Γ 的物质导数：

$$\frac{\mathrm{d}\Gamma}{\mathrm{d}t} = \frac{\mathrm{d}}{\mathrm{d}t} \oint_L u_j \mathrm{d}x_j = \oint_L \left[\frac{\mathrm{d}u_j}{\mathrm{d}t} \mathrm{d}x_j + u_j \frac{\mathrm{d}}{\mathrm{d}t}(\mathrm{d}x_j) \right]$$

因 $\dfrac{\mathrm{d}}{\mathrm{d}t}(\mathrm{d}x_j) = \mathrm{d}\left(\dfrac{\mathrm{d}x_j}{\mathrm{d}t}\right) = \mathrm{d}u_j$，于是

$$\frac{\mathrm{d}\Gamma}{\mathrm{d}t} = \oint_L \left(\frac{\mathrm{d}u_j}{\mathrm{d}t} \mathrm{d}x_j + u_j \mathrm{d}u_j \right)$$

由于 $\oint_L u_j \mathrm{d}u_j = \oint_L \mathrm{d}\left(\dfrac{u_j^2}{2}\right)$，对于封闭曲线此积分为 0，故得

$$\frac{\mathrm{d}\Gamma}{\mathrm{d}t} = \oint_L \frac{\mathrm{d}u_j}{\mathrm{d}t} \mathrm{d}x_j = \oint_L \frac{\mathrm{d}\boldsymbol{v}}{\mathrm{d}t} \cdot \mathrm{d}\boldsymbol{l}$$

将 N-S 方程（2.14b）代入上式，得到

$$\frac{\mathrm{d}\Gamma}{\mathrm{d}t} = \oint_L \left(\boldsymbol{f} - \frac{1}{\rho} \nabla p + \nu \nabla^2 \boldsymbol{v} \right) \cdot \mathrm{d}\boldsymbol{l}$$

由斯托克斯定理（1.31）可得

$$\frac{\mathrm{d}\Gamma}{\mathrm{d}t} = \iint_A \nabla \times \left(\boldsymbol{f} - \frac{1}{\rho} \nabla p + \nu \nabla^2 \boldsymbol{v} \right) \cdot \boldsymbol{n} \mathrm{d}A$$

$$= \iint_A \left[\nabla \times \boldsymbol{f} - \nabla \times \left(\frac{1}{\rho} \nabla p \right) + \nu \nabla^2 \boldsymbol{\Omega} \right] \cdot \boldsymbol{n} \mathrm{d}A \qquad (6.9)$$

式（6.9）表明，外力、压力梯度及黏性扩散是影响环量变化的三大因素。

分析式（6.9），对于理想流体，运动黏滞系数 $\nu = 0$，等号右端第三项为 0；对于正压流体，等号右端第二项为 0；对于质量力有势，等号右端第一项为 0。因此，对于理想正压流体且质量力有势时，由式（6.9）得

$$\frac{\mathrm{d}\Gamma}{\mathrm{d}t} = 0$$

积分得 $\Gamma = \mathrm{const.}$，即沿任一封闭物质线的速度环量在运动过程中守恒。

6.2.3 拉格朗日定理

定理：若流体理想、正压，且外力有势时，如果初始时刻在某部分流体内无旋，则以前或以后任一时刻均无旋。反之，若初始时刻该部分流体有旋，则以前或以后任一时刻中这一部分流体皆为有旋。拉格朗日（Langrange）定理就是涡旋不生不灭定理。

该定理是开尔文定理的直接结果，现予以证明。设初始时刻在所考虑的那部分流体 C 中，运动无旋，则在这部分流体中有 $\boldsymbol{\Omega} = 0$，于是矢量 $\boldsymbol{\Omega}$ 通过 C 内任一物质面 S 的涡通量

$\iint_S \boldsymbol{\Omega} \cdot \mathrm{d}\boldsymbol{S} = 0$。根据开尔文定理，在以前或以后任一时刻，涡通量$\iint_{S'} \boldsymbol{\Omega} \cdot \mathrm{d}\boldsymbol{S} = 0$，其中$S'$是组成$S$的流体质点在该时刻组成的曲面。由于$S$面是任意的，因而$S'$面也是任意选取的，故得$\boldsymbol{\Omega} = 0$，这样就证明了在以前或以后的任一时刻内这部分流体永远是无旋的。

用反证法即可证明定理的后一部分。设在初始时刻以前或以后的某一时刻中这部分流体无旋，则根据刚才证明的定理的前一部分内容，立即推出在任一时刻特别是初始时刻流体是无旋的，这个结论显然与初始时刻流体是有旋的假定矛盾。此矛盾证明了定理的后一部分内容是正确的。

6.2.4 亥姆霍兹定理

亥姆霍兹（Helmholtz）给出了有关涡旋运动的三个重要定理。对于理想、正压流体，外力有势时，则有：①原来无涡的流体微团将保持无涡；②任意时刻在一条涡线上的流体质点将永远在这条涡线上，也可以说涡线和涡管随固定的流体质点运动；③在流体运动过程中涡管强度不随时间变化。这三个定理中，第一条已由开尔文定理和拉格朗日定理所论证，第二条可以具体为涡面保持定理、涡管保持定理和涡线保持定理，第三条可以具体为涡管强度保持定理。

涡面保持定理：如果理想流体是正压的，且外力有势，则在某一时刻组成涡面的流体质点在以前或以后的任一时刻也永远组成涡面。

涡管保持定理：如果理想流体是正压的，且外力有势，则在某时刻组成涡管的流体质点在以前或以后的任一时刻也永远组成涡管。

涡线保持定理：如果理想流体是正压的且外力有势，则在某时刻组成涡线的流体质点在前一或后一时刻永远组成涡线。

首先证明涡面保持定理。所谓涡面就是在流场中取一非涡线的曲线，过曲线上每一点作涡线，由这些涡线所组成的曲面。因此将不可能有涡线穿过涡面，涡量在涡面的法线单位向量$\boldsymbol{n}$上的投影为0，即$\Omega_n = 0$。设在初始时刻$t = t_0$流场中有一涡面S，在涡面S上任取一面积A，通过A的涡量通量应为0，即

$$\iint_A \Omega_n \mathrm{d}A = 0$$

设在$t = t_0$以前或以后的某一时刻组成涡面的流体质点组成新的曲面S'，而面积A在S'面上相应的面积为A'，根据开尔文定理，有

$$\iint_{A'} \Omega_n \mathrm{d}A' = \iint_A \Omega_n \mathrm{d}A = 0$$

因A'是任意的，由此可得

$$\Omega_n = 0$$

这就证明，A'应为一涡面。

因涡管侧面都是涡面，由涡面保持定理即可推得涡管保持定理。

若令涡管的截面逐渐缩小并趋近于0，则涡管就变成一条涡线。由涡管保持定理自然可以得出涡线保持定理。

下面用数学方法对涡线保持定理予以证明。设初始时刻$t = t_0$时，流体中有一条由流

体质点组成的涡线 L（图 6.4）。既然是涡线，线段 $\Delta \boldsymbol{r}$ 和涡量 $\boldsymbol{\Omega}$ 的方向必然一致，或者和 $\dfrac{\boldsymbol{\Omega}}{\rho}$ 的方向一致，因此一定满足

$$\Delta \boldsymbol{r} \times \frac{\boldsymbol{\Omega}}{\rho} = 0 \tag{a}$$

设以前和以后的任一时刻，这些流体质点组成曲线 L'（图 6.4），如 L' 也是涡线，则必须满足

$$\Delta \boldsymbol{r}' \times \frac{\boldsymbol{\Omega}'}{\rho} = 0 \tag{b}$$

只要证明

$$\frac{\mathrm{d}}{\mathrm{d}t}\left(\Delta \boldsymbol{r} \times \frac{\boldsymbol{\Omega}}{\rho}\right) = 0 \tag{c}$$

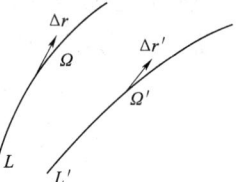

图 6.4 涡线保持定理

则式（b）即为式（a）的自然推论。

理想正压流体且外力有势时，涡旋矢量满足亥姆霍兹方程（6.8b），即

$$\frac{\mathrm{d}\boldsymbol{\Omega}}{\mathrm{d}t} - (\boldsymbol{\Omega} \cdot \nabla)\boldsymbol{v} + \boldsymbol{\Omega}(\nabla \cdot \boldsymbol{v}) = 0 \tag{d}$$

考虑到连续方程（2.2a）：

$$\nabla \cdot \boldsymbol{v} = -\frac{1}{\rho}\frac{\mathrm{d}\rho}{\mathrm{d}t}$$

式（d）可改写为

$$\frac{1}{\rho}\frac{\mathrm{d}\boldsymbol{\Omega}}{\mathrm{d}t} - \frac{\boldsymbol{\Omega}}{\rho^2}\frac{\mathrm{d}\rho}{\mathrm{d}t} - \left(\frac{\boldsymbol{\Omega}}{\rho} \cdot \nabla\right)\boldsymbol{v} = \frac{\mathrm{d}}{\mathrm{d}t}\left(\frac{\boldsymbol{\Omega}}{\rho}\right) - \left(\frac{\boldsymbol{\Omega}}{\rho} \cdot \nabla\right)\boldsymbol{v} = 0 \tag{e}$$

现在利用式（e）证明式（c）。显然

$$\frac{\mathrm{d}}{\mathrm{d}t}\left(\Delta \boldsymbol{r} \times \frac{\boldsymbol{\Omega}}{\rho}\right) = \Delta \boldsymbol{r} \times \frac{\mathrm{d}}{\mathrm{d}t}\left(\frac{\boldsymbol{\Omega}}{\rho}\right) + \frac{\boldsymbol{\Omega}}{\rho} \times \frac{\mathrm{d}(\Delta \boldsymbol{r})}{\mathrm{d}t} \tag{f}$$

考虑到

$$\frac{\mathrm{d}(\Delta \boldsymbol{r})}{\mathrm{d}t} = \Delta \boldsymbol{v} = (\Delta \boldsymbol{r} \cdot \nabla)\boldsymbol{v} \tag{g}$$

把式（e）和式（g）代入式（f），可得

$$\frac{\mathrm{d}}{\mathrm{d}t}\left(\Delta \boldsymbol{r} \times \frac{\boldsymbol{\Omega}}{\rho}\right) = \left(\Delta \boldsymbol{r} \times \frac{\boldsymbol{\Omega}}{\rho} \cdot \nabla\right)\boldsymbol{v} + \left(\frac{\boldsymbol{\Omega}}{\rho} \times \Delta \boldsymbol{r} \cdot \nabla\right)\boldsymbol{v} = -\left(\frac{\boldsymbol{\Omega}}{\rho} \times \Delta \boldsymbol{r} \cdot \nabla\right)\boldsymbol{v} + \left(\frac{\boldsymbol{\Omega}}{\rho} \times \Delta \boldsymbol{r} \cdot \nabla\right)\boldsymbol{v} = 0$$

上式即为式（c），所以涡线保持定理得证。

涡管强度保持定理：如果流体是理想正压，且外力有势，则涡管的强度在运动过程中恒不变。

现对涡管强度保持定理予以证明。由斯托克斯定理知，涡管强度等于沿涡管周界封闭曲线的速度环量，即式（1.31）为

$$\Gamma = \oint_L \boldsymbol{v} \cdot \mathrm{d}\boldsymbol{l} = \iint_S \boldsymbol{\Omega} \cdot \boldsymbol{n}\,\mathrm{d}S$$

根据开尔文定理沿任何封闭流线体的速度环量在运动过程中保持不变，因此涡量强度也保持不变。

上述几个定理全面地描述了正压理想流体外力有势条件下涡旋的随体变化规律。首先，涡旋具有保持性，流体在某时刻无旋则永远无旋，某时刻有旋则永远有旋。其次，对于有旋运动，组成涡线、涡管的流体质点永远组成涡线、涡管。好像流体质点冻结在涡线上随涡线一起运动。同时，在运动过程中涡管的强度保持不变。综上所述，理想正压流体在有势外力的作用下，涡旋随体变化的最主要性质是保持性和冻结性。

6.3 涡旋的形成

在自然界中可以经常观察到涡旋的产生和消失，例如船舶运行时船尾后面不断产生的强烈涡旋；划船时产生的涡旋随着时间的推移逐渐消失等等。既然涡旋的不生不灭是在理想、正压和外力有势三个条件具备时才能成立，那么涡旋运动的产生或消失必然来源于这三个条件没有得到完全满足。可见，流体的黏性、流体非正压（斜压）和外力无势是产生涡旋运动的三个根源，其中流体的黏性是流体产生涡旋最普遍和最重要的根源。

6.3.1 黏性流体中涡旋的产生

固体边界是黏性流体产生涡旋的重要源泉，但不是唯一的源泉，如两股流速不同的流体汇合所形成的间断面、自由表面等均可产生涡旋。

1. 流场中存在固体边界

设流体正压，外力有势，但有黏性。流场边界中有一部分或全部是固体边界。设流体原来处于静止状态，以保证流体运动本来是无旋的。在 $t=0$ 时刻流体开始流动。如果流体是无黏性的，则根据拉格朗日定理，涡旋将不会产生，即为有势流动。有势流动在固体边界的条件是边界的垂向分速为 0。这个边界条件将不可避免地产生固体边界上的切向流速且不等于 0。但是，如果流体有黏性，那么在固体边界就应满足无滑移条件。这个无滑移条件迫使边界附近的流动具有较大的法向流速梯度。设 u_x 为切向流速分量，y 为法向距离，黏性流体在边界附近的流动中，$\dfrac{\mathrm{d}u_x}{\mathrm{d}y} \neq 0$。在二维流动中：

$$\Omega_z = \frac{\partial u_y}{\partial x} - \frac{\partial u_x}{\partial y}$$

在边界处 $\dfrac{\partial u_y}{\partial x}=0$，但 $\dfrac{\partial u_x}{\partial y} \neq 0$，所以 $\Omega_z \neq 0$。由此可见，在黏性流动中固体边界是产生涡旋的源泉，但是其产生涡旋、流速梯度都是由于流体黏性。在固体边界形成涡旋以后，仍然依靠流体的黏性把涡旋由边界扩散到流体内部。

2. 两股流速不同的流体汇合所形成的间断面

设一绕过某物体的两股水流在物体后汇合，如图 6.5 所示。如果上下两股流体的速度不同，汇合后将形成速度间断面。只要流体有黏性，那么不管黏性多小，这个间断面由于黏性的作用将被扩展为过渡层。在这个过渡层中，流速梯度很大，是一个剪切层。在这个剪切层中，$\dfrac{\partial u_y}{\partial x}=0$，但 $\dfrac{\partial u_x}{\partial y} \neq 0$，因而 $\Omega_z = \dfrac{\partial u_y}{\partial x} - \dfrac{\partial u_x}{\partial y} \neq 0$，即 $\Omega_z \neq 0$，所以剪切层是充满

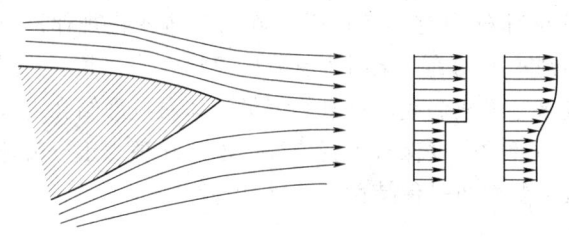

图 6.5 两股流体汇合后的间断面

涡旋的流层。

3. 自由表面

虽然固体边界是最普遍的涡旋源泉，但自由表面同样可以产生一定程度的涡旋。自由表面的边界条件为：①压强等于大气压强和表面张力可能引起的压差；②切应力等于 0。

假设流体运动是从静止开始，则运动开始时是无旋运动。但是，现在需要弄清的是这样的流动能否同时满足上述两个边界条件。因为，自由表面的形状是流动按照压强的边界条件自行调整的，所以第一个条件是可以满足的。但是，切应力等于 0 的条件却通常不一定满足。如果自由表面附近的流层中，出现切应力不等于 0 的情况，则因自由表面上没有相应的切应力作用于流动，流动中的切应力将使液体产生切向加速度，企图把切应力降低至 0，就是这个黏性切应力导致涡旋的形成。一般说来，如果自由表面为一个平面，有可能在自由表面同时满足两个边界条件，这时的自由表面就不形成涡旋；当自由表面为一曲面时，则自由表面就具有一定的涡量值。

6.3.2 非正压流体中涡旋的形成

前面讨论了黏性流体中涡旋的形成。现在讨论流体无黏性、外力有势但流体非正压时的涡旋的形成。当流体密度 ρ 只是压强 p 的函数时流体为正压。当流体密度 ρ 不只与压强 p 有关，而且还与温度、湿度（对空气而言）、含盐浓度（对海水而言）等因素有关时，这种流体为非正压（斜压）流体。在这种情况下，流体的运动方程，即欧拉方程 (2.15b) 为

$$\frac{d\boldsymbol{v}}{dt} = \boldsymbol{f} - \frac{1}{\rho}\nabla p$$

由于外力有势 $\boldsymbol{f} = \nabla G$，$G$ 为力势函数，上式变为

$$\frac{d\boldsymbol{v}}{dt} = \nabla G - \frac{1}{\rho}\nabla p \tag{6.10}$$

由式 (1.29) 知沿封闭曲线 L 的环量

$$\varGamma = \int_L \boldsymbol{v} \cdot d\boldsymbol{l}$$

根据上式，速度环量的随体变化为

$$\frac{d\varGamma}{dt} = \oint_L \frac{d\boldsymbol{v}}{dt} \cdot d\boldsymbol{l} + \oint_L \boldsymbol{v} \cdot \frac{d\boldsymbol{L}}{dt} = \oint_L \frac{d\boldsymbol{v}}{dt} \cdot d\boldsymbol{l} + \oint_L \boldsymbol{v} \cdot d\boldsymbol{v}$$

但 $\oint_L \boldsymbol{v} \cdot d\boldsymbol{v} = \oint_L d\left(\dfrac{v^2}{2}\right) = 0$，所以

$$\frac{d\varGamma}{dt} = \oint_L \frac{d\boldsymbol{v}}{dt} \cdot d\boldsymbol{l} \tag{6.11}$$

将欧拉方程 (6.10) 代入式 (6.11)，得

$$\frac{\mathrm{d}\Gamma}{\mathrm{d}t} = \oint_L \nabla G \cdot \mathrm{d}\boldsymbol{l} - \oint_L \frac{1}{\rho} \nabla p \cdot \mathrm{d}\boldsymbol{l}$$

因为 $\nabla G \cdot \mathrm{d}\boldsymbol{l} = \mathrm{d}G$，而 $\oint_L \mathrm{d}G = 0$，所以上式变为

$$\frac{\mathrm{d}\Gamma}{\mathrm{d}t} = -\oint_L \frac{1}{\rho} \nabla p \cdot \mathrm{d}\boldsymbol{l}$$

利用斯托克斯公式 $\oint_L \boldsymbol{a} \cdot \mathrm{d}\boldsymbol{l} = \iint_S \mathbf{rot}\boldsymbol{a} \cdot \mathrm{d}\boldsymbol{S}$，上式可写为

$$\frac{\mathrm{d}\Gamma}{\mathrm{d}t} = -\iint_S \mathbf{rot}\left[\frac{1}{\rho} \nabla p\right] \mathrm{d}\boldsymbol{S} = \iint_S \frac{1}{\rho^2}(\nabla \rho \times \nabla p) \mathrm{d}\boldsymbol{S} \tag{6.12}$$

其中 $\mathrm{d}\boldsymbol{S}$ 是张于 L 上的面积矢量，其法线方向 n 与 L 的正方向构成右手螺旋。式(6.12)说明，对于正压流体，即 $\rho = f(p)$，则 $\nabla \rho \times \nabla p = 0$，因此 $\frac{\mathrm{d}\Gamma}{\mathrm{d}t} = 0$，即环量在运动中保持不变。但若流体是非正压的，因此，密度不仅仅是压力的函数，而且还和其他变数（如温度、湿度等）有关系，此时 $\nabla \rho \times \nabla p \neq 0$，$\frac{\mathrm{d}\Gamma}{\mathrm{d}t} \neq 0$，随着时间的推移，速度环量将发生变化，也就是说产生或消灭了涡旋。

下面用几何方法研究 $\frac{\mathrm{d}\Gamma}{\mathrm{d}t}$ 大于或小于 0 的问题。$p = \mathrm{const.}$ 和 $\rho = \mathrm{const.}$ 的曲面分别称为等压面和等密度面。当流体是正压时，等压面和等密度面重合，它们的法线方向 ∇p 及 $\nabla \rho$ 当然也重合，于是 $\nabla \rho \times \nabla p = 0$。如果流体是非正压，等压面和等密度面将相交，于是 $\nabla \rho \times \nabla p \neq 0$。若在 S 面上 $\nabla \rho \times \nabla p$ 的方向与 $\mathrm{d}\boldsymbol{S}$ 的方向成锐角，则 $\frac{\mathrm{d}\Gamma}{\mathrm{d}t} > 0$；若 $\nabla \rho \times \nabla p$ 的方向与 $\mathrm{d}\boldsymbol{S}$ 的方向成钝角，则 $\frac{\mathrm{d}\Gamma}{\mathrm{d}t} < 0$，这样就可以通过 $\nabla \rho$、∇p 和 $\mathrm{d}\boldsymbol{S}$ 这三个矢量的相互位置判断随着时间推移环量的变化。

将气象学上的贸易风（trade wind）作为一个实例进行讨论。形成贸易风有两个原因，一是贸易风是非正压流体，二是无势的柯里奥利（Coriolis）力的作用。这里先讨论流体的非正压。假定地球是圆球，大气是完全气体，高度相同的地方压强相等，于是等压面为地球的同心圆球面，压强梯度垂直向下指向地心，如图 6.6 中实线所示。由于日照强度不同，在同一高度，赤道要比北极温度高，因此沿球面从北极向赤道温度逐渐增高。由气体状态方程 $p = \rho RT$，在相同高度，赤道处气体的密度小而北极处气体密度大。同时，在同一地区，高程越高，空气越稀薄，密度越小。因此，等密度面不是地球的同心圆球，而是由赤道向北极逐渐升高，密度梯度则是指向地心偏北方向的，如图 6.6 中虚线所示。等压面与等密度面相交，从而为产

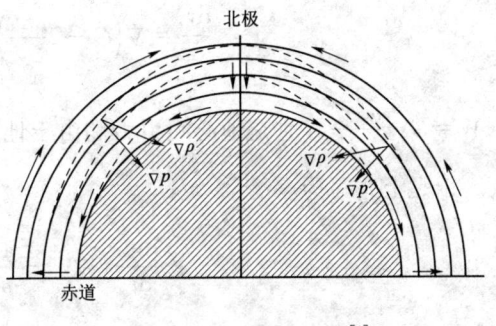

图 6.6 贸易风的形成[6]

生涡旋创造了条件。因 $\nabla\rho$ 和 ∇p 都指向球心，$\nabla\rho\times\nabla p$ 的方向将与 $\mathrm{d}\boldsymbol{S}$ 的方向一致，故 $\dfrac{\mathrm{d}\Gamma}{\mathrm{d}t}>0$。因此，随着时间的推移将产生涡旋，所形成的涡旋运动为：北极处从上到下，沿地面从北向南，在赤道处从下向上，在高空从南向北。这种气流运动称为贸易风，它是因空气非正压而产生的大涡旋运动。此外，还有不少实例可以用同样的道理来说明，例如气旋的形成、海洋流的形成等。

6.3.3 外力无势所产生的涡旋运动

仍以地球上的大气运动为例讨论外力无势在流动中引起涡旋运动的问题。考虑到地球的自转运动，空气对地球的运动是一种相对运动。由理论力学可知，相对于定轴转动的运动加速度为

$$\boldsymbol{a}_r = \frac{\mathrm{d}\boldsymbol{v}_r}{\mathrm{d}t} = \boldsymbol{a}_a - \boldsymbol{a}_e - \boldsymbol{a}_k \tag{6.13}$$

式中：$\boldsymbol{a}_a$ 为绝对加速度；$\boldsymbol{a}_e$ 为牵连加速度；$\boldsymbol{a}_k$ 为地球自转影响的柯氏（Coriolis）加速度；$\boldsymbol{v}_r$ 为空气相对于地球的速度。

因地球以旋转角速度 $\boldsymbol{\omega}$ 绕轴旋转，则牵连加速度为

$$\boldsymbol{a}_e = \omega^2 \boldsymbol{r} = \nabla\left(\frac{\omega^2 r^2}{2}\right)$$

式中：r 为质点到地球自转轴线的距离。

牵连加速度的方向背向地球转轴并与其垂直。

柯氏加速度为

$$\boldsymbol{a}_k = 2(\boldsymbol{\omega}\times\boldsymbol{v}_r)$$

由式（6.13）可知，绝对加速度 $\boldsymbol{a}_a = \dfrac{\mathrm{d}\boldsymbol{v}_r}{\mathrm{d}t} + \boldsymbol{a}_e + \boldsymbol{a}_k$，将其代入欧拉运动方程（2.15b），得流体的相对运动方程为

$$\frac{\mathrm{d}\boldsymbol{v}}{\mathrm{d}t} = \boldsymbol{f} - \frac{1}{\rho}\nabla p - \nabla\left(\frac{\omega^2 r^2}{2}\right) - 2(\boldsymbol{\omega}\times\boldsymbol{v}_r)$$

对于空气来讲，质量力就是重力，其力势函数为 G，所以有 $\boldsymbol{f} = \nabla G$。于是有

$$\frac{\mathrm{d}\boldsymbol{v}_r}{\mathrm{d}t} = \nabla\left(G - \frac{\omega^2 r^2}{2}\right) - \frac{1}{\rho}\nabla p - 2(\boldsymbol{\omega}\times\boldsymbol{v}_r)$$

令 $W = G - \dfrac{\omega^2 r^2}{2}$，它是地心吸引力和由于地球旋转而产生的离心力的合力函数，为力势函数。于是上式写为

$$\frac{\mathrm{d}\boldsymbol{v}_r}{\mathrm{d}t} = \nabla W - \frac{1}{\rho}\nabla p - 2(\boldsymbol{\omega}\times\boldsymbol{v}_r) \tag{6.14}$$

考虑到 W 为单值函数，环绕封闭曲线积分为 0，将式（6.14）代入式（6.11）得

$$\frac{\mathrm{d}\Gamma}{\mathrm{d}t} = \oint_L \frac{\mathrm{d}\boldsymbol{v}}{\mathrm{d}t} \cdot \mathrm{d}\boldsymbol{l} = -\oint_L \frac{1}{\rho}\mathrm{d}p - 2\oint_L (\boldsymbol{\omega} \times \boldsymbol{v}_r) \cdot \mathrm{d}\boldsymbol{r} \tag{6.15}$$

式（6.15）等号右端第一项是流体非正压引起的环量变化；第二项就是无势的柯里奥利力引起的环量变化。

现在研究无势的柯氏力对环量变化的影响。在地球层以位于旋转轴上某点为心作一垂直于地球自转轴线的圆，将此圆取作 L，令逆时针是正方向。由于贸易风的作用，在圆上的每一点都有自北纬到南纬的速度，于是从图 6.7 可以看出 $(\boldsymbol{\omega} \times \boldsymbol{v}_r) \cdot \mathrm{d}\boldsymbol{r} = (\boldsymbol{v}_r \times \mathrm{d}\boldsymbol{r}) \cdot \boldsymbol{\omega}$ 将是正的量。由式（6.15）可知 $\frac{\mathrm{d}\Gamma}{\mathrm{d}t} > 0$，也就是说，随着时间的推移，速度环量将减少。于是产生如图 6.7 所示顺时针方向由东向西的风。因此贸易风将不是严格地自北向南吹，而是自东北向西南吹。这个结果与实际情况吻合。

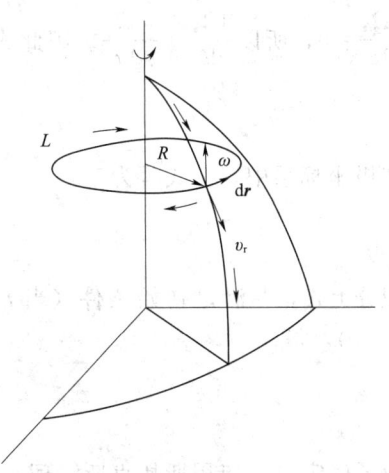

图 6.7 柯里奥利力对贸易风的影响[4]

6.4 黏性流体中涡旋的扩散

黏性是促使涡旋产生、发展、衰减、消失的最普遍也是最重要的因素。绝大多数黏性流体运动都是有旋运动，因此研究涡旋在流体中的运动规律具有重大意义。涡旋在黏性流体中的运动规律与理想正压流体在有势外力作用下的情况很不相同。理想正压流体在有势外力作用下，涡旋变化的主要特征是保持性或称冻结性。与此相反，在黏性流体中，涡旋将从强度高的地方向强度低的地方传递，直到涡旋强度相等为止，因此涡旋的保持性不复存在，出现的是涡旋的扩散性。

下面以不可压缩黏性流体平面运动为例，说明涡旋的扩散性。不可压缩黏性流体的涡量方程（6.8c）为

$$\frac{\mathrm{d}\boldsymbol{\Omega}}{\mathrm{d}t} - (\boldsymbol{\Omega} \cdot \nabla)\boldsymbol{v} = \nu \nabla^2 \boldsymbol{\Omega}$$

考虑 xOy 平面运动，此时只有垂直于流动平面的涡量 Ω_z，即 $\Omega_z \neq 0$，$\Omega_x = \Omega_y = 0$。为方便，令 $\Omega = \Omega_z$，于是式（6.18c）为

$$\frac{\mathrm{d}\Omega}{\mathrm{d}t} = \nu \nabla^2 \Omega \tag{6.16}$$

式（6.16）与著名的热传导方程具有完全相同的形式。式（6.16）表明，涡量和温度一样，从涡量强的地方向涡量低的地方扩散，ν 在这里起着涡量扩散系数的作用。

下面以孤立线涡为例具体说明涡量扩散过程。设在无界不可压缩流体中，初始时刻 $t=0$ 有一个无限长的直线涡，其环量为 Γ，线涡周围的产生的流速场为

$$v_\theta = \frac{\Gamma}{2\pi r}$$

第6章 涡旋运动

考虑 $\dfrac{d\Omega_z}{dt}=\dfrac{\partial \Omega_z}{\partial t}+\Omega_x\dfrac{\partial \Omega_z}{\partial x}+\Omega_y\dfrac{\partial \Omega_z}{\partial y}+\Omega_z\dfrac{\partial \Omega_z}{\partial z}$,由于流动是平面二维的,$\Omega_x=\Omega_y=0$,$\dfrac{\partial \Omega_z}{\partial z}=0$,所以 $\dfrac{d\Omega_z}{dt}=\dfrac{\partial \Omega_z}{\partial t}$。因此式(6.16)可写为

$$\frac{\partial \Omega}{\partial t}=\nu\nabla^2\Omega$$

在极坐标系中,上式写为

$$\frac{\partial \Omega}{\partial t}=\nu\left(\frac{\partial^2\Omega}{\partial r^2}+\frac{1}{r}\frac{\partial \Omega}{\partial r}\right)$$

积分上式,并满足初始条件(当 $t=0$ 及 $r=0$ 时,$\Omega=0$);同时满足边界条件($r\to\infty$,$\Omega\to 0$),得

$$\Omega=\frac{A}{t}e^{-\frac{r^2}{4\nu t}}$$

为了确定 A,应用斯托克斯定理,在任何瞬间,涡通量 $\int_0^r\Omega\cdot 2\pi r dr$ 应等于沿周边的速度环量 $2\pi r v_\theta$,则

$$v_\theta=\frac{1}{2\pi r}\int_0^r\frac{A}{t}e^{-\frac{r^2}{4\nu t}}\cdot 2\pi r dr=\frac{2A\nu}{r}(1-e^{-\frac{r^2}{4\nu t}})$$

与初始时刻 $t=0$ 时 $v_\theta=\dfrac{\Gamma}{2\pi r}$ 比较,得

$$A=\frac{\Gamma}{4\pi r}$$

最后得涡量分布公式为

$$\Omega=\frac{\Gamma}{4\pi\nu t}e^{-\frac{r^2}{4\nu t}} \tag{6.17}$$

流速分布为

$$v_\theta=\frac{\Gamma}{\pi r}(1-e^{-\frac{r^2}{4\nu t}}) \tag{6.18}$$

上述结果表明,当 $t>0$,全流场处处有涡旋,但随半径 r 的增大,涡量的分布却急剧递减。在线涡($r=0$)处,涡量随时间单调递减。离涡线任一距离的地方,涡量起动增加,达到极限值后急剧递减,一直到 $t\to\infty$ 时,$\Omega\to 0$。

设 $r=a$,该处的涡量按式(6.17)求出。当 $t=\dfrac{a^2}{4\nu}$ 时,$\Omega_{r=a}$ 达到最大值,其值

$$\Omega_{\max}=\frac{\Gamma}{\pi e a^2}$$

$\Omega_{r=a}$ 的变化过程如图6.8所示,图中取不同的 a 值,显示 Ω 的扩散过程。

不同时刻,流速随距离的分布按式(4.18)的规律,如图6.9所示。

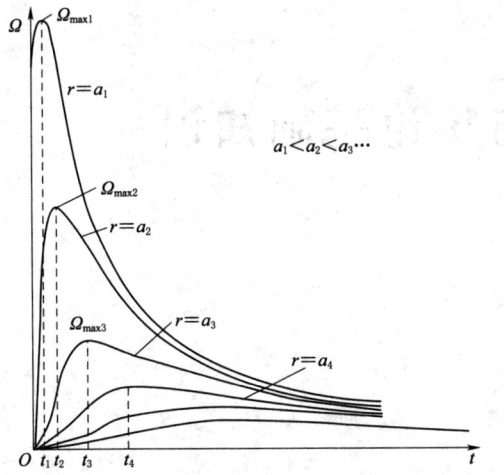

图 6.8 不同地点的涡量随时间分布[2]

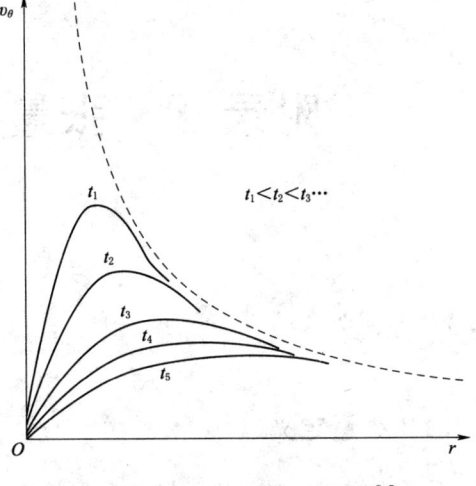

图 6.9 不同时刻的流速分布[2]

附录 A 张量与场论基础知识

A.1 张量

A.1.1 张量定义

凡是坐标旋转时能自身转换而保持不变的量，统称为张量（tensor）。张量具有数目不同的分量。张量的阶数越高，分量的数目也就越多。在笛卡儿直角坐标系中定义的张量称为笛卡儿张量，而在任意曲线坐标系中定义的张量称为普遍张量。本书只介绍笛卡儿张量。

最简单而又常见的张量是标量，不论坐标系如何旋转，其值永远保持不变。标量为零阶张量，只有 1 个分量。向量也是张量，当坐标系旋转时，向量在各坐标轴上的分量随之转化，而向量本身却保持不变。向量是一阶张量，具有 3 个分量。应力或应变是二阶张量，具有 9 个分量。通常所说的张量，常指二阶和二阶以上的张量。三阶张量具有 27 个分量。n 阶张量具有 3^n 个分量。归纳如下：

标量（scalar）：零阶张量，有 1 个分量。

向量（vector）：一阶张量，有 3 个分量。

二阶张量，有 9 个分量；三阶张量具有 27 个分量；n 阶张量具有 3^n 个分量。

A.1.2 张量表示方法

若 P 为二阶张量，它有 9 个分量，通常用下列几种符号表示：

$$\sigma = [\sigma_{ij}] = \begin{bmatrix} \sigma_{11} & \sigma_{12} & \sigma_{13} \\ \sigma_{21} & \sigma_{22} & \sigma_{23} \\ \sigma_{31} & \sigma_{32} & \sigma_{33} \end{bmatrix}$$

[ ] 中 σ_{ij} 称为二阶张量的分量（元素）。为简单起见，$[\sigma_{ij}]$ 中的 [ ] 常省去，张量和其分量都用同一符号 σ_{ij} 表示。例如，一阶张量 v_i，二阶张量 δ_{ij}，三阶张量 ε_{ijk}，脚标 $i,j,k=1,2,3$。

A.1.3 约定求和法则

为书写简便，我们约定在同一项中如有两个脚标相同时，就表示要对这个脚标从 1 到 3 求和。例如：

$$a_i b_i = a_1 b_1 + a_2 b_2 + a_3 b_3$$

$$\frac{\partial u_i}{\partial x_i} = \frac{\partial u_1}{\partial x_1} + \frac{\partial u_2}{\partial x_2} + \frac{\partial u_3}{\partial x_3}$$

$$x_i^2 = x_1^2 + x_2^2 + x_3^2$$

A.1.4 单位张量

1. 二阶单位张量

克罗内克尔（Kronecker）符号 δ_{ij}：

$$\delta_{ij} = \begin{cases} 1, & i=j \\ 0, & i \neq j \end{cases} \quad (i,j=1,2,3)$$

是一个二阶张量，它有 9 个分量，亦可表示为

$$\delta_{ij} = [\delta_{ij}] = \begin{bmatrix} 1 & 0 & 0 \\ 0 & 1 & 0 \\ 0 & 0 & 1 \end{bmatrix}$$

故称为二阶单位张量。

2. 三阶单位张量

里奇（Ricci）符号 ε_{ijk}：

$$\varepsilon_{ijk} = \begin{cases} 0, & \text{当三个脚标 } i,j,k \text{ 中有两个相同时} \\ 1, & \text{当脚标 } i,j,k \text{ 按 } 1,2,3,1,2,3,1,2,3,\cdots \text{顺序排列时} \\ -1, & \text{当脚标 } i,j,k \text{ 按 } 1,3,2,1,3,2,\cdots \text{逆序排列时列时} \end{cases}$$

具体有

$$\varepsilon_{112} = \varepsilon_{122} = \varepsilon_{223} = \cdots = 0$$

$$\varepsilon_{123} = \varepsilon_{231} = \varepsilon_{312} = 1$$

$$\varepsilon_{132} = \varepsilon_{213} = \varepsilon_{321} = -1$$

ε_{ijk} 称为三阶单位张量，亦称为置换符号。

δ_{ij} 和 ε_{ijk} 是张量理论中非常重要的符号，具有以下重要结论：

$$\delta_{ii} = \delta_{11} + \delta_{22} + \delta_{33} = 3$$

$$\delta_{ij}\delta_{jk} = \delta_{ik}$$

$$\delta_{ij}\varepsilon_{ijk} = 0$$

$$\varepsilon_{ijk}\varepsilon_{ijk} = 6$$

A.1.5 对称张量与反对称张量

二阶或二阶以上张量有对称张量、反对称张量或非对称张量。

1. 对称张量

设一个二阶张量 $\sigma_{ij} = \begin{bmatrix} \sigma_{11} & \sigma_{12} & \sigma_{13} \\ \sigma_{21} & \sigma_{22} & \sigma_{23} \\ \sigma_{31} & \sigma_{32} & \sigma_{33} \end{bmatrix}$，若各分量之间满足 $\sigma_{ij} = \sigma_{ji}$ 的关系，则称此张量为对称张量。对称张量有 6 个独立的分量。上述对称张量可表示为

$$\sigma_{ij} = \begin{bmatrix} \sigma_{11} & \sigma_{12} & \sigma_{13} \\ \sigma_{12} & \sigma_{22} & \sigma_{23} \\ \sigma_{13} & \sigma_{23} & \sigma_{33} \end{bmatrix}$$

克罗内克尔符号 δ_{ij} 是对称张量。

2. 反对称张量

设一个二阶张量 $\sigma_{ij} = \begin{bmatrix} \sigma_{11} & \sigma_{12} & \sigma_{13} \\ \sigma_{21} & \sigma_{22} & \sigma_{23} \\ \sigma_{31} & \sigma_{32} & \sigma_{33} \end{bmatrix}$，若各分量之间满足 $\sigma_{ij} = -\sigma_{ji}$，则称此张量为反对称张量，可知此张量有 3 个独立的分量，因此张量可表示为

$$\sigma_{ij} = \begin{bmatrix} 0 & \sigma_{12} & \sigma_{13} \\ -\sigma_{12} & 0 & \sigma_{23} \\ -\sigma_{13} & -\sigma_{23} & 0 \end{bmatrix}$$

3. 非对称张量

设一个二阶张量 $\sigma_{ij} = \begin{bmatrix} \sigma_{11} & \sigma_{12} & \sigma_{13} \\ \sigma_{21} & \sigma_{22} & \sigma_{23} \\ \sigma_{31} & \sigma_{32} & \sigma_{33} \end{bmatrix}$，若各分量之间满足 $\sigma_{ij} \neq \sigma_{ji}$，则称此张量为非对称张量。反对称张量是非对称张量的特例。

任意一个二阶张量，如 A_{ij}，均可唯一地分解成为一个二阶对称张量与一个二阶反对称张量之和：

$$A_{ij} = \frac{1}{2}(A_{ij} + A_{ji}) + \frac{1}{2}(A_{ij} - A_{ji})$$

其中，$\frac{1}{2}(A_{ij} + A_{ji})$ 是对称张量，$\frac{1}{2}(A_{ij} - A_{ji})$ 是反对称张量。

流体力学中的二阶张量多是对称张量，如应力张量、变形率张量；而涡量则是反对称张量。

A.1.6 张量的运算法则

1. 两张量相等

若两张量同价且各分量一一对应相等，则该两张量相等。例如，张量 A_{ij} 和 B_{ij} 相对应的各分量一一对应相等，则此两张量相等，即 $A_{ij} = B_{ij}$。

2. 张量加减法

同阶张量方能加减。两个同阶张量相加减仍然是一个同价的张量，其分量等于两个张量相对应的分量之加减。例如，两个二阶张量 A_{ij} 与 B_{ij} 相加减得一新的二阶张量 C_{ij}，即 $C_{ij} = A_{ij} + B_{ij}$。

3. 张量乘积

m 阶和 n 阶的两个张量相乘，则通过第一个张量的各分量乘以第二个张量的各分量或者第二个张量的各分量乘以第一个张量的各分量，可得其乘积为 $m+n$ 阶张量。例如，

两个一阶张量 A_i 与 B_j 的乘积为一个二阶张量 C_{ij}，即 $C_{ij}=A_iB_j$；一个二阶张量 D_{ij} 乘以一个三阶张量 E_{klm}，其乘积为一个五阶张量 F_{ijklm}，即 $F_{ijklm}=D_{ij}E_{klm}$。

一个二阶张量 A_{pq} 乘以二阶单位张量 δ_{ij} 时，张量的阶数增加 2，例如，$\delta_{ij}A_{pq}=B_{ijpq}$，$B_{ijpq}$ 为四阶张量。

标量可视为零阶张量，所以 m 阶张量与标量的乘积仍为 m 阶张量。即一个张量乘以一个标量（张量数乘），等于该标量乘以所有的张量分量，且张量阶数不变。例如，二阶张量 A_{ij} 乘以数 λ 得一新的二阶张量 B_{ij}，$B_{ij}=\lambda A_{ij}$。

4. 张量置换

在乘法规则里提到，一个二阶张量 A_{pq} 乘以二阶单位张量 δ_{ij} 时，张量的阶数增加 2，即 $\delta_{ij}A_{pq}=B_{ijpq}$，如果脚标 $j=p$，则有 $\delta_{ij}A_{pq}=B_{ijjq}$。此时 B_{ijjq} 中有两个脚标是相同的，根据约定求和法则，则有

$$B_{ijjq}=B_{i11q}+B_{i22q}+B_{i33q}=C_{iq}$$

从而使四阶张量 B_{ijjq} 又降到二阶张量 C_{iq}。可以证明 $C_{iq}=A_{iq}$（参见参考文献[8]），即

$$\delta_{ij}A_{jq}=A_{iq}$$

因此，当用 δ_{ij} 乘以 A_{jq} 时，意味着将 A_{jq} 中的脚标 j 改变为 i，即用 i 替换 j。推广到一般情况，则

$$\delta_{ij}A_{kjrs}=A_{kirs}$$

这种运算过程称为置换。

5. 张量缩并（收缩）

若一个张量的两个脚标相等，则该张量降低两阶，称为张量缩并。例如，一个二阶张量 A_{ij}，如令 $i=j$，则 $A_{ij}=A_{11}+A_{22}+A_{33}$，二阶张量缩为一标量（零阶张量）。

对于张量置换与缩并举例如下。

两个一阶张量 A_i 与 B_j 的乘积 A_iB_j 再乘以 δ_{ij}，得一零阶张量（即标量），因为 $\delta_{ij}A_iB_j=A_jB_j=A_1B_1+A_2B_2+A_3B_3$。

三阶单位张量 ε_{ijk} 与一阶张量相乘，一般得一个新的四阶张量。但若一阶张量与三阶单位张量中某一脚标相同时，则乘积为二阶张量。例如

$$\varepsilon_{ijk}A_k=B_{ijkk}=C_{ij}$$

可以证明，二阶张量 C_{ij} 是一反对称张量。因为

$$C_{ij}=\varepsilon_{ijk}A_k=\varepsilon_{ij1}A_1+\varepsilon_{ij2}A_2+\varepsilon_{ij3}A_3$$

考虑到当 i 和 j 为各种数值时 ε_{ijk} 所具有的值，可得

$$C_{ij}=\begin{bmatrix} 0 & A_3 & -A_2 \\ -A_3 & 0 & A_1 \\ A_2 & -A_1 & 0 \end{bmatrix}$$

由此可见，C_{ij} 是反对称二阶张量。从而说明三阶单位张量 ε_{ijk} 具有反对称性，是反对称的单位张量。

A.1.7 张量识别定理

定理 1 若 $p_{i_1i_2\cdots i_mj_1j_2\cdots j_n}$ 和任意 n 阶张量 $q_{j_1j_2\cdots j_n}$ 的内积

$$p_{i_1 i_2 \cdots i_m j_1 j_2 \cdots j_n} q_{j_1 j_2 \cdots j_n} = t_{i_1 i_2 \cdots i_m}$$

恒为 m 阶张量，则 $p_{i_1 i_2 \cdots i_m j_1 j_2 \cdots j_n}$ 必为 $m+n$ 阶张量。

证明：
$$p'_{i_1 i_2 \cdots i_m j_1 j_2 \cdots j_n} q'_{j_1 j_2 \cdots j_n} = t'_{i_1 i_2 \cdots i_m} = a_{i_1 r_1} a_{i_2 r_2} \cdots a_{i_m r_m} t_{r_1 r_2 \cdots r_m}$$
$$= p_{r_1 r_2 \cdots r_m s_1 s_2 \cdots s_n} a_{i_1 r_1} a_{i_2 r_2} \cdots a_{i_m r_m} q_{s_1 s_2 \cdots s_n}$$
$$= p_{r_1 r_2 \cdots r_m s_1 s_2 \cdots s_n} a_{i_1 r_1} a_{i_2 r_2} \cdots a_{i_m r_m} a_{j_1 s_1} a_{j_2 s_2} \cdots a_{j_n s_n} q'_{j_1 j_2 \cdots j_n}$$

由此得
$$(p'_{i_1 i_2 \cdots i_m j_1 j_2 \cdots j_n} - p_{r_1 r_2 \cdots r_m s_1 s_2 \cdots s_n} a_{i_1 r_1} a_{i_2 r_2} \cdots a_{i_m r_m} a_{j_1 s_1} a_{j_2 s_2} \cdots a_{j_n s_n}) q'_{j_1 j_2 \cdots j_n} = 0$$

因 $q'_{j_1 j_2 \cdots j_n}$ 是任意的，由此推出
$$p'_{i_1 i_2 \cdots i_m j_1 j_2 \cdots j_n} = p_{r_1 r_2 \cdots r_m s_1 s_2 \cdots s_n} a_{i_1 r_1} a_{i_2 r_2} \cdots a_{i_m r_m} a_{j_1 s_1} a_{j_2 s_2} \cdots a_{j_n s_n}$$

即 $p_{i_1 i_2 \cdots i_m j_1 j_2 \cdots j_n}$ 是 $m+n$ 阶张量。

定理 2 若 $p_{i_1 i_2 \cdots i_m}$ 和任意 n 阶张量 $q_{j_1 j_2 \cdots j_n}$ 的乘积
$$p_{i_1 i_2 \cdots i_m} q_{j_1 j_2 \cdots j_n} = t_{i_1 i_2 \cdots i_m j_1 j_2 \cdots j_n}$$

恒为 $m+n$ 阶张量，则 $p_{i_1 i_2 \cdots i_m}$ 必为 m 阶张量。

证明： 上式两边乘 $q_{j_1 j_2 \cdots j_n}$ 得
$$p_{i_1 i_2 \cdots i_m} q_{j_1 j_2 \cdots j_n} q_{j_1 j_2 \cdots j_n} = t_{i_1 i_2 \cdots i_m j_1 j_2 \cdots j_n} q_{j_1 j_2 \cdots j_n}$$

此式右边是 m 阶张量，左边 $q_{j_1 j_2 \cdots j_n} q_{j_1 j_2 \cdots j_n}$ 是一标量 λ，总可以选出这样的 $q_{j_1 j_2 \cdots j_n}$ 使 λ 不为零。由此立即推出 $p_{i_1 i_2 \cdots i_m}$ 是一个 m 阶张量。

张量识别定理很有用，它常常为识别张量提供了一种简单易行的方法，而不必去直接验证麻烦的变换公式是否满足。

例 1 因 $a_i = \delta_{ij} a_j$ 对任意矢量 a_i 恒成立，根据张量识别定理立知克罗内克尔符号 δ_{ij} 是二阶张量。

例 2 因 $\boldsymbol{a} \times \boldsymbol{b} = \varepsilon_{ijk} a_j b_k$ 对任意二阶张量 $a_j b_k$ 恒成立，$\boldsymbol{a} \times \boldsymbol{b}$ 是矢量，由张量识别定理推出置换符号 ε_{ijk} 是三阶张量。

例 3 p_{ij} 和任意矢量 a_j 的内积 $p_{ij} a_j = b_i$ 恒为一矢量，则根据定理 1 知，p_{ij} 必为二阶张量。

A.2 场论

场（field）的概念是同描述流体运动的欧拉法联系在一起的。如果对应于某一几何空间或某一部分几何空间中的每一点都对应着物理量的一个确定值，就称在这个空间或部分空间上确定了该物理量的一个"场"。物理量为标量对应的场是标量场，如温度场、浓度场、密度场等。物理量为向量对应的场是向量场，如速度场、力场等。物理量为张量对应的场是张量场，如应力场和应变场等。

A.2.1 标量场的梯度

将标量场 $\varphi(x, y, z)$ 中 φ 值相等的点连在一起可得到一系列等 φ 值面（三维）或等 φ 值线（二维），在这些等 φ 值面（线）上取一点作任一条线与另一相邻的等 φ 值

面（线）相交，得一线段 Δs，若此二相邻等 φ 值面（线）的 φ 值之差为 $\Delta\varphi=\varphi_2-\varphi_1$，则 $\dfrac{\partial\varphi}{\partial s}=\lim\limits_{\Delta s\to 0}\dfrac{\Delta\varphi}{\Delta s}$ 代表 φ 在该线方向的变化率。很明显，φ 的变化率在各个方向是不一样的，只有在这些面（线）的法线方向 φ 的变化率最大，因为在法线方向两个等 φ 值面（线）的距离 Δs 最小。φ 在法线方向的变化率叫 φ 在该点的梯度，常以 **grad** 表示。它是标量场不均匀性的量度，是一向量，令 n 代表法线方向单位向量，$\dfrac{\partial\varphi}{\partial n}$ 代表该方向的变化率，则

$$\mathbf{grad}\varphi = \boldsymbol{n}\frac{\partial\varphi}{\partial n} \tag{A.1a}$$

写成分量形式，则为

$$\mathbf{grad}\varphi = \boldsymbol{i}\frac{\partial\varphi}{\partial x}+\boldsymbol{j}\frac{\partial\varphi}{\partial y}+\boldsymbol{k}\frac{\partial\varphi}{\partial z} \tag{A.1b}$$

式中：$\boldsymbol{i}$、$\boldsymbol{j}$、$\boldsymbol{k}$ 为 x、y、z 轴方向的单位向量。

引入哈密顿算子（Hamilton operator）$\boldsymbol{\nabla}=\boldsymbol{i}\dfrac{\partial}{\partial x}+\boldsymbol{j}\dfrac{\partial}{\partial y}+\boldsymbol{k}\dfrac{\partial}{\partial z}=\boldsymbol{e}_i\dfrac{\partial}{\partial x_i}$，则 φ 的梯度可写成

$$\boldsymbol{\nabla}\varphi = \boldsymbol{i}\frac{\partial\varphi}{\partial x}+\boldsymbol{j}\frac{\partial\varphi}{\partial y}+\boldsymbol{k}\frac{\partial\varphi}{\partial z}=\boldsymbol{e}_1\frac{\partial\varphi}{\partial x}+\boldsymbol{e}_2\frac{\partial\varphi}{\partial y}+\boldsymbol{e}_3\frac{\partial\varphi}{\partial z} \tag{A.1c}$$

习惯上，哈密顿算子（Hamilton operator）$\boldsymbol{\nabla}$，读作那勃勒 Nabla。

A.2.2 向量场的散度

在向量场内任取一点 M，包围 M 作一微小体积 V，界面为 S。作矢量 $\boldsymbol{a}$ 通过 S 面的通量 $\oiint_S a_n \mathrm{d}S$，并用体积 V 除之。若极限 $\lim\limits_{V\to 0}\dfrac{\oiint_S a_n \mathrm{d}S}{V}$ 存在，则定义该极限为矢量 $\boldsymbol{a}$ 在 M 点的散度，以 div $\boldsymbol{a}$ 表示，于是

$$\mathrm{div}\,\boldsymbol{a} = \lim_{V\to 0}\frac{\oiint_S a_n \mathrm{d}S}{V} \tag{A.2a}$$

由此可见，矢量 $\boldsymbol{a}$ 的散度是对单位体积而言矢量 $\boldsymbol{a}$ 通过体积元 V 的界面 S 的通量。散度是一个标量。

式（A.2a）中 a_n 是矢量 $\boldsymbol{a}$ 在法线方向的投影，若 $\boldsymbol{n}$ 为 S 面上法线方向的单位矢量，则矢量 $\boldsymbol{a}$ 通过 S 面的通量可以表示为下述不同的形式：

$$\oiint_S a_n \mathrm{d}S = \oiint_S \boldsymbol{a}\cdot\boldsymbol{n}\,\mathrm{d}S = \oiint_S \boldsymbol{a}\cdot\mathrm{d}\boldsymbol{S}$$

在笛卡儿坐标系中，矢量 $\boldsymbol{a}=a_x\boldsymbol{i}+a_y\boldsymbol{j}+a_z\boldsymbol{k}$ 的散度为

$$\mathrm{div}\,\boldsymbol{a}=\frac{\partial a_x}{\partial x}+\frac{\partial a_y}{\partial y}+\frac{\partial a_z}{\partial z} \tag{A.2b}$$

或者

$$\boldsymbol{\nabla}\cdot\boldsymbol{a}=\frac{\partial a_x}{\partial x}+\frac{\partial a_y}{\partial y}+\frac{\partial a_z}{\partial z} \tag{A.2c}$$

A.2.3 向量场的旋度

设 M 是向量场内一点，在 M 点附近取无限小封闭回线 L，取定某一方向为 L 的正方向。设张于周线 L 的曲面为 S，曲面 S 的单位外法线向量为 $\boldsymbol{n}$。作矢量 $\boldsymbol{a}$ 沿周线 L 的环量 $\oint_L \boldsymbol{a} \cdot \mathrm{d}\boldsymbol{l}$，并除以曲面面积 S。令 L 向 M 点收缩，使曲面面积 S 趋于 0，同时法线方向趋于某固定方向。若极限 $\lim\limits_{S \to 0} \dfrac{\oint_L \boldsymbol{a} \cdot \mathrm{d}\boldsymbol{l}}{S}$ 存在，则定义该极限为矢量 $\boldsymbol{a}$ 的旋度，记为 $\mathbf{rot}\,\boldsymbol{a}$ 或 $\mathbf{curl}\,\boldsymbol{a}$，于是

$$\mathbf{rot}\,\boldsymbol{a} = \lim_{S \to 0} \frac{\oint_L \boldsymbol{a} \cdot \mathrm{d}\boldsymbol{l}}{S} \tag{A.3a}$$

在直角坐标系中，矢量 $\boldsymbol{a} = a_x \boldsymbol{i} + a_y \boldsymbol{j} + a_z \boldsymbol{k}$ 的旋度为

$$\mathbf{rot}\,\boldsymbol{a} = \begin{vmatrix} \boldsymbol{i} & \boldsymbol{j} & \boldsymbol{k} \\ \dfrac{\partial}{\partial x} & \dfrac{\partial}{\partial y} & \dfrac{\partial}{\partial z} \\ a_x & a_y & a_z \end{vmatrix} = \boldsymbol{i}\left(\dfrac{\partial a_z}{\partial y} - \dfrac{\partial a_y}{\partial z}\right) + \boldsymbol{j}\left(\dfrac{\partial a_x}{\partial z} - \dfrac{\partial a_z}{\partial x}\right) + \boldsymbol{k}\left(\dfrac{\partial a_y}{\partial x} - \dfrac{\partial a_x}{\partial y}\right) = \nabla \times \boldsymbol{a} \tag{A.3b}$$

梯度、散度和旋度，代表一种向量场或标量场，它们的大小和方向以及它们的表示形式都不因笛卡儿坐标系的变换（旋转）而变化。这一点是非常重要的，因而使得用这些概念来描述和分析流体的运动能带来很大的方便。梯度描述一个标量场的不均匀性或变化率，它把标量场变成了向量场，散度和旋度并不描述向量场的变化率，散度把向量场变成了标量场，旋度则没有改变向量场的性质。

A.2.4 基本运算公式

(1) $\mathbf{grad}(\varphi + \psi) = \mathbf{grad}\,\varphi + \mathbf{grad}\,\psi$

(2) $\mathbf{grad}(\varphi \psi) = \varphi\,\mathbf{grad}\,\psi + \psi\,\mathbf{grad}\,\varphi$

(3) $\mathbf{grad}(\boldsymbol{a}\boldsymbol{b}) = (\boldsymbol{b}\nabla)\boldsymbol{a} + (\boldsymbol{a}\nabla)\boldsymbol{b} + \boldsymbol{b} \times \mathbf{rot}\,\boldsymbol{a} + \boldsymbol{a} \times \mathbf{rot}\,\boldsymbol{b}$

(4) $(\boldsymbol{a} \cdot \nabla)\boldsymbol{a} = \mathbf{grad}\,\dfrac{a^2}{2} - \boldsymbol{a} \times \mathbf{rot}\,\boldsymbol{a}$

(5) $\mathrm{div}(\boldsymbol{a} + \boldsymbol{b}) = \mathrm{div}\,\boldsymbol{a} + \mathrm{div}\,\boldsymbol{b}$

(6) $\mathrm{div}(\varphi \boldsymbol{a}) = \varphi\,\mathrm{div}\,\boldsymbol{a} + \mathbf{grad}\,\varphi \boldsymbol{a}$

(7) $\mathrm{div}(\boldsymbol{a} \times \boldsymbol{b}) = \boldsymbol{b} \cdot \mathbf{rot}\,\boldsymbol{a} - \boldsymbol{a} \cdot \mathbf{rot}\,\boldsymbol{b}$
$\nabla \cdot (\boldsymbol{a} \times \boldsymbol{b}) = \boldsymbol{b} \cdot (\nabla \times \boldsymbol{a}) - \boldsymbol{a} \cdot (\nabla \times \boldsymbol{b})$

(8) $\mathrm{div}(\mathbf{grad}\,\varphi) = \Delta \cdot (\Delta \varphi) = \Delta^2$

(9) $\mathrm{div}(\mathbf{rot}\,\boldsymbol{a}) = \nabla \cdot (\nabla \times \boldsymbol{a}) = 0$

(10) $\mathrm{div}(\varphi\,\mathbf{grad}\,\psi) = \varphi \Delta \psi + \mathbf{grad}\,\varphi \cdot \mathbf{grad}\,\psi$

(11) $\mathbf{rot}(\boldsymbol{a} + \boldsymbol{b}) = \mathbf{rot}\,\boldsymbol{a} + \mathbf{rot}\,\boldsymbol{b}$

(12) $\mathbf{rot}(\varphi a) = \varphi \mathbf{rot} a + a \times \mathbf{grad}\varphi$

(13) $\mathbf{rot}(a \times b) = (b \cdot \nabla)a - (a \cdot \nabla)b + a\,\mathrm{div}\,b - b\,\mathrm{div}\,a$

(14) $\mathbf{rot}(\mathbf{grad}\varphi) = \nabla \times (\nabla \varphi) = (\nabla \times \nabla)\varphi = 0$

(15) $\mathbf{rot}(\mathbf{rot}\,a) = \nabla \times (\nabla \times a) = \nabla(\nabla \cdot a) - (\nabla \cdot \nabla)a = \mathbf{grad}(\mathrm{div}\,a) - \nabla^2 a$

A.2.5 高斯公式

设一封闭曲面为 S，围成的体积为 V。曲面上无穷小面积元为 $\mathrm{d}S$，其外法线方向为 $\boldsymbol{n}$。向量 $\boldsymbol{n}\mathrm{d}S$ 具有 $\mathrm{d}S$ 的数值和 $\boldsymbol{n}$ 的方向。设一向量 $\boldsymbol{a}$，$a_n = \boldsymbol{a} \cdot \boldsymbol{n}$ 代表矢量 $\boldsymbol{a}$ 在法线方向的投影，则高斯公式（Gauss's theorem）为

$$\iiint_V \nabla \cdot \boldsymbol{a}\, \mathrm{d}V = \oiint_S \boldsymbol{a} \cdot \boldsymbol{n}\, \mathrm{d}S = \oiint_S a_n\, \mathrm{d}S$$

或

$$\iiint_V \mathrm{div} \cdot \boldsymbol{a}\, \mathrm{d}V = \oiint_S \boldsymbol{a} \cdot \boldsymbol{n}\, \mathrm{d}S = \oiint_S a_n\, \mathrm{d}S$$

高斯公式将体积分与面积分联系起来，它在流体力学中十分有用。

附录 B 流体力学常用公式及方程

B.1 常用公式

1. 笛卡儿坐标系 (x, y, z)

$$\boldsymbol{v} = u_x \boldsymbol{i} + u_y \boldsymbol{j} + u_z \boldsymbol{k}$$

$$\nabla \varphi = \boldsymbol{i} \frac{\partial \varphi}{\partial x} + \boldsymbol{j} \frac{\partial \varphi}{\partial y} + \boldsymbol{k} \frac{\partial \varphi}{\partial z}$$

$$\nabla \cdot \boldsymbol{v} = \frac{\partial u_x}{\partial x} + \frac{\partial u_y}{\partial y} + \frac{\partial u_z}{\partial z}$$

$$\nabla^2 \varphi = \frac{\partial^2 \varphi}{\partial x^2} + \frac{\partial^2 \varphi}{\partial y^2} + \frac{\partial^2 \varphi}{\partial z^2}$$

$$\nabla \times \boldsymbol{v} = \left(\frac{\partial u_z}{\partial y} - \frac{\partial u_y}{\partial z} \right) \boldsymbol{i} + \left(\frac{\partial u_x}{\partial z} - \frac{\partial u_z}{\partial x} \right) \boldsymbol{j} + \left(\frac{\partial u_y}{\partial x} - \frac{\partial u_x}{\partial y} \right) \boldsymbol{k}$$

$$\frac{\mathrm{d}}{\mathrm{d}t} = \frac{\partial}{\partial t} + u_x \frac{\partial}{\partial x} + u_y \frac{\partial}{\partial y} + u_z \frac{\partial}{\partial z}$$

2. 柱坐标系 (r, θ, z)

$$\boldsymbol{v} = u_r \boldsymbol{e}_r + u_\theta \boldsymbol{e}_\theta + u_z \boldsymbol{e}_z$$

$$\nabla \varphi = \frac{\partial \varphi}{\partial r} \boldsymbol{e}_r + \frac{1}{r} \frac{\partial \varphi}{\partial \theta} \boldsymbol{e}_\theta + \frac{\partial \varphi}{\partial z} \boldsymbol{e}_z$$

$$\nabla \cdot \boldsymbol{v} = \frac{\partial u_r}{\partial r} + \frac{u_r}{r} + \frac{1}{r} \frac{\partial u_\theta}{\partial \theta} + \frac{\partial u_z}{\partial z}$$

$$\nabla \times \boldsymbol{v} = \left(\frac{1}{r} \frac{\partial u_z}{\partial \theta} - \frac{\partial u_\theta}{\partial z} \right) \boldsymbol{e}_r + \left(\frac{\partial u_r}{\partial z} - \frac{\partial u_z}{\partial r} \right) \boldsymbol{e}_\theta + \left(\frac{\partial u_\theta}{\partial r} + \frac{u_\theta}{r} - \frac{1}{r} \frac{\partial u_r}{\partial \theta} \right) \boldsymbol{e}_z$$

$$\nabla^2 = \frac{\partial^2}{\partial^2 r} + \frac{1}{r} \frac{\partial}{\partial r} + \frac{1}{r^2} \frac{\partial^2}{\partial \theta^2} + \frac{\partial^2}{\partial z^2}$$

$$\nabla^2 \varphi = \frac{\partial^2 \varphi}{\partial^2 r} + \frac{1}{r} \frac{\partial \varphi}{\partial r} + \frac{1}{r^2} \frac{\partial^2 \varphi}{\partial \theta^2} + \frac{\partial^2 \varphi}{\partial z^2}$$

$$\frac{\mathrm{d}}{\mathrm{d}t} = \frac{\partial}{\partial t} + u_r \frac{\partial}{\partial r} + \frac{u_\theta}{r} \frac{\partial}{\partial \theta} + u_z \frac{\partial}{\partial z}$$

3. 球坐标系 (r, θ, φ)

$$\boldsymbol{v} = u_r \boldsymbol{e}_r + u_\theta \boldsymbol{e}_\theta + u_\varphi \boldsymbol{e}_\varphi$$

$$\nabla \psi = \frac{\partial \psi}{\partial r} \boldsymbol{e}_r + \frac{1}{r} \frac{\partial \psi}{\partial \theta} \boldsymbol{e}_\theta + \frac{1}{r \sin\theta} \frac{\partial \psi}{\partial \varphi} \boldsymbol{e}_\varphi$$

$$\nabla \cdot v = \frac{\partial u_r}{\partial r} + \frac{1}{r}\frac{\partial u_\theta}{\partial \theta} + \frac{1}{r\sin\theta}\frac{\partial u_\varphi}{\partial \varphi} + \frac{2u_r}{r} + \frac{u_\theta \cot\theta}{r}$$

$$\nabla \times v = \left(\frac{1}{r}\frac{\partial u_\varphi}{\partial \theta} + \frac{u_\varphi \cot\theta}{r} - \frac{1}{r\sin\theta}\frac{\partial u_\theta}{\partial \varphi}\right)e_r$$
$$+ \left(\frac{1}{r\sin\theta}\frac{\partial u_r}{\partial \theta} - \frac{\partial u_\varphi}{\partial r} - \frac{u_\varphi}{r}\right)e_\theta + \left(\frac{\partial u_\theta}{\partial r} + \frac{u_\theta}{r} - \frac{1}{r}\frac{\partial u_r}{\partial \theta}\right)e_\varphi$$

$$\nabla^2 = \frac{\partial^2}{\partial r^2} + \frac{2}{r}\frac{\partial}{\partial r} + \frac{\cot\theta}{r^2}\frac{\partial}{\partial \theta} + \frac{1}{r^2}\frac{\partial^2}{\partial \theta^2} + \frac{1}{r^2\sin^2\theta}\frac{\partial^2}{\partial \varphi^2}$$

$$\nabla^2 \psi = \frac{\partial^2 \psi}{\partial r^2} + \frac{2}{r}\frac{\partial \psi}{\partial r} + \frac{\cot\theta}{r^2}\frac{\partial \psi}{\partial \theta} + \frac{1}{r^2}\frac{\partial^2 \psi}{\partial \theta^2} + \frac{1}{r^2\sin^2\theta}\frac{\partial^2 \psi}{\partial \varphi^2}$$

$$\frac{d}{dt} = \frac{\partial}{\partial t} + u_r \frac{\partial}{\partial r} + \frac{u_\theta}{r}\frac{\partial}{\partial \theta} + \frac{u_\varphi}{r\sin\theta}\frac{\partial}{\partial \varphi}$$

B.2 牛顿型流体向量形式的基本方程

连续性方程
$$\frac{\partial \rho}{\partial t} + \nabla \cdot (\rho v) = 0$$

运动方程
$$\frac{\partial v}{\partial t} + (v \cdot \nabla)v = f + \frac{1}{\rho}\nabla \cdot \sigma$$

能量方程
$$\frac{\partial}{\partial t}\left(e + \frac{v^2}{2}\right) + v \cdot \nabla\left(e + \frac{v^2}{2}\right) = f \cdot v + \frac{1}{\rho}\nabla \cdot (\sigma \cdot v) + \frac{1}{\rho}\nabla \cdot (k_h \nabla T) + \frac{1}{\rho}\dot{q}$$

式中：f 为单位质量流体的质量力；e 为内能；ρ 为密度；v 为瞬时流速；$v \cdot \nabla v$ 为迁移加速度；σ 为应力张量；T 为温度；k_h 为导热系数；$\dot{q}$ 为单位体积流体的热源。

B.3 不可压缩牛顿流体的基本方程

1. 矢量形式

连续性方程
$$\nabla \cdot v = 0$$

运动方程
$$\frac{\partial v}{\partial t} + (v \cdot \nabla)v = f - \frac{1}{\rho}\nabla p + \upsilon \nabla^2 v$$

能量方程
$$\frac{\partial e}{\partial t} + (v \cdot \nabla)e = \frac{1}{\rho}\nabla \cdot (k_h \nabla T) + \dot{q} + \Phi$$

式中：Φ 为耗散函数。

2. 笛卡儿坐标系 (x, y, z)

连续性方程

$$\frac{\partial u_x}{\partial x} + \frac{\partial u_y}{\partial y} + \frac{\partial u_z}{\partial z} = 0$$

运动方程

$$\frac{\partial u_x}{\partial t} + u_x \frac{\partial u_x}{\partial x} + u_y \frac{\partial u_x}{\partial y} + u_z \frac{\partial u_x}{\partial z} = -\frac{1}{\rho}\frac{\partial p}{\partial x} + f_x + \nu \nabla^2 u_x$$

$$\frac{\partial u_y}{\partial t} + u_x \frac{\partial u_y}{\partial x} + u_y \frac{\partial u_y}{\partial y} + u_z \frac{\partial u_y}{\partial z} = -\frac{1}{\rho}\frac{\partial p}{\partial y} + f_y + \nu \nabla^2 u_y$$

$$\frac{\partial u_z}{\partial t} + u_x \frac{\partial u_z}{\partial x} + u_y \frac{\partial u_z}{\partial y} + u_z \frac{\partial u_z}{\partial z} = -\frac{1}{\rho}\frac{\partial p}{\partial z} + f_z + \nu \nabla^2 u_z$$

能量方程

$$\frac{\partial e}{\partial t} + u_x \frac{\partial e}{\partial x} + u_y \frac{\partial e}{\partial y} + u_z \frac{\partial e}{\partial z} = \frac{\lambda}{\rho}\nabla^2 T + \dot{q} + \Phi$$

其中

$$\Phi = \mu \left\{ \left[\left(\frac{\partial u_x}{\partial x}\right)^2 + \left(\frac{\partial u_y}{\partial y}\right)^2 + \left(\frac{\partial u_z}{\partial z}\right)^2 \right] + \left(\frac{\partial u_z}{\partial y} + \frac{\partial u_z}{\partial x}\right)^2 + \left(\frac{\partial u_x}{\partial z} + \frac{\partial u_z}{\partial x}\right)^2 + \left(\frac{\partial u_x}{\partial y} + \frac{\partial u_y}{\partial x}\right)^2 \right\}$$

3. 柱坐标系 (r, θ, z)

连续性方程

$$\frac{\partial u_r}{\partial r} + \frac{\partial u_\theta}{\partial \theta} + \frac{\partial u_z}{\partial z} = 0$$

运动方程

$$\frac{\partial u_r}{\partial t} + u_r \frac{\partial u_r}{\partial r} + \frac{u_\theta}{r}\frac{\partial u_r}{\partial \theta} + u_z \frac{\partial u_r}{\partial z} - \frac{u_\theta^2}{r} = -\frac{1}{\rho}\frac{\partial p}{\partial r} + f_r + \nu \left(\nabla^2 u_r - \frac{u_r}{r^2} - \frac{2}{r^2}\frac{\partial u_\theta}{\partial \theta}\right)$$

$$\frac{\partial u_\theta}{\partial t} + u_r \frac{\partial u_\theta}{\partial r} + \frac{u_\theta}{r}\frac{\partial u_\theta}{\partial \theta} + u_z \frac{\partial u_\theta}{\partial z} + \frac{u_r u_\theta}{r} = -\frac{1}{\rho}\frac{\partial p}{r\partial \theta} + f_\theta + \nu \left(\nabla^2 u_\theta - \frac{u_\theta}{r^2} + \frac{2}{r^2}\frac{\partial u_r}{\partial \theta}\right)$$

$$\frac{\partial u_z}{\partial t} + u_r \frac{\partial u_z}{\partial r} + \frac{u_\theta}{r}\frac{\partial u_z}{\partial \theta} + u_z \frac{\partial u_z}{\partial z} = -\frac{1}{\rho}\frac{\partial p}{\partial z} + f_z + \nu \nabla^2 u$$

能量方程

$$\frac{\partial e}{\partial t} + u_r \frac{\partial e}{\partial r} + \frac{u_\theta}{r}\frac{\partial e}{\partial \theta} + u_z \frac{\partial e}{\partial z} = \frac{\lambda}{\rho}\nabla^2 T + \dot{q} + \Phi$$

其中

$$\Phi = \mu \left\{ 2\left[\left(\frac{\partial u_r}{\partial r}\right)^2 + \left(\frac{1}{r}\frac{\partial u_\theta}{\partial \theta} + \frac{u_r}{r}\right)^2 + \left(\frac{\partial u_z}{\partial z}\right)^2 \right] + \left(\frac{1}{r}\frac{\partial u_z}{\partial \theta} + \frac{\partial u_\theta}{\partial z}\right)^2 + \left(\frac{\partial u_r}{\partial z} + \frac{\partial u_z}{\partial r}\right)^2 + \left(\frac{1}{r}\frac{\partial u_r}{\partial \theta} + \frac{\partial u_\theta}{\partial r} - \frac{u_\theta}{r}\right)^2 \right\}$$

4. 球坐标系 (r, θ, φ)

连续性方程

$$\frac{1}{r^2}\frac{\partial}{\partial r}(r^2 u_r) + \frac{1}{r\sin\theta}\frac{\partial}{\partial \theta}(u_\theta \sin\theta) + \frac{1}{r\sin\theta}\left(\frac{\partial u_\varphi}{\partial \varphi}\right) = 0$$

B.3 不可压缩牛顿流体的基本方程

运动方程

$$\frac{\partial u_r}{\partial t} + u_r \frac{\partial u_r}{\partial r} + \frac{u_\theta}{r}\frac{\partial u_r}{\partial \theta} + \frac{u_\varphi}{r\sin\theta}\frac{\partial u_r}{\partial \varphi} - \frac{u_\theta^2 + u_\varphi^2}{r}$$
$$= -\frac{1}{\rho}\frac{\partial p}{\partial r} + f_r + \nu\left[\nabla^2 u_r - \frac{2u_r}{r^2} - \frac{2}{r^2\sin\theta}\frac{\partial(u_\theta\sin\theta)}{\partial \theta} - \frac{2}{r^2\sin\theta}\frac{\partial u_\varphi}{\partial \varphi}\right]$$

$$\frac{\partial u_\varphi}{\partial t} + u_r \frac{\partial u_\varphi}{\partial r} + \frac{u_\theta}{r}\frac{\partial u_\varphi}{\partial \theta} - \frac{u_\varphi}{r\sin\theta}\frac{\partial u_\varphi}{\partial \varphi} + \frac{u_R u_\varphi}{r} + \frac{u_\theta u_\varphi}{r}\cot\theta$$
$$= -\frac{1}{\rho}\frac{1}{r\sin\theta}\frac{\partial p}{\partial \varphi} + f_\varphi + \nu\left[\nabla^2 v_\varphi + \frac{2}{r^2\sin\theta}\frac{\partial v_R}{\partial \theta} - \frac{v_\varphi}{r^2\sin^2\theta} + \frac{2\cos\theta}{r^2\sin^2\theta}\frac{\partial v_\theta}{\partial \varphi}\right]$$

$$\frac{\partial u_\theta}{\partial t} + u_r \frac{\partial u_\theta}{\partial r} + \frac{u_\theta}{r}\frac{\partial u_\theta}{\partial \theta} - \frac{u_\varphi}{r\sin\theta}\frac{\partial u_\theta}{\partial \varphi} + \frac{u_r u_\theta}{r} - \frac{u_\theta^2}{r}\cot\theta$$
$$= -\frac{1}{\rho}\frac{1}{r}\frac{\partial p}{\partial \theta} + f_\theta + \nu\left[\nabla^2 u_\theta + \frac{2}{r^2}\frac{\partial u_r}{\partial \theta} - \frac{u_\theta}{r^2\sin^2\theta} - \frac{2\cos\theta}{r^2\sin^2\theta}\frac{\partial u_\varphi}{\partial \varphi}\right]$$

能量方程

$$\frac{\partial e}{\partial t} + u_r \frac{\partial e}{\partial r} + \frac{u_\theta}{r}\frac{\partial e}{\partial \theta} + \frac{u_\varphi}{r\sin\theta}\frac{\partial e}{\partial \varphi} = \frac{\lambda}{\rho}\nabla^2 T + \dot{q} + \Phi$$

其中

$$\Phi = \mu\left\{2\left[\left(\frac{\partial u_r}{\partial r}\right)^2 + \left(\frac{1}{r}\frac{\partial u_\theta}{\partial \theta} + \frac{u_r}{r}\right)^2 + \left(\frac{1}{r\sin\theta}\frac{\partial u_\varphi}{\partial \varphi} + \frac{u_r}{r} + \frac{u_\theta\cot\theta}{r}\right)^2\right]\right.$$
$$+ \left[\frac{1}{r\sin\theta}\frac{\partial u_\theta}{\partial \varphi} + \frac{\sin\theta}{r}\frac{\partial}{\partial \theta}\left(\frac{u_\varphi}{\sin\theta}\right)\right]^2 + \left[\frac{1}{r\sin\theta}\frac{\partial u_r}{\partial \varphi} + r\frac{\partial}{\partial r}\left(\frac{u_\theta}{r}\right)\right]^2$$
$$\left. + \left[r\frac{\partial}{\partial r}\left(\frac{u_\theta}{r}\right) + \frac{1}{r}\frac{\partial u_r}{\partial \theta}\right]^2\right\}$$

附录 C 专业名词中英文对照

（按汉语拼音字母排列）

A
爱因斯坦求和约定 Einstein summation convention

B
保角变换 conformal transformation
本构方程 constitutive equation
壁面剪切紊流 wall turbulent shear flow
边界层 boundary layer
边界层方程 boundary layer equation
边界层理论 boundary layer theory
边界层分离 separation of boundary layer
边界层厚度 boundary layer thickness
边界层动量积分方程 momentum integral equation for boundary layer
边界层能量积分方程 energy integral equation for boundary layer
标量 scalar
表面力 surface force
表面张力 surface tension
宾汉流体 Bingham fluid
伯努利方程 Bernoulli equation
伯努利积分 Bernoulli integral
布拉休斯解 Blasius solution
不可压缩流体 incompressible fluid

C
层流 laminar flow
层流边界层 laminar boundary layer
沉降速度 settling velocity
充分发展紊流 fully developed turbulent flow
重复指标 repeated index
猝发 burst
猝发周期 bursting period

猝发现象 bursting phenomenon

D

达朗贝尔佯谬 d'Alembert paradox
单位张量 Kronecker delta
导热系数 thermal conductivity
动量守恒 conservation of momentum
动量方程 momentum equation
动量损失厚度 momentum thickness
动压强 dynamical pressure
动力黏滞系数、动力黏性系数 dynamic viscosity
对流 convection

E

二次流 secondary flow
二维流 two dimensional flow

F

非定常流 unsteady flow, non-steady flow
非牛顿流体 non-Newtonian fluid
非黏性流体 inviscid fluid
分离点 separation point
分离变量法 method of separation of variables
分子扩散 molecular diffusion
弗劳德数 Froude number
复变函数 complex function
复变数 complex variable
复数 complex number
复势 complex potential
复速度 complex velocity
辐角 argument
辅助平面 auxiliary plane
封闭性问题 closure problem

G

高斯公式 Gauss's theorem
各向同性 isotropy
各向同性紊流 isotropic turbulence
共轭复数 conjugate complex number
共轭函数 conjugate function
管流 pipe flow

H

哈密顿算子 Hamilton operator
哈根-泊肃叶流 Hagen–Poiseuille flow
耗散项 dissipation term
亥姆霍兹速度分解定理 Helmholtz velocity decomposing theorem
亥姆霍兹涡量方程 Helmholtz vorticity equation
滑移 slip
混掺长度 mixing length
环量 circulation
回流 back flow
汇 sink

J

迹线 path line
计算流体力学 computational fluid mechanics
奇点 singular point, singularity
减阻 drag reduction
镜像法 image method
剪切层 shear layer
剪切紊流 turbulent shear flow
简单剪切流动 simple shear flow
渐近解 asymptotic solution
解析函数 analytic function
近似解 approximate solution
精确解 exact solution
静压强 static pressure
均匀流 uniform flow
卷吸 entrainment

K

可压缩流体 compressible fluid
控制方程 governing equation
控制体 control volume
库埃特流 Couette flow
k方程 k-equation
$k-\varepsilon$ 模型 $k-\varepsilon$ model
卡门常数 Karman constant
开尔文定理 Kelvin theorem
科氏加速度 Coriolis acceleration

科氏力 Coriolis force
空间平均 spacial average
空气动力学 aerodynamics
扩散系数 coefficient of diffusion
扩散项 diffusion term

L

连续介质假设 continuous medium hypothesis
连续介质力学 mechanics of continuous medium
连续性方程 continuity equation
临界雷诺数 critical Reynolds number
流场 flow field
流动参数 flow parameter
流动分离 flow separation
流管 stream tube
流函数 stream function
流量 flowrate, flow discharge
流速场 velocity field
流体动力学 fluid dynamics
流体运动学 fluid kinematics
流体质点 fluid particle
流线 streamline
拉普拉斯算子 Laplacian operator
雷诺方程 Reynolds equation
雷诺输运方程 Reynolds transport equation
雷诺数 Reynolds number
雷诺应力 Reynolds stress
理想流体 ideal fluid
力势函数 force potential function
量纲 dimension

M

马赫数 Mach number
脉动流速 fluctuating velocity
贸易风 trade wind
密度 density
摩擦速度 friction velocity
摩擦损失 friction loss
摩擦阻力 friction drag

N

纳维-斯托克斯方程 Navier-Stokes equation

内区 inner region

能量传递 energy transfer

能量方程 energy equation

能量守恒 conservation of energy

能量输运 energy transport

能量损失厚度 energy loss thickness

黏性流动 viscous flow

黏性流体 viscous fluid

黏滞系数、黏性系数 viscosity

拟序结构 quasi-orderd structure

逆压梯度 adverse pressure gradient

牛顿流体 Newtonian fluid

O

欧拉法 Eulerian description

欧拉方程 Euler equation

欧拉数 Euler number

偶极子 doublet, dipole

P

喷射 ejection

偏应力张量 deviatoric stress tensor

平面流 plane flow

平面势流 plane potential flow

平行流 parallel flow

泊松方程 Poisson equation

泊肃叶流动 Poiseuille flow

普朗特边界层微分方程式 Prandtl boundary layer equation

普朗特混掺长度理论 Prandtl mixing length theory

普遍亥姆霍兹方程 general Helmholtz equation

Q

奇异摄动法 singular perturbation

初始条件 initial condition

前缘 leading edge

切应力 shear stress

清扫 sweep

球坐标 spherical polar coordinates

R

扰动 disturbance, perturbation

儒可夫斯基变换 Joukowski transformation

蠕动 creeping motion

S

三维流 three-dimensional flow

散度 divergence

射流 jet

斯特劳哈尔数 Strouhal number

示踪物 tracer

势 potential

势流 potential flow

数值模拟 numerical simulation

速度势 velocity potential

速度势函数 velocity potential function

水动力学 hydrodynamics

水静力学 hydrostatics

水力半径 hydraulic radius

水力学 hydraulics

速度剖面 velocity profile

速度势 velocity potential

升力 lift

时间平均值 time-averaged value

输移过程 transport process

数值解 numerical solution

瞬时流速场 instantaneous velocity field

顺压梯度 favourable pressure gradient

随机变化 random variation

随体导数 material derivative

塑性流体 plastic fluid

T

泰勒级数 Taylor's series

梯度 gradient

体积力 body force

统计平均值 statistical average value

W

外流 outer flow

外区 outer region
未扰动流 undisturbed flow
位移厚度 displacement thickness
尾流 wake flow
尾流区 wake region
紊动射流 turbulent jet
紊流 turbulence，turbulent flow
紊流斑 turbulence spot
紊流边界层 turbulence boundary layer
紊流计算模型 turbulence numerical model
紊流模型 turbulence model
紊流扩散 turbulence diffusion
紊流扩散系数 turbulence diffusion coefficient
涡管 vortex tube
涡量 vorticity
涡量传递方程 vorticity transport equation
涡量传递理论 theory of vorticity transport
涡量方程 vorticity equation
涡黏度 eddy viscosity
涡束或涡丝 vortex filament
涡通量 vorticity flux
涡线 vortex line
涡旋 vortex
涡运动黏度 eddy kinematic viscosity
无滑移条件 non-slip condition
无量纲参数 dimensionless parameter
无黏性流体 inviscid fluid
无旋流 irrotational flow
物理平面 physical plane
物质导数 material derivative

X

系统 system
系统平均 ensemble average
相干结构 coherent structure
相似性解 similarity solution
向量 vector
形状系数 shape factor

形状阻力 form drag

旋度 curl

Y

压强 pressure

应力张量 stress tensor

有旋流 rotational flow

有势力 potential force

有势流动 potential flow

源 source

运动方程 equation of motion

运动黏滞系数、运动黏性系数 kinematic viscosity

运输定理 transport theorem

Z

张量 tensor

置换张量 alternating tensor

质量守恒 conservation of mass

轴对称流 axisymmetric flow

驻点 stagnation point

转捩 transition

转捩点 transition point

自由边界 free boundary

自由指标 free index

自由流线 free streamline

自由面 free surface

自由剪切紊流 free turbulent shear flow

阻力 drag force

阻力系数 drag coefficient

参 考 文 献

[1] 夏震寰. 现代水力学：一 [M]. 北京：高等教育出版社，1990.
[2] 夏震寰. 现代水力学：二 [M]. 北京：高等教育出版社，1990.
[3] 夏震寰. 现代水力学：三 [M]. 北京：高等教育出版社，1990.
[4] 吴望一. 流体力学：上册 [M]. 北京：北京大学出版社，1983.
[5] 吴望一. 流体力学：下册 [M]. 北京：北京大学出版社，1983.
[6] 董曾南，章梓雄. 非黏性流体力学 [M]. 北京：清华大学出版社，2003.
[7] 章梓雄，董曾南. 黏性流体力学 [M]. 北京：清华大学出版社，1999.
[8] 窦国仁. 紊流力学：上册 [M]. 北京：高等教育出版社，1985.
[9] 窦国仁. 紊流力学：下册 [M]. 北京：高等教育出版社，1988.
[10] 余常昭. 环境流体力学导论 [M]. 北京：清华大学出版社，1998.
[11] 张兆顺，崔桂香. 流体力学 [M]. 北京：清华大学出版社，1999.
[12] 张兆顺，崔桂香，许春晓，等. 湍流理论与模拟 [M]. 2版. 北京：清华大学出版社，2017.
[13] Hinze J O, Turbulence [M]. 2nd ed. New York：Mcgrawhill book company，1975.
[14] Schlichting H. Boundary Layer Theory [M]. 7th ed. New York：Mcgrawhill book company，1979.
[15] Hunter R. Advanced Mechanics of Fluids [M]. New Jersey：John Wiley & Sons, Inc., 1959.
[16] 刘应中，缪国平. 高等流体力学 [M]. 上海：上海交通大学出版社，2001.
[17] 李士豪. 流体力学 [M]. 北京：高等教育出版社，1990.
[18] 费祥麟. 高等流体力学 [M]. 西安：西安交通大学出版社，1989.
[19] L 普朗特 等. 流体力学概论 [M]. 郭永怀，陆士嘉，译. 北京：科学出版社，不详.
[20] 童秉纲，张炳暄，崔尔杰. 非定常流与涡运动 [M]. 北京：国防工业出版社，1993.
[21] G K 巴切勒. 流体动力学 [M]. 沈青，贾复，译. 北京：科学出版社，1997.
[22] Canuto C, Hussaini M, Quarteroni A, et al. Spectral Method in Fluid Dynamics [M]. Berlin：Springer-Verlag，1988.